国家重点基础研究发展计划（973计划）项目（2015CB251600）
国家自然科学基金项目（51504240，51774268，51474206）
江苏省基础研究计划（自然科学基金）项目（BK2015）
江苏省青蓝工程（苏教师 [2016] 15号）

浅埋煤层开采与脆弱生态保护相互响应机理与工程实践

范钢伟 张东升 王旭锋 马立强 著

中国矿业大学出版社
·徐州·

内 容 简 介

本书主要研究内容包括：神东矿区地质条件特征与地表生态环境概况、常规浅埋煤层开采覆岩活动特征及裂隙发育规律、隔水层采动保水性能演化规律及保水开采机理、冲沟下浅埋煤层开采覆岩移动特征及其保水机理、浅埋煤层保水开采技术适用性分类、地表生态环境采动适应性规律、浅埋煤层开采与脆弱生态保护相互响应工程实践。全书内容丰富，具前瞻性、新颖性和实用性。

本书可供采矿工程及相关专业的科研及工程技术人员参考使用。

图书在版编目(CIP)数据

浅埋煤层开采与脆弱生态保护相互响应机理与工程实践/范钢伟等著. —徐州：中国矿业大学出版社，2019.1

ISBN 978-7-5646-3661-6

Ⅰ. ①浅… Ⅱ. ①范… Ⅲ. ①薄煤层采煤法—关系—生态环境保护—研究 Ⅳ. ①TD823.25②X752

中国版本图书馆 CIP 数据核字(2017)第 185575 号

书　　名　浅埋煤层开采与脆弱生态保护相互响应机理与工程实践

著　　者　范钢伟　张东升　王旭锋　马立强

责任编辑　王美柱

出版发行　中国矿业大学出版社有限责任公司

（江苏省徐州市解放南路　邮编 221008）

营销热线　(0516)83885307　83884995

出版服务　(0516)83885767　83884920

网　　址　http://www.cumtp.com　**E-mail**：cumtpvip@cumtp.com

印　　刷　江苏淮阴新华印刷厂

开　　本　787 mm×960 mm　1/16　**印张** 12.5　**字数** 238 千字

版次印次　2019 年 1 月第 1 版　2019 年 1 月第 1 次印刷

定　　价　45.00 元

（图书出现印装质量问题，本社负责调换）

前　言

我国经济和社会发展仍以煤炭为主体能源，煤炭在我国一次能源消耗中一直保持在60%以上，在未来相当长时间内仍占据支配地位。随着东部矿区煤炭资源的枯竭，中部资源与环境约束的矛盾加剧，我国煤炭资源开发重心已快速转移到西部生态环境脆弱的干旱半干旱地区。西部煤田多为厚煤层，煤质优良且构造简单，开采技术条件优越，在我国能源发展中具有重要的战略意义。

然而，西北煤炭资源因埋藏浅、厚度大，故其井下开采对地表生态环境影响更为敏感和剧烈，煤炭资源的大规模、高强度、粗放型开采使本就脆弱的生态环境遭受毁灭性破坏，给当地人民的生产生活带来了严重影响。以陕北为例，采空区水位下降、泉水干涸，河流断流非常普遍。大柳塔煤矿 131 km^2 范围内，开发前有泉 20 处，1996 年开始开采，2006 年除 1 处外，其余全部干涸。张家峁井田 115 处泉，采煤造成 102 处干涸，流量衰减 98.2%。敏盖兔沟泉水衰减 72%，母河沟泉水干涸，哈拉沟泉水衰减 50%，黄河一级支流窟野河成为季节河，流域生态和矿区供水受到了严重影响。

我国煤炭开采所带来的生态环境问题已与煤矿生产的安全问题同等重要。同时，随着人类社会对生存环境的日益重视，煤炭开采引起的环境损害问题已成为社会关注的焦点。如果仍走传统煤矿设计与开采很少考虑生态环境容量和水资源承载力的老路，继续采用“先采后治、边采边治，甚至采后不治”的传统模式，就难以从根本上解决煤炭开采与脆弱生态环境保护之间的突出矛盾。煤炭开发与水资源、环境承载力相协调是我国西部绿色矿业发展的客观要求和必然选择。

如何做好合理地开采煤炭这座“金山银山”的同时，又能保护“绿水青山”不仅是社会可持续发展的要求，更是学术界广泛关注的热点问题。

单纯地依靠采后治理或井下保护性开采，很难对矿区地表生态环境进行行之有效的保护。西北矿区的干旱半干旱气候影响下，采动造成的地表裂缝使土壤水分容易在短期内蒸发、水土难以保持，井下保护性开采往往以牺牲煤炭资源或耗费大量人力、物力和财力为代价，仍无法有效地、可持续地保护地表生态系统。要实现资源大规模开采与地表生态环境保护兼容并举，就必须使井下保护性开采与地表生态环境保护相互响应，以“适宜于保护地表生态环境的井下保护性开采”技术和“适应于开采扰动的地面生态环境防治”技术为基础，实现地表生态环境抗开采扰动强、井下采动对生态环境损伤小，从采前预防、采中保护到采后修复，变先采后治的被动型生态治理模式为亦采亦治的主动型生态保护模式，创出一条适宜于西部生态脆弱矿区资源开发与环境保护协调发展的绿色矿业之路。

而水作为荒漠区环境的首要生态限制因子，井下开采必须保证地下水资源不受大的损失，因此实施适宜于保护地表生态环境的井下保护性开采技术的关键是实现保水开采。而适应于井下开采的地面生态环境防治的关键在于构建抗采动干扰能力强的生态系统，即对采动沉陷、地表裂缝等采动损害具有较强适应性。因此，浅埋煤田大规模开采与脆弱生态环境防治相互响应机理研究的基础是浅埋煤田保水开采机理和地表生态环境的采动适应性规律，而采动覆岩移动则是井下保护性开采和地表生态环境防治之间的纽带。

本著作基于西部矿区浅埋深、薄基岩、上覆厚松散层且冲沟发育的典型地质特征，结合现有研究成果，分析研究大规模井下开采与地面脆弱生态环境防治相互响应机理。形成浅埋煤层覆岩移动型式判别体系，完善浅埋煤层保水开采机理；构建冲沟下浅埋煤层开采坡体结构力学模型，得出冲沟下保水开采影响机理及其控制方法；开发出基于浅埋煤层保水开采机理的适应性分类体系，以指导保水开采工程实践;分析神东矿区地表生态环境采动适应性,总结出矿区采前预防性生态功能圈构建理论与技术和采后生态修复及功能优化理论与技术,并针对神东矿区大规模浅埋煤层开采与脆弱生态系统保护相互响应进行工程实践研究。通过研究,实现大规模浅埋煤田开采与地表生态环境保护的双赢,在神府—东胜矿区具有重要的现实意义和长远的战略意义,同时也可为类似条件下西部浅埋煤田开发创造出一种崭新的模式。

本著作以第一作者的博士论文为基础,并综述了本课题组的最新研究成果。本专著的完成得到了中国矿业大学屠世浩教授、万志军教授、谢耀社教授、茅献彪教授的指导,得到了中国矿业大学马文顶高级实验师和张少华高级实验师在实验中的鼎力支持,得到了课题组王红胜博士、卢鑫硕士、张炜博士、崔廷锋硕士、王晓东硕士等的支持和鼓励,在此,一并表示感谢。

由于作者水平所限,本书难免存在不当之处,希望读者多提宝贵意见。

著　者

2018 年 12 月

目　录

1 绪 论

1.1 问题的提出

我国的经济发展仍然十分依赖煤炭作为主体能源,以煤炭为主的能源结构50年内不会改变[1]。近年来,我国能源发展的重心已由东部转移至西部,神府—东胜煤田为比较有代表性的煤田。西部煤田多为厚煤层、煤质优良且构造简单,开采技术条件优越,在我国能源发展中具有重要的战略意义。

(1) 浅埋煤田大规模开采与脆弱生态系统保护之间的矛盾日益突出

西部煤田的典型赋存特点为煤层埋藏浅(200 m 以浅)、基岩薄、上覆厚松散层且地表冲沟发育,井下开采所造成的采动裂隙常能沟通地表,改变地表水及地下水的径流条件,使地表水、地下水与井下空间相连通。在西部煤田的开发过程中,已多次出现工作面涌水溃砂等重大安全事故,造成了巨大的经济损失[2-3]。另外,由于地处干旱半干旱地区,降水量少,蒸发量大,水资源严重匮乏,生态环境本就十分脆弱,水资源对生态环境平衡及人类生产生活显得尤为重要。以神府—东胜煤田为例,自 1987 年采煤以来,地表水流量大幅减少,地下水位下降,土壤严重沙化,沙暴、滑坡和泥石流等环境灾害显著增加,大面积的乔、灌、草荒漠植物干枯死亡,草场退化,生态环境严重恶化[4-5]。随着人类对生存环境要求的不断提高和西部开发的不断深入,浅埋煤田的大规模开采与脆弱生态系统保护之间的矛盾日益尖锐,亟待解决。

(2) 实施采后塌陷区地表生态恢复治理难度大、代价高

传统煤矿开采很少考虑生态环境的保护,基本上先采后治,甚至采后不治。若采用传统开采模式,以神东矿区的开采规模(2010 年产量突破 2 亿 t),开采条件优越的煤田环境将被破坏得千疮百孔,地下水资源大量流失,地表植被大面积死亡,土地荒漠化更加严重,沙暴灾害大幅增加,脆弱的生态环境必将遭受毁灭性破坏,而破坏后再实施采后生态治理需付出昂贵的代价,而且难度极大,且严重影响矿区生态的可持续发展,扰乱人类的生存环境。图 1-1 所示为传统开采带来的环境危害。

(a)

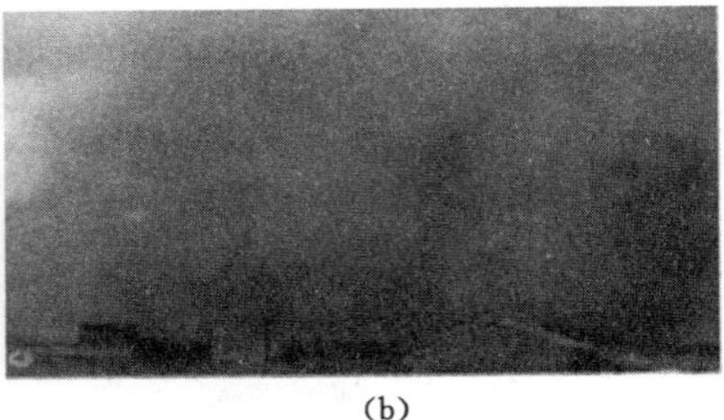
(b)

图 1-1 传统开采带来的环境危害

(a) 土地荒漠化;(b) 矿区沙暴

(3) 单纯依靠井下保护性开采难以有效地保护地表生态

采用井下保护性开采,可以有效地防止地下水资源的流失,并对地表沉陷进行控制,为地表生态保护提供必要的基础。但是,由于神东矿区的干旱半干旱气候,采动造成的地表裂缝使土壤水分容易在短期内蒸发,且难以得到有效补给,地表植被易干枯;另外,地表风沙较大,水土难以保持,且在沉陷作用下,植物根系更容易暴露在地表,最终导致植被死亡。因此,单纯依靠井下保护性开采,可能浪费大量的煤炭资源或耗费大量财力、物力,而最终却难以有效地、可持续地保护地表生态系统。图 1-2 所示为采动地表裂缝及水土流失后地表状况。

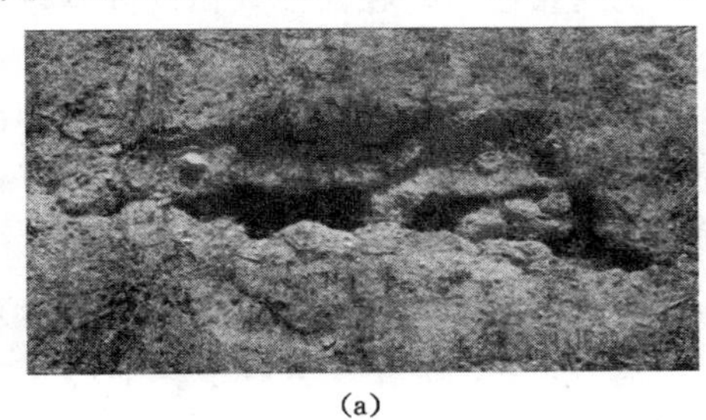
(a)

(b)

图 1-2 采动地表裂缝及水土流失后地表状况

(4) 须将井下保护性开采与地表生态环境保护相互配合

基于西部浅埋煤田的特点,单纯地依靠采后治理或井下保护性开采或井下开采与采后治理的简单组合而不考虑井上下的响应关系,很难对矿区地表生态环境进行行之有效的保护。要实现资源大规模开采与地表生态环境保护兼容并举,就必须使井下保护性开采与地表生态环境保护相互响应,以“适宜于保护地表生态环境的井下保护性开采”技术和“适应于开采扰动的地面生态环境防治”技术为基础,实现地表生态环境抗开采扰动能力强、井下采动对生态环境损伤小，从采前预防、采中保护到采后修复，变先采后治的被动型生态治理模式为亦采亦治的主动型生态保护模式，创出一条适宜于西部生态脆弱矿区资源开发与环境保护协调发展的绿色矿业之路。

传统开采方式带来的生态问题主要是由矸石堆放、污水排放、煤层自燃及地下水流失等造成的。神东矿区采用全煤巷布置及矸石资源化利用实现了地面矸石零堆放，从根本上消除了煤矿矸石堆放带来的环境负面影响[6]；采用接触氧化法、生物膜法对生活污水实现了集中处理，采用净化器和无阀滤池对工业废水进行了处理，并用于生态灌溉、洗煤厂、热电厂等[6]；采用降“压”防火、以“快”治火、以“砂”灭火的成套技术解决了煤层的自燃问题[7]。而水作为荒漠区环境的首要生态限制因子，井下开采必须保证地下水资源不受大的损失，因此实施适宜于保护地表生态环境的井下保护性开采技术的关键是实现保水开采。而适应于井下开采的地面生态环境防治的关键在于构建抗采动干扰能力强的生态系统，即对采动沉陷、地表裂缝等采动损害具有较强适应性。因此，浅埋煤田大规模开采与脆弱生态环境防治相互响应机理研究的基础是浅埋煤田保水开采机理和地表生态环境的采动适应性规律研究，而采动覆岩移动则是井下保护性开采和地表生态环境防治之间的纽带。

在西部煤田大规模开发的背景下，如何实现大规模资源开采与生态环境保护相统一，不仅是西部矿区开发中企业面临的典型难题，也成为采矿工程、地质工程与环境工程学术界共同关注和急需研究的热点课题。而针对大规模浅埋煤田开采与地表生态环境保护相互响应的机理则研究甚少，特别是针对冲沟下浅埋煤层保水开采的机理研究更处于空白领域。本书拟基于神府—东胜矿区为试验基地，分析研究常规浅埋煤层保水开采机理和冲沟下浅埋煤层保水开采机理，开发出适宜地表生态环境的保水开采技术；分析研究地表生态采动适应性规律，开发出适宜于开采扰动的地面生态环境防治技术。

神府—东胜矿区为西部第一个建成的现代化大型煤炭基地，位于晋陕蒙三省交界、毛乌素沙漠与黄土高原的边缘过渡地带，地表多为厚层风积沙或砂土所覆盖，遭水蚀、风蚀严重，冲沟纵横交错，地表植被稀疏，生态环境十分脆弱；不整合接触于侏罗系基岩之上的第四系萨拉乌苏组松散砂砾含水层为矿区内生态赖以生存的主要含水层，主要靠地表降水来补给，地下水资源十分宝贵。而煤炭资源的大规模开发不能以破坏水资源及地表生态为代价。因此，在此条件下，实现大规模浅埋煤田开采与地表生态环境保护的双赢在神府—东胜矿区具有重要的现实意义和长远的战略意义，同时也可为类似条件下西部浅埋煤田开发创造出一种崭新的模式。

1.2 国内外研究现状及分析

1.2.1 浅埋煤层开采岩层移动及顶板控制

(1) 国外研究现状

国外比较典型的大型浅埋煤田主要有俄罗斯的莫斯科煤田(Moscow Coalfield)和美国的阿巴拉契亚煤田(Appalachia Coalfield),印度和澳大利亚也有部分煤田属于浅埋煤田。国外针对浅埋煤层开采矿压显现规律、支架受力及选型进行了大量的研究,积累了一系列的工程经验并提出了相关理论。

苏联学者秦巴列维奇(П. М. Цимъаревич)提出了浅埋煤层开采的台阶下沉假说[8]。认为由于煤层埋藏较浅,上覆岩层可视为均质体;在工作面的推进过程中,顶板以斜方六面体沿煤壁切落直至地表,支架所承受的载荷应以整个上覆岩层重力来计算。苏联另一学者 B. B. 布雷德克则提出,在上覆厚黏土层且埋深为 100 m 以下,支架动载现象严重,顶板来压十分剧烈,与深埋条件下矿压显现规律具有明显的不同[9]。

澳大利亚学者在 20 世纪 80 年代初就展开了针对浅埋煤层矿压的研究。其中,B. 霍勃尔瓦依特博士通过实测得出,随工作面推进,沿工作面和采空区边缘的顶板岩层几乎垂直断裂,认为顶板破断是从煤层到地表产生“瓶塞”状切落,而不是呈桥拱铰接;工作面支架有动载现象[9]。L. Holla 等学者在 20 世纪 90 年代初,通过实测得出浅埋煤层开采过程中顶板垮落高度为采高的 9 倍,且顶板在工作面推过后快速破断、移动[10-11]。

印度的浅埋煤层开采工程实践表明,上覆岩层垮落带与裂缝带交叉,裂缝带高度较大,周期来压步距较小,且具有裂隙密集的特点[12-14]。

(2) 国内研究现状

在浅埋煤层长壁开采矿压规律及顶板控制方面,,我国的学者自 20 世纪 90 年代初就开始了有针对性的研究工作,并取得了一定的成果。主要经历了两个阶段:

第一个阶段为基于现场实测和实验室相似材料模拟进行的浅埋煤层长壁开采矿压显现规律研究。西安科技大学石平五教授及煤炭科学研究总院唐山分院张世凯等通过现场观测大柳塔煤矿长壁工作面开采过程,得出在厚松散层、薄基岩浅埋煤层开采中,整体切落是顶板破断运动的主要方式[15-16]。西安科技大学侯忠杰教授针对石圪台煤矿等条件进行了矿压观测及二维一相固态相似材料模拟实验研究,得出了浅埋煤层矿压显现的一些基本规律[17-18]。中国矿业大学张东升教授带领的课题组以东胜伊泰煤田长壁开采的大量现场观测为基础，得出了沙基型、沙土基型和土基型等不同类型浅埋煤层开采条件下的矿压显现规律的不同特点[19-20]。

第二个阶段为基于关键层理论进行的浅埋煤层上覆岩层破断机理及顶板控制研究。西安科技大学侯忠杰教授等认为地面松散层厚度对浅埋煤层关键层的层位有很大的影响，上覆厚松散层浅埋煤层条件下，可能使两层坚硬岩层都成为主关键层，这是该条件下的独有特点，且这两层关键层必然存在组合效应，构成组合关键层[21-23]。西安科技大学黄庆享教授等提出了初次来压基本顶的非对称三铰拱结构，并提出了周期来压的“台阶岩梁”结构，且这两类顶板结构都将出现滑落失稳，这是浅埋煤层开采过程中来压强烈和出现台阶下沉的根本原因，并据此建立了相关的顶板控制理论[9,24-26]。

1.2.2 冲沟下浅埋煤层开采

已有的大多数研究成果未曾考虑地表冲沟的影响，而西部矿区地表遭水蚀严重造成冲沟十分发育。在冲沟下开采实践中曾多次出现了矿压显现异常及地表沉陷新规律，如图 1-3 所示，并不能为传统的矿压理论所解释，冲沟的发育对覆岩移动及裂隙发育的影响机理已经成为浅埋煤层开采中的又一新课题。

(a)

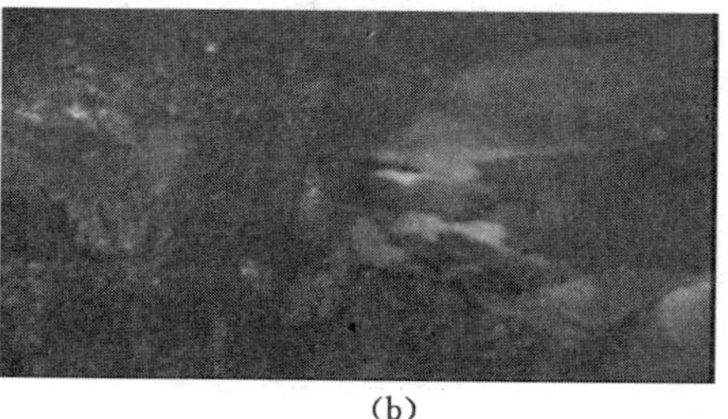

(b)

图 1-3　冲沟下开采引起的异常矿压显现及地表沉陷

(a) 地表塌陷[27]；(b) 煤柱倾倒

目前，国内外学者对于浅埋煤层冲沟下开采所引起的覆岩移动新规律及其顶板控制的研究尚处于起步阶段，而在井下采动对地表坡体的影响研究方面成果相对丰富[28-31]。在美国、加拿大、澳大利亚、德国、南非和中国的开采工程实践中，已经出现多次由于开采引起山体滑坡灾害的现象[32-34]，目前研究成果主要集中在山体滑坡和露天矿边坡失稳两个方面。

(1) 国外研究现状

自20世纪70年代初，英国、德国、土耳其、苏联开始对采动引起的山体滑坡进行系统的理论研究和工程实践，并在浅埋煤层开采山区地表移动规律和采动条件下坡体稳定性研究方面取得了一定的成果[35-38]。在井下采动影响下露天边坡的稳定性研究中，对于边坡变形破坏的基本规律已初步掌握[37-41]，并且不断采用神经网络元、计算机数值模拟仿真等多种方法研究了采动引起的山体滑坡规律[42-44]。比较有代表性的成果如 L. J. Donnelly 等通过对奔宁山脉滑坡与南威尔士滑坡的对比分析，得出软弱夹层可大大降低边坡的稳定性[45]。近年来，露天矿依然作为主要研究基地来研究井下采动露天边坡变形破坏机理及山体滑坡机理[46-47]，井下采动对地表边坡的影响机理和影响规律更为明晰。随着科技的发展，在美国、南非、澳大利亚和新西兰等现代采矿强国，井下采动地表边坡治理技术及预报监测技术方面也取得了长足的进展[48-50]。

（2）国内研究现状

在采动滑坡方面我国很早就有了初步的认识，但是在20世纪80年代以前相关研究则仅限于现场观测，而针对滑坡机理的研究则相对较少，仅通过实践经验提出了一些较为简单的防治措施。90年代初开始进行系统的研究，广泛地应用了大型的数值计算软件和先进的观测仪器来研究采动滑坡机理和预测防治方法等方面，并取得了一定的研究成果，主要体现在三个方面：

一是露天开采转井下开采或露井联合开采过程中边坡的稳定性研究。国内学者通过研究，初步得出了井下采动引起的露天边坡变形破坏特征及其机理[51-59]。代表性的成果如辽宁工程技术大学白占平教授等相继采用了二维相似材料模拟实验、底摩擦实验及二维有限元数值模拟等研究手段，系统地分析了井工开采对露天边坡稳定性的影响规律[51-53]。

二是山区采动滑坡机理分析。研究主要集中在山区采动地表移动变形规律、山体采动滑坡机理和坡体稳定性分析及预计等方面。康建荣等在山区采动地表移动变形规律等方面进行了大量的研究，提出了一系列井下采动影响下山区地表变形预计理论与方法，并详细地分析了采动坡体变形的主要影响因素，系统地研究了采空区对应于坡体不同平面位置而引起的不同的采动滑坡现象，较为详细地分析了坡体采动应力应变规律和破坏类型及坡体稳定性[60-67]；潘宏宇等通过井下采动影响下顺向缓倾构造山体的复合变动底摩擦实验，提出采动山体侧向变形机理的典型模式为采空坍动-顺层蠕滑-坍陷稳定[68-71]。

三是对于井下采动引起的滑坡进行的地表治理技术的开发及工程应用。西安科技大学余学义教授及其课题组从开采设计角度分析了不同开采方向对地表移动的影响规律，据此提出了控制开采的理念，并采取一些控制措施来限制采动引起的表土层坡体滑坡以及其对建筑物的破坏[68-69]。

课题组根据在东胜煤田的现场观测和实验室物理模拟，首次提出了在冲沟下开采所呈现出的“顺坡滑移和反坡倒转”的覆岩移动特征[70-72]。王旭锋博士在其博士论文中，针对背沟开采时采动坡体形成“多边块”铰接结构进行了分析，并建立了相应的力学分析模型，确定了背沟开采时顶板控制方法，可有效地指导冲沟下安全高效生产[71]。

1.2.3 浅埋煤层保水开采机理

根据检索，国外学者并未明确提出“保水开采”的概念。国内学者、陕西煤田地质局高级工程师范立民等在20世纪90年代初针对榆神府矿区浅埋煤层开采过程中的地下水保护的课题研究中，首次提出了“保水采煤”的理念[73-76]，其初衷主要是针对萨拉乌苏组地下水的保护。其后有大量学者针对西部浅埋煤层保水开采进行了针对性研究。

2006—2007年，中国矿业大学张东升教授带领的课题组在对神东矿区“亿吨级矿区生态环境综合防治技术”研究中，对保水开采的内涵进行了阐述，“保水开采就是通过选择合理的采煤方法和工艺，使采动影响对含水层的含水结构不造成破坏；或虽受到一定的损坏，造成部分水流失，但在一定时间内含水层水位仍可恢复；或即使地下水位不能恢复如初，但不影响其正常供水，至少能保证地表生态对水资源的需求。”[6]

(1) 国外研究现状

尽管国外并没有明确提出“保水开采”概念，但是国外学者针对长壁开采对地表水和地下水的影响机理进行了大量的研究，为保水开采机理的研究提供了借鉴。研究成果主要体现在以下三个方面：

① 水资源不会遭到破坏。主要机理为：存在合适的隔水岩层(组)，对上覆岩层具有控制作用，并且采动之后依然具有隔水能力，阻断了上覆含水层与采空区的水力联系[77]。

M. M. Singh等首次提出了介于水体与采空区之间的隔水岩组的重要性，并依此得出了长壁开采对覆岩的影响(见图1-4)[78]。之后，学者C. J. Coe等[79]、C. J. Booth[80]、G. E. Tieman等[81]分别通过各自的研究相继证实了中间隔水岩组的重要性，并通过在湖下和海底下开采的成功实例指出，中间隔水岩组的存在，避免了水体与井下高透水性采空区的直接沟通，从而使水资源免受破坏。

为进一步研究中间隔水岩组在采动前后其隔水性能的变化，国外学者通过现场实测得出了长壁开采对上覆岩层水力参数的影响规律。其中，著名学者C. J. Booth等指出采动之后水力参数的变化主要取决于岩层与采空区的层位关系，

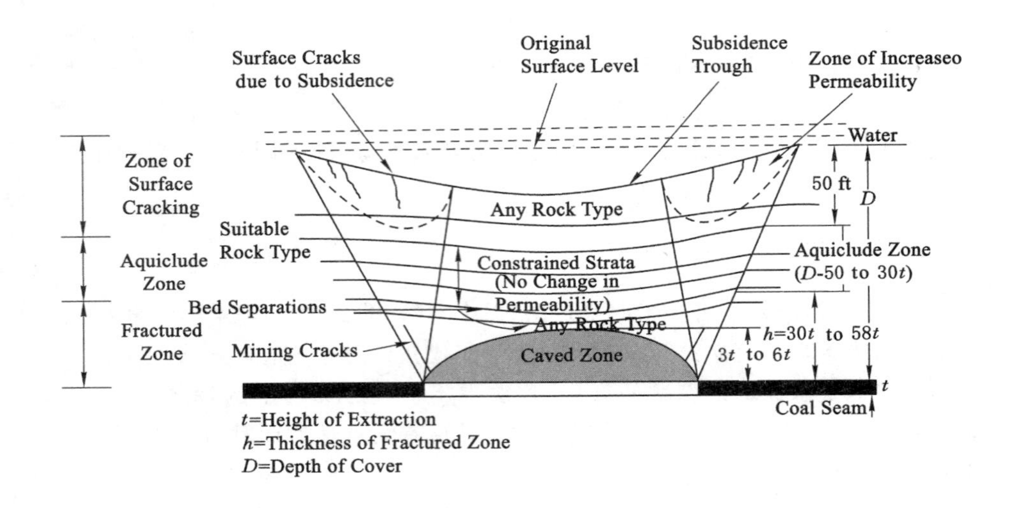

图 1-4　长壁开采对上覆岩层的影响[78]

位于垮落带和下部裂缝带的岩层以及采空区周围的煤岩柱上方岩层，其水力参数变化复杂，是导致含水层与采空区连通的显著原因[77,80,82-91]。T. R. C. Aston 等则通过在英国矿井的实测得出，当工作面推进时，其上方岩层的渗透系数达到最大值，而工作面推过后，渗透系数则减小到残余水平[92-93]。B. N. Whittaker 等学者通过实测得出薄基岩条件下水力渗透系数受采动影响，其峰值可增加 1～2 个数量级[94-96]。

中间隔水岩组的厚度，尽管主要取决于覆岩岩性、地层构造和地表起伏，但依然有必要对其进行研究，国外学者提出了相应的最小值[10,78]。D. Elsworth 等基于阿巴拉契亚矿区的地质状况，通过模拟得出，最小中间隔水岩组的厚度在河谷下时为 90 m，在山地和高原下为 150 m[97]。而学者 D. J. van Roosendaal 等则得出伊利诺尼矿区以页岩和冰川黏土为主的中间隔水岩组的厚度只要达到 60 m，就可以避免浅表砂层水的流失[98]。

② 造成水位下降。主要机理为：直接与采空区贯通；覆岩孔隙率增加；迁移向水势低的地方；流向下位含水层或排泄区；渗透系数的增加引起水力梯度的变化[77]。

a. 直接与采空区贯通。当中间隔水层组难以阻断含水层或水源与采空区的水力联系时，导水裂隙使之与采空区贯通，水直接流往采空区，造成水位下降和水资源流失。例如，C. J. Booth 等针对北阿巴拉契亚矿区 Lancashire No. 20 矿井进行了实测，结果表明，水资源平均流失量可达到(13～20)×10^6 L/d[80-99]。以 W. A. Wahler 为首的研究团队曾对在河谷下开采时所遭遇的水流失问题进行了研究，认为其主要原因为薄基岩和高透裂缝带的存在[100]。

b. 覆岩孔隙率增加。很多学者提出了采动造成覆岩孔隙率的增加使水位下降[101]，但是储水系数与水头下降的关系却并不明确[77]。另外，C. J. Booth 等指出，松散含水层的水位对孔隙率的增加带来的影响并不敏感，而基岩含水层如砂岩含水层对此则很敏感[85]。

c. 迁移到水势较低的地方。采动后将在采空区上方形成水势低洼区，由于含水层的水力联系，周围未开采区的水位向水势低洼区迁移而形成初次下降，直至工作面推过下降到最低水平[101]。对于水力传导性好的区域，影响范围就较远，水位下降曲线更平滑；反之，对于水力传导性较差的区域，水位下降突然性较强，且影响范围较小。煤系含水层的水力传导性相对较低，影响范围一般在数百米左右。N. N. Moebs 等对一埋深为 230 m 的矿井进行了实测，位于采空区上方的地下水位下降幅度超过了 30 m，而在边界区域下降幅度逐渐减小，在 177～387 m 之外的区域水位则几乎不受影响[102]。G. E. Tieman 等在针对宾夕法尼亚州西南部一矿区的实测中指出，影响范围大约为 300 m[81]；而另一位学者 J. S. Walker 则指出在距离工作面 120～180 m 时，水位开始出现第一次波动[103]。

d. 流向下位含水层或排泄区。地形决定了垂向渗流系统，地层确定了水平渗流系统和排泄体系，采动引起的垂向渗透系数的增加打破了原有体系[104]。中间隔水层采动裂隙的发育可以引起上层滞水或上位含水层流向下位含水层或排泄区。很多学者如 B. R. Leavitt 等均通过实测及研究证实了此种水位下降的机理[105-107]。

e. 渗透系数的增加引起水力梯度的变化。根据达西定律，当渗透系数增加时，影响区内水力梯度将会减小或者流量将增加，从而导致水位下降。学者 G. E. Tieman通过实测证实了这种机理[81]。

③ 水位恢复。开采后水位得到恢复的主要原因为：覆岩的采后压实和含水层的补给[77]。

在开采沉陷区内，水位的最初部分恢复是由于原先的拉伸区演变为压缩区，裂隙闭合，挤出部分裂隙中的水。另外，由于采后孔隙率增加造成的水势降低是暂时的、不稳定的，当水回流至水势低的地方时，水位将得到部分恢复，G. E. Tieman等学者都通过研究证实，水位或泉流在几个月内将得到部分恢复[81,103]。水位恢复主要取决于含水层与补给区的连通性以及含水层的导水性能，C. J. Booth 在不同地区的观测得出了不同的结果：在 Jefferson 地区由于含水层中度导水，水位得以完全恢复；而在 Saline 地区，其砂岩含水层则为低导水性含水层，限制了含水层的横向补给，水位并没有得到恢复[108]。

(2) 国内研究现状

我国学者自"保水开采"概念提出以来，针对保水开采机理进行了大量的研究及工程实践，取得了一定的成果，主要体现在以下几个方面：

① 基于"三带"发育的保水开采机理。该机理认为，当含水层或水体位于弯曲下沉带或者以上时，采动影响就难以破坏含水层，保水开采就可以实现。比较有代表性的成果如西安科技大学侯忠杰教授等针对榆树湾煤矿首采面进行了相似材料模拟实验，证明分层开采中，上分层采高为 5 m 时，隔水层及上覆松散含水层位于弯曲下沉带，认为保水开采是可行的；而采用放顶煤开采 11 m 煤层时，裂缝带高度贯通地表，不能实现保水开采[109-111]。

② 基于结构关键层理论。该机理认为，覆岩中存在的结构关键层对上覆岩层导水裂隙的发育及演化起控制作用，基于关键层确定导水裂缝带的最大高度，是实现保水开采的关键。有代表性的成果如西安科技大学赵兵朝等结合榆神府矿区地质开采条件，应用关键层理论，通过关键层挠度计算，分析关键层结构稳定性和上位隔水层破坏强度，给出关键层在不同位置影响导水裂缝带最大高度的广义损伤因子[112]；何兴巧应用岩层控制的关键层理论，结合 F-RFPA 数值模拟计算，对浅埋煤层关键层的特征参数及其破断后对上覆岩层产生破坏的程度和形态进行了分析，并给出了开采高度与关键层破断后结构稳定性的关系，以及对含水层破坏程度的影响，认为通过限高开采能够使关键层破坏后的结构稳定运移，避免覆岩切落破坏发生，实现保水采煤[113]。

③ 隔水层稳定性。该机理认为，隔水层稳定性是保水开采研究的关键。陕西煤田地质局的范立民等学者研究了强松散含水层下保水开采的隔水层岩组特性，分析了含水层底部土层和基岩风化带的隔水作用，并针对顶板黏土隔水层稳定性进行了实验室物理相似模拟实验研究[114-118]。黄庆享等以榆树湾井田为研究对象，通过相似模拟实验，研究了榆树湾浅埋煤层开采的覆岩移动基本规律及其"三带"特征；提出在采高 5 m 时，隔水层下沉方式为整体弯曲下沉，隔水层的隔水性并未受到破坏，隔水层总体稳定，可实现保水开采[119-123]。

④ 隔水关键层原理。缪协兴等首次提出了隔水关键层的概念：假设煤层上部含水层在结构关键层的上方，或煤层下部含水层在结构关键层的下方，如果结构关键层采动后不破断，则结构关键层可起到隔水作用，同时就是隔水关键层；如果结构关键层采动后会发生破断，但破断裂隙被软弱岩层所充填，不形成渗流突水通道，则结构关键层与软弱岩层组合形成复合隔水关键层[124]。提出隔水关键层多为复合岩层所组成，并建立了隔水关键层模型，认为保水开采的目标就是对隔水关键层完整性的保护[124-125]。浦海以神东矿区综采工作面为研究对象，通过建立力学模型，运用实验研究、理论分析、数值模拟、数字图像相关法、岩

石渗流-损伤耦合模型等方法和手段，系统分析了隔水关键层的基本力学特性及隔水性能，并对渗流量进行了详细的统计和比较[126]。

⑤ 导水通道的可控性。课题组在对神东矿区"亿吨级矿区生态环境综合防治技术"的课题研究中，基于神东矿区保水开采工业性试验，提出覆岩导水通道具有可控性，认为在有合适的岩层条件下，可以实现以工作面快速推进及局部处理为基础的保水开采[127-130]。马立强采用平板力学模型、三维模拟、数值计算、三维流固耦合系统等方法与手段，对沙基型薄基岩浅埋煤层覆岩导水通道分布特征开展了系统的研究，分析了隔水层的裂隙演化机理和发育过程及分布特征、不同采矿地质参数对采动覆岩导水通道高度的影响，揭示了覆岩导水通道的可控性[131]。

1.2.4 保水开采技术及其分类

基于以上保水开采机理，我国学者开展了保水开采技术的工业性试验，并取得了一定的成果。

陕西煤田地质局范立民等根据陕北侏罗纪煤田榆神府矿区工程地质条件，将矿区分为三个开采区域：第一类地区，急需保水区；第二类地区，不存在保水问题；第三类地区，煤层埋藏深度一般 400 m 以深，煤层的开采影响不到萨拉乌苏组含水层，可以实现保水采煤的目的。指出了可应用于实现保水采煤的主要技术为：留设防水安全煤岩柱、条带开采及充填开采[116,132-133]。

中国煤田地质总局叶贵钧等将浅埋煤层按地层结构分为五个区域：沙土基型、沙基型、土基型、基岩型和烧变岩型；按保水采煤分为三个大区：保水采煤区、采煤失水区和采煤无水区。提出了在保水采煤区留设防水安全煤柱的保水采煤法，并确定了防水安全煤柱留设计算方法[134-136]。

西安科技大学师本强等研究了陕北榆神府矿区与保水采煤有关的地质因素，结合采空区上覆岩层的移动规律，提出了矿区保水采煤的采煤方法划分体系。对矿区进行了保水采煤的采煤方法区划，对不同区划提出相应的保水开采方法[110,137]。

缪协兴等结合神东矿区具体地质采矿条件，将浅层含水区域分为 4 种水文地质结构类型（泉域水源地区、烧变岩富水区、无隔水层区和有隔水层区），又把有隔水层区结构细分为 5 种隔水层结构，进而提出了 5 种保水采煤分区（多层隔水层结构、高位隔水层结构、低位隔水层结构、隔水层侧切结构和隔水层缺失结构）[138]。

课题组刘玉德博士在其博士论文中，基于导水通道可控性，提出了适合神东矿区的一套浅埋煤层保水开采技术，并对其适用条件根据松散层的含水性和基岩厚度进行了初步分类[6,139]；采用多因素综合指标分析方法，以裂缝带高度作为综合指标，以岩层综合强度、岩体完整性指数、采动影响指数作为相关因素，把沙基型浅埋煤层划分为三个类别、七个区域(安全防水区、长壁容易区、长壁中等区、长壁困难区、短壁多硐连续区、短壁多硐间隔区、短壁单一采硐区)[139]。

1.2.5 矿区生态环境治理

当今世界发展面临的重大主题是资源与环境，长期以来，资源开发与生态环境保护是世界经济发展的两难选择。如何提高资源开发利用效率、减轻资源开发过程对生态与环境的压力一直是国内外学者的研究热点。

(1) 井下开采对地表生态的影响

在国外，针对井下开采对地表的影响研究较早。比较有代表性的如宋亚新针对采矿引起地下水污染及土壤质量的污染进行了研究[140]；D. A. Swanson 等对采矿塌陷区土壤水分预测进行了研究及分级[141]；U. Buczko 等对采煤塌陷区水力参数空间分布进行了估算[142]。

国内也较早地针对采煤塌陷区地表生态环境的变化特征进行了研究。聂振龙等学者以大柳塔矿区为研究区，通过野外试验，得出采煤塌陷作用破坏了包气带岩土结构，减弱了包气带表土的持水能力，包气带表部水资源量减少，植物根系吸水率减小，同时，降低了地表起沙临界风速，增强了风蚀作用，沙化灾害加重，地表生态环境更加脆弱[143]；纪万斌分析了采煤塌陷在干旱山区和平原区所引起的生态环境变化特征[144]；李惠娣等学者以大柳塔塌陷区土壤水分调查数据为基础，分析出采矿塌陷引起的土壤水分和养分的变化特征及生态环境变化，得出梁峁阴坡植被稍好，刺槐林的生长良好，而阳坡不宜大面积栽植[145]。

(2) 矿区环境防治

针对矿区资源开发与环境保护的矛盾，世界各国开展了广泛的研究，并形成了两大研究方向：一是源头控制，二是采后治理。

由于采矿对环境的扰动是不可避免的，加上历史造成的矿区环境破坏欠账较多，因此源头控制与采后治理都是需要的。一个大型矿区的开发，往往是一个地区工业化和城市化的开端，随着以矿产资源开发为主的各行业的兴起，使当地经济结构发生迅速的变化，但是如果不能处理好矿业发展和当地经济结构功能变化引起的一系列社会环境问题，矿区社会经济发展的前景是不容乐观的。对于生态环境脆弱的西部矿区，更需要在开采过程中与开采后加强资源保护与环境重建工作。

① 源头控制

对源头控制而言，目前有各种不同的研究成果，如采矿、复垦一体化工艺、循环经济、清洁生产、绿色开采、与环境协调的开采技术、污染物“零排放”等，而其关键技术在于提高资源回收率、减小伴生资源动用量或损失量、实现废弃物的循环利用，包括矿井水的循环利用。对西部地区来说，由于今后煤炭资源将得到大规模开发，源头控制显得尤为重要。

② 采后治理

采后治理主要包括矿区土地复垦与生态重建两个方面，我国自1988年国务院《土地复垦规定》颁布实施以来，经历了两个阶段：1989年到1998年的10年间，主要以开展示范工程建设为主，在过去充填复垦技术的基础上，发展到非充填复垦、生态工程复垦等技术体系，大大提高了土地复垦率[146-147]；第二阶段是自1998年以来，人们越来越认识到生态重建的重要性，于是将土地复垦与生态重建有机地结合起来，在复垦出耕地的同时，也改善了区域生态环境质量[148-151]。目前，煤矿土地复垦率已由1988年的不足2%提高到20%。

经过多年的研究与实践，土地复垦措施分为工程复垦与生物复垦两类；土地复垦与生态重建步骤大致分为土地整形、土壤重构及植被恢复。在土地复垦技术、土地复垦规划、复垦土壤重构、矸石山绿化、植物筛选等方面积累了较为丰富的理论成果与工程经验，但是目前大多数成果来自东部矿区，而西部矿区较少涉及。我国的土地复垦率从区域上看，东部地区远远高于西部地区的水平，而从环境条件分析，西部地区又恰是生态脆弱地区，迫切需要开展植被恢复与生态重建工作。

1.2.6 亟待解决的问题

尽管国内外学者针对浅埋煤层开采矿山压力与岩层控制、保水开采机理及其技术应用、矿区环境治理方面已经取得了一定的研究成果，但是仍然存在许多亟待解决的问题，主要表现在以下几个方面：

(1) 浅埋煤层条件下，覆岩移动型式判别体系尚未形成。尽管不少学者针对浅埋煤层覆岩移动规律进行了大量的研究，并构建了相应的力学模型，但尚未将覆岩移动型式判别构建成为体系以指导工程实践。而覆岩移动型式判别是进行保水开采设计和抗采动干扰型地表生态建设的基础。

(2) 浅埋煤层条件下，采动后上覆岩层的破断对含、隔水层的水力影响规律及其机理仍有待研究，特别是隔水层的采动保水性能，这是保水开采机理研究的基础课题之一。尽管已有不少学者通过相似材料模拟实验展开了类似研究，但是由于相似材料的水理特性与强度特征难以真正耦合，也就难以对隔水层的采动保水性能进行合理的解释。

(3) 冲沟下浅埋煤层开采坡体结构力学分析及其保水开采机理需要进一步深入研究。在课题组的早期研究中,主要针对背沟开采时坡体活动机理及其控制进行了分析,而针对向沟开采坡体活动机理,特别是坡体结构稳定性的力学分析尚待完善;另外,冲沟的发育改变了含水层的径流条件,采动对其含、隔水层的影响和破坏呈现出新的规律,在此条件下的保水开采机理尚处于空白领域。

(4) 基于浅埋煤层保水开采机理的适应性分类体系尚需完善。尽管国内外学者已经根据工程实践经验开展了保水开采技术分类研究,但是,由于缺乏对保水开采机理的系统研究,在工程实践指导方面仍需进一步完善。

(5) 适应开采扰动的地面生态环境防治技术体系尚未形成。尽管针对荒漠化区域环境保护技术措施已经形成大量的研究成果,但是,并未从采前、采中、采后将地表生态保护作为主线,多是采后而治,难以达到井下采动与地面保护相互响应。

1.3 研究目标与研究内容

1.3.1 主要研究目标

基于西部矿区浅埋深、薄基岩、上覆厚松散层且冲沟发育的典型地质特征,结合现有研究成果,分析研究大规模井下开采与地面脆弱生态环境防治相互响应机理。形成浅埋煤层覆岩移动型式判别体系,完善浅埋煤层保水开采机理;构建冲沟下浅埋煤层开采坡体结构力学模型,得出冲沟下保水开采影响机理及其控制方法;开发出基于浅埋煤层保水开采机理的适应性分类体系,以指导保水开采工程实践;分析神东矿区地表生态环境采动适应性,总结出矿区采前预防性生态功能圈构建理论与技术和采后生态修复及功能优化理论与技术,并针对神东矿区大规模浅埋煤层开采与脆弱生态系统保护相互响应进行工程实践研究。

1.3.2 主要研究内容与方法

大规模浅埋煤层开采与地表生态环境防治相互响应机理研究是一个多学科交叉的综合研究课题。本书尝试综合采用实验室物理模拟、计算机数值计算、理论分析和现场工业性试验等方法，以神东浅埋矿区典型地质条件为基础，主要研究以下内容：

（1）建立浅埋煤层开采覆岩移动型式判别体系

基于岩层控制的关键层理论，建立浅埋煤层开采关键层初次破断和周期破断结构力学模型，研究关键层结构失稳条件，分析浅埋煤层开采覆岩移动型式判别关键参数，建立浅埋煤层开采覆岩移动型式判别体系。

（2）提出基于隔水层采动保水性能演化规律的浅埋煤层保水开采机理

分析神东矿区不同覆岩移动型式下的隔水层采动保水性能演化规律；提出基于隔水层采动保水性能的浅埋煤层保水开采机理及相应技术，构建常规浅埋煤层保水开采设计体系。

（3）构建冲沟下浅埋煤层开采坡体结构力学模型，研究冲沟下浅埋煤层保水开采机理

总结出冲沟下浅埋煤层开采坡体活动特征，构建冲沟下浅埋煤层开采坡体结构力学模型，分析向沟开采、背沟开采坡体结构稳定性，提出坡体结构失稳的力学条件及控制坡体结构的支护力计算方法；基于冲沟下开采水力影响规律，研究冲沟下浅埋煤层保水开采机理及技术。

（4）构建浅埋煤层保水开采适用性分类体系

基于常规浅埋煤层及冲沟下浅埋煤层保水开采机理，确定合理的分类指标，对保水开采进行分类，提出不同类别适用的保水开采技术。

（5）分析地面生态环境的采动适应性

基于浅埋煤层地表沉陷及裂隙发育特征，分析出地表植被对井下采动的适应性；对开采沉陷扰动区土壤质量、植被根系及植物种数和植被覆盖度进行调研分析，得出采动适应性较强的植物物种。

（6）大规模浅埋煤层开采与地面生态环境防治相互响应工程实践

基于浅埋煤层保水开采机理和地面生态环境的采动适应性规律，遵循生态学原理，提出生态功能圈划分方法及基础技术；对采前预防、采中保护和采后修复进行工程实践，并调研实践前后地面生态变化状况并分析工程实践结果。

1.3.3 本书研究体系框架

根据研究内容与思路，本书研究体系基础框架如图 1-5 所示。

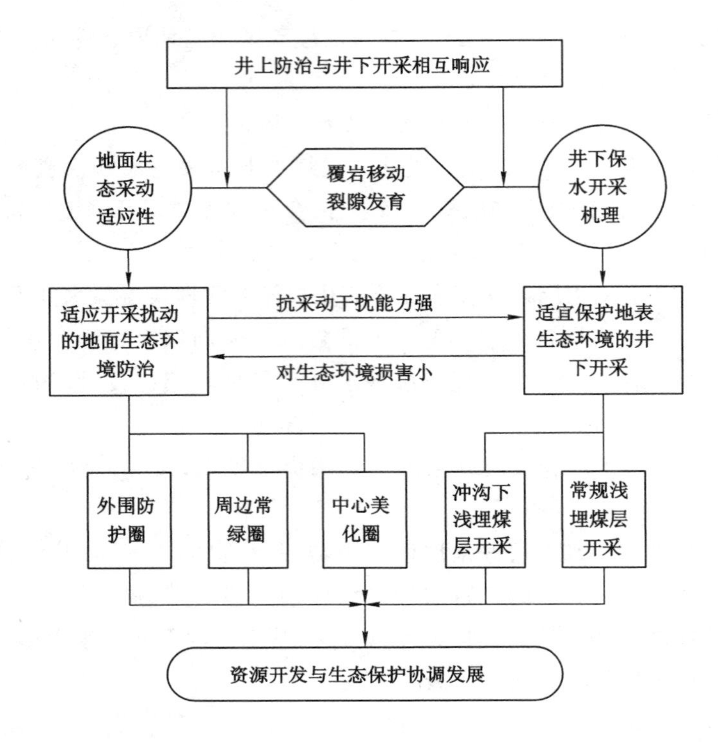

图 1-5　本书研究体系基础框架

2 神东矿区地质条件特征与地表生态环境概况

神东矿区地处毛乌素沙漠的东部，地表多为流动沙丘及半固定沙丘所覆盖，水资源贫乏，生态环境十分脆弱。根据神东矿区煤岩地质特征及其赋存关系，针对矿区典型地质特征，进行工程地质条件分类，以更系统地分析研究矿区大规模开采条件下的覆岩移动规律及采动损害特征。

2.1 神东矿区概况

神东煤田是我国现已探明储量最大的煤田，与美国的阿巴拉契亚煤田（Appalachia Coalfield）、德国的鲁尔煤田（Ruhr Coalfield）等并称为世界七大煤田。煤田已探明地质储量为 2 236 亿 t，远景储量达到 10 000 亿 t，占全国探明储量的四分之一强。

神东矿区属于神东煤田的一部分，位于内蒙古自治区西南部、陕西省和山西省北部，矿区南北长 38～90 km，东西宽 35～55 km，面积约为 3 481 km^2。在矿区西北部为库布齐沙漠，地表多为流沙、沙垄且地表植被稀疏；矿区中部为高、平原，地势波状起伏，在较低地带分布有湖泊；矿区西南部为毛乌素沙漠，地势较低平，由沙丘、沙垄组成；矿区东北部为土石丘陵沟壑区，地表土层较薄；总体地形呈现西北高、东南低。

神东矿区自开发以来，先后建成了大柳塔煤矿、补连塔煤矿、榆家梁煤矿、上湾煤矿等多座大型现代化矿井，其中大柳塔矿、补连塔矿、榆家梁矿和上湾矿等多座矿井已先后达到生产能力 10 Mt/a 水平，各井田分布情况如图 2-1 所示。神东矿区 2010 年总产量已超过 2 亿 t。

2.2 矿区地质条件概述

神东矿区为侏罗纪煤田，位于鄂尔多斯大型聚煤盆地的东北部。矿区范围内地面广泛覆盖着松散风积沙及第四系黄土，下侏罗统延安组为主要含煤地层，

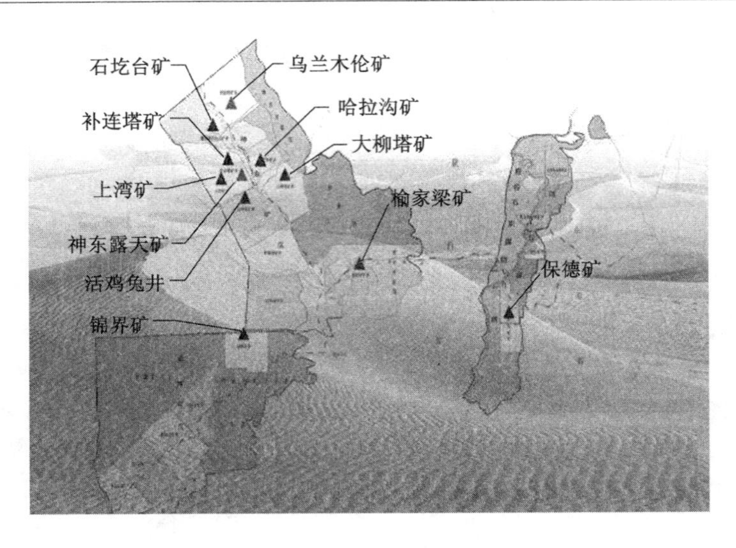

图 2-1　矿区井田分布状况

在矿区范围内分布广泛且含煤丰富。区内地质构造简单，全区总体以单斜构造为主，断层发育较少。

矿区范围内煤系地层多为近水平地层，分布较稳定，构造不发育，是大规模机械化开采的理想煤田。其典型赋存特点是：浅埋深（大部分在 200 m 以浅）、薄基岩（最小厚度仅为 1.4 m）、厚松散层（基岩上覆 10～50 m 厚的松散层）、富潜水（在松散层中赋存水头高达 10 m 的地下潜水）。

主要可采煤层有 5 层，分别为 1^{-2}、2^{-2}、3^{-1}、4^{-2} 和 5^{-2} 煤层。煤层埋深较小，平均在地表以下 70 m 左右即可探测到煤层，即使在矿区西部边界煤层埋藏较深处，1^{-2} 煤层距地表距离也仅为 150 m 左右，1^{-2} 煤层与 5^{-2} 煤层的间距平均为 170 m。

矿区属典型的半干旱、半沙漠的高原大陆性气候，降水量小，蒸发量大，且由于地形地貌的原因，水土流失严重。

2.2.1　地(煤)层赋存特征

神东矿区地层主要为陆相含煤的侏罗系地层，自东而西依次出露三叠系至第四系地层，在古沟谷内还广泛堆积上更新统湖积层。

(1) 风积沙(Q_4)

隶属全新统。矿区内分布广泛，多为固定、半固定沙丘，厚 0～50 m。

(2) 萨拉乌苏组

分布广泛，以中细砂为主，厚度为 0～145 m，其厚度主要受基岩顶面古地形的影响。

(3) 新近系上新统三趾马组(N_2)

分布相对不连续,主要呈零星分布,多出露在各大沟系分水岭地带,岩性主要为棕红色黏土及粉质黏土。

(4) 白垩系洛河组(K_1l)

矿区西北部局部分布,主要为紫红、橘红色中粗粒砂岩,呈巨厚层状分布,胶结疏松,且分布大型交错层理,底部主要为砾岩,厚度一般为 18～30 m。

(5) 安定组(J_2a)

主要为紫杂色泥岩、砂质泥岩,多与粉砂岩和细砂岩互层,厚度一般为 0～114 m,平均厚度为 30～40 m。

(6) 直罗组(J_2z)

主要出露在矿区各沟谷上游。上部直罗组主要为灰绿色泥岩、粉砂岩,其中夹砂岩透镜体;下部直罗组主要为灰白色砂岩,其中夹泥岩条带,底部主要为砾岩。风化裂隙一般比较发育,厚度为 0～134 m,平均厚度为 30～50 m。

(7) 延安组(J_2y)

延安组为本区的主要含煤地层,主要由砂岩和泥岩组成,厚度为 150～280 m,其中有 13 层可采煤层,主采煤层一般为 3～6 层。

1^{-2}煤层平均厚度为 5.3 m,结构比较简单,部分煤层中分布砂质泥岩夹矸,厚度为 200～500 mm;煤层多为近水平煤层,倾角一般小于 3°。

2^{-2}煤层平均厚度为 4.3 m,结构比较简单,部分煤层中分布砂质泥岩夹矸,厚度为 33～240 mm;煤层多为近水平煤层,倾角一般小于 5°。

2.2.2 水文地质特征

神东矿区属于典型的半干旱、半沙漠的高原大陆性气候。区内大部分地区气候干燥,年平均降雨量为 194.7～531.6 mm,年平均蒸发量为 2 297.4～2 838.7 mm;区内地表水系并不发育,主要有乌兰木伦河贯穿全区。降水大部分形成地表径流而流失,地下水的补给渗入量较少,渗入地下岩土层的不足 15%。地形切割强烈,沟谷纵横,大气降水多沿沟谷以地表水的形式排泄;由于矿区地层地质构造简单,大部分岩层产状平缓,构造裂隙一般不发育,不利于地下水的储集,形成承压水头高但水量较小的特点;矿区水文地质条件的基本特点是地下水较贫乏,总量相对较少。

(1) 含水层

神东矿区地下水量主要受降水入渗和泉水排泄的控制,矿区主要含水层为不整合于基岩之上的新生界松散层,岩性主要为砂岩、亚砂土、粉细砂等,入渗系数较大。矿区范围内含水层大致可以分为以下四类：

① 第四系全新统（Q_4）松散孔隙潜水含水层

该含水层下部以砂砾为主，涌水量一般为 0.001 9～1.26 L/s，渗透系数约为 1.05 m/d，含水性为弱至中等；含水层上部主要为中细粒风积沙，透水而不含水。

② 侏罗系直罗组（J_2z）裂隙潜水含水层

主要在基岩风化裂隙中赋存，潜水面的平均埋深约为 10 m，水位标高约为 1 200 m，涌水量约为 3 m^3/d，渗透系数为 0.05 m/d。该含水层在平面上分布不均匀，在剖面上各含水层段水力联系较差，含水的深度受风化裂隙的深度控制，含水性极弱。

③ 烧变岩潜水含水层

主要由后期河流冲刷或剥蚀使煤层裸露，经长期风、氧化后自燃，将上覆岩层烘烤使其垮落、变形，形成较大的裂隙、孔隙，为后期储水创造了有利条件。此类又可分为透水不含水层和透水含水层型。

④ 侏罗系延安组第五段（$J_{1\text{-}2}y_5$）裂隙承压含水层

含水层厚度一般为 28 m，主要为灰白色中、细粒砂岩；涌水量约为 25 m^3/d，渗透系数约为 0.025 m/d；因岩石致密，裂隙发育程度较差，而且补给区较远，造成水量较小，含水性极弱。

（2）隔水层

神东矿区范围内主要隔水层为侏罗系直罗组（J_2z）底部的砂质泥岩（平均厚度为 10 m）、侏罗系延安组第五段（$J_{1\text{-}2}y_5$）各砂岩层间的砂质泥岩、泥岩以及黏土岩层和黏土化风化岩层。

矿区部分地区分布的离石黄土和三趾马红土等黏土层，是沙层含水层的直接隔水底板。但矿区大柳塔、活鸡兔、前石畔、朱盖塔、补连塔、柠条塔等绝大多数地区因后期冲蚀作用，导致上述黏土层、黄土层大部分以孤立的不规则状（平面）、零星透镜状（剖面）存在，其周围均由透水或含水的沙、粗沙、沙砾层充填、包围，失去了应有的作用。

此外，神东矿区基岩顶部普遍分布着一层风化岩，其岩性主要为泥岩、粉砂质泥岩、粉砂岩，风化后趋于黏土化，浸水后易迅速崩解和泥化，具有阻水作用，可视为隔水层或准隔水层。

2.3 覆岩物理力学性质

（1）基岩物理力学性质

神东矿区范围内上覆基岩的岩性主要为砂岩和泥岩，多为层状结构，岩体中等完整。表 2-1 为神东矿区覆岩力学强度的统计分析结果。

表 2-1　神东矿区覆岩基本物理力学强度[139]

岩石名称	抗拉强度/MPa	饱和抗压强度/MPa	软化系数
泥岩	0.97～3.30/1.90	16.70～39.90/31.43	0～0.65/0.25
砂质泥岩	0.54～6.00/2.46	14.9～38.8/29.57	0.23～0.52/0.43
粉砂岩	0.13～12.54/3.79	13.3～50.4/29.60	0.22～0.99/0.53
中砂岩	1.08～5.43/2.40	14.60～48.1/28.89	0.36～0.72/0.58
细砂岩	0.73～9.31/3.11	18.80～44.80/31.33	0.32～0.94/0.53

（2）基岩风化带物理力学性质

根据神东矿区地质钻探、物探的资料可知，除局部受冲刷、剥蚀的地段外，在基岩顶部遍布着风化带，总厚度为 3.22～20.00 m，平均 5.66 m。

风化程度自上而下逐渐减弱，根据岩石矿物的颜色光泽、成分变化、岩体组织结构和力学强度变化等，将风化带由上而下划分为强风化带和弱风化带。

岩体中原有的各种裂隙在水的楔入和冻胀作用下进一步增宽、加深、延展和扩大。岩体结构面的破坏、裂隙的扩展和增多，大大破坏了岩体的完整性，从而使力学强度降低[131,139]。风化之后的岩石抗压强度与原岩对比结果如表 2-2 所示。硬脆性的砂岩抗压强度的损失率比黏塑性泥岩要大得多，风化程度越强，力学强度降低越大，损失率在 27%～56%之间[139]。针对矿区风化带岩层的采样测试表明，黏土矿物含量明显升高，高岭石占 35%，蒙脱石占 5%[131,139]。高岭石具有很强的吸水性，湿态具有良好的可塑性和高黏结性；蒙脱石遇水迅速膨胀，体积能增加几倍，并变成糊状物。

表 2-2　神东矿区风化岩抗压强度[152]

岩石名称	风化岩/MPa	原岩/MPa	损失率%
泥岩	31.5	43.22	27.12
砂质泥岩	29.73	61.89	48.04
粉砂岩	37.2	66.61	55.85
细粒砂岩	28.39	63.87	44.45
中粒砂岩	26.15	48.00	54.47

已有的工程实践和研究成果表明，基岩风化带的岩性、厚度、风化程度、黏土

矿物成分、透水性等性质对煤层开采后覆岩导水裂缝带的发育高度及导水性能均有较大影响[139]。

2.4 矿区典型地质条件分类

西部矿区地表受冲沟切割严重，为典型的冲沟发育矿区。由于煤层埋藏较浅，地表起伏对采动覆岩运动有着较大影响。为清楚地分析神东矿区浅埋煤层开采覆岩移动规律，根据地表冲沟发育状况，将浅埋煤层开采条件分为两大类：冲沟下浅埋煤层开采和常规浅埋煤层开采，如图 2-2 所示。

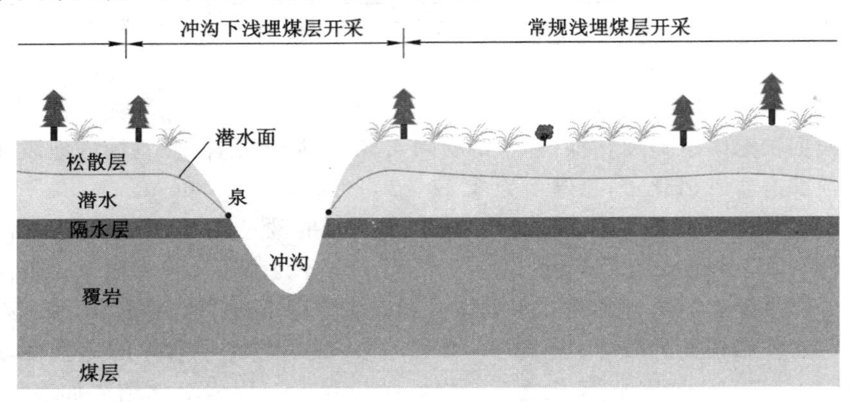

图 2-2　冲沟发育矿区浅埋煤层开采示意

常规浅埋煤层开采主要指非冲沟下开采，或者地表起伏小、井下采动对地表起伏不敏感的区域的浅埋煤层开采；冲沟下开采则主要针对地表冲沟较发育，且井下采动覆岩运动规律受冲沟影响较大时的浅埋煤层开采。

2.4.1 常规浅埋煤层典型地质条件分类

通过对神东矿区的岩层钻孔柱状图及相关地质资料分析，根据课题组针对浅埋煤层的初步研究，选取基岩厚度、对覆岩移动起控制作用的较坚硬岩层数（即关键层层数）以及地表松散层厚度与煤层上覆基岩厚度之比（K）的不同，将神东矿区典型煤层赋存条件分为三类：

① Ⅰ类。基岩厚度＜30 m，只赋存一层关键层，且 $K \geqslant 1$。以大柳塔矿12305 工作面为代表，其典型柱状如图 2-3(a)所示。

② Ⅱ类。30 m≤基岩厚度＜60 m，只赋存一层关键层，但 $K<1$。以上湾矿51201 工作面为代表，其典型柱状如图 2-3(b)所示。

③ Ⅲ类。基岩厚度≥60 m，赋存两层关键层（一层称为主关键层，另一层称为亚关键层），主关键层位于垮落带之上，基本顶为亚关键层，且 $K<1$。以补连塔矿 32201 工作面为代表，其典型柱状如图 2-3(c)所示。

柱状	层厚/m	岩性	备注
	30.00	风积沙松散层	松散潜水层
	5.62	风化岩层	
	2.37	粉砂岩	
	9.50	中细砂岩	关键层
	2.68	粉砂质泥岩	
	3.74	煤层	2^{-2}煤
	2.10	粉砂质泥岩	

(a)

柱状	层厚/m	岩性	备注
	20.00	风积沙松散层	松散潜水层
	5.00	风化岩层	
	10.00	粉砂质泥岩	
	9.30	砂岩、泥岩互层	
	12.30	中细砂岩	关键层
	3.40	粉砂质泥岩	
	5.80	煤层	1^{-2}煤
	5.00	粉砂质泥岩	

(b)

柱状	层厚/m	岩性	备注
	46.00	风积沙松散层	松散潜水层
	6.00	风化岩层	
	17.00	粉砂质泥岩	
	12.30	中细砂岩	主关键层
	10.00	粉砂岩	
	6.00	粉砂质泥岩	
	10.00	中细砂岩	亚关键层
	6.00	粉砂质泥岩	
	5.50	煤层	2^{-2}煤
	5.00	粉砂质泥岩	

(c)

图 2-3 神东矿区典型地质柱状

(a) Ⅰ类；(b) Ⅱ类；(c) Ⅲ类

2.4.2 冲沟发育状况及其分类

神东矿区处于黄土高原和沙漠过渡地带，地表侵蚀严重，受切割强烈，冲沟沟谷十分发育，为典型的侵蚀构造地貌（图 2-4）。冲沟是由间断流水在地表冲刷形成的沟槽。冲沟切割地表，使之支离破碎，水土流失严重。

愈近黄河土层愈薄，沟谷切割愈深，基岩出露愈厚，沟谷深度多在 150 m 以上。矿区北部及东北部为黄土高原丘陵沟壑，是矿区主要的地貌类型，其特征是梁峁起伏，沟道密集，地形破碎。西北部梁面宽缓，梁峁顶部覆盖了一层细沙，亦称丘陵盖沙区；东南部梁短峁小，谷坡陡峻，其上普遍堆积了厚度不等的风成黄土，由于长期的下切，沟谷深度达 50～150 m，分水岭地带多未切到基岩，断面多呈 V 形，中下游一般切至基岩一至数十米，断面呈 U 形。沟壑密度为 2～4.3 km/km^2，沟涧地与沟谷地之比约为 1∶1，地面坡度在 5°～40°之间，15°以上的陡坡面积占总土地面积的 60% 以上。

图 2-4　神东矿区冲沟发育状况

按照冲沟坡体覆盖层的物质结构，神东矿区范围内冲沟可分为两类：

(1) 松散体冲沟

该类冲沟坡体主要为第四系松散体，如风积沙、黄土等，呈松散状态，受风蚀、水蚀严重，强度低。冲沟切割深度在 30～60 m，最高达 100 m 左右，岸坡坡角在 5°～30°不等。萨拉乌苏组受风化作用易形成粉细砂型堆积。

(2) 基岩体冲沟

该类冲沟坡体一般为侵蚀性坡体。上部多为第四系松散体，厚度不大，一般为 2～3 m；下部为裸露基岩，风化程度严重。冲沟切割深度在 20～100 m，岸坡坡度在 5°～40°不等。岩层多为水平岩层。

此外，矿区范围内还广布有隐伏在厚松散砂层之下的古冲沟。古冲沟为历史上基岩被冲刷之后，由于风积沙的搬运、覆盖作用，隐伏于地表之下。

2.5　矿区地表生态特征

神东煤田地处干旱半干旱地带，干旱少雨，地表蒸发强烈，水资源匮乏；风沙活动剧烈，水土流失、荒漠化严重，地表生态环境十分脆弱，呈现以下特点：

(1) 过渡性。主要由于矿区位于毛乌素沙地与黄土高原的交接地带，地表生态也呈现出由荒漠化植被向高原植被过渡的特征。(2) 波动性。主要表现在降水量季节分布极不均匀且突发性强，温差波动大，风灾严重。(3) 脆弱性。矿区土壤储水保肥能力较差且侵蚀严重，有机质含量低，原始植被种类单调，且多为单优势群落，植被覆盖率低，仅3%～11%，地表生态环境十分脆弱。(4) 敏感性。主要表现在对于自然气候条件的敏感性和对于矿区开采的敏感性，特别是对于矿区开发所引起的诸如地下水位、地表状态的改变等导致的环境污染所引发的生态环境变化。(5) 低可逆性。矿区开发建设过程中一旦生态环境遭到破坏，靠自身的能力需要相当长的时间才能恢复，甚至有可能永远都不能恢复，导致环境的逆向演变与恶性循环，从而使生态系统彻底破坏。

3 常规浅埋煤层开采覆岩活动特征及裂隙发育规律

覆岩移动及裂隙发育是井下开采对地面生态环境产生影响的传递者，也是实施井下保护性开采与地面生态环境防治相互响应的纽带。井下保护性开采就是通过控制覆岩移动及裂隙发育的特征来减小井下采动对地面生态环境的采动损害程度；而构建地面抗采动干扰生态系统的主要目的则是通过合理的生态防治措施来适应覆岩沉陷和裂隙发育。因此，研究覆岩移动特征及裂隙发育规律是研究井下保护性开采和地面生态环境防治相互响应机理的基础。

基于神东矿区常规浅埋煤层三类典型地质条件，综合采用数值计算、物理模拟等手段，分析常规浅埋煤层开采覆岩移动特征及裂隙发育规律，并提出常规浅埋煤层覆岩移动型式判别体系。

3.1 常规浅埋煤层开采覆岩移动及裂隙发育规律

为掌握神东矿区不同煤层赋存条件下的采动覆岩移动及裂隙发育规律，针对三类典型地质赋存条件，运用实验室物理模拟和计算机数值计算相结合的方法，分析常规浅埋煤层开采时覆岩破坏、垮落、移动及裂隙发育规律。

3.1.1 Ⅰ类条件下浅埋煤层开采

以Ⅰ类条件的代表性工作面——大柳塔矿 12305 工作面为原型，采用离散元数值计算软件 UDEC(Universal Distinct Element Code)，来分析Ⅰ类条件下浅埋煤层开采走向、倾向方向覆岩移动和裂隙发育规律。

工作面内无明显的断层，地层平缓，倾角小于 4°；煤层结构简单，一般不含夹矸。采高 3.7 m。直接顶以粉砂质、砂质泥岩为主，为易垮落的不稳定顶板；基本顶岩性以中细砂岩为主，为较稳定顶板。覆岩物理力学参数如表 3-1 所示。

表 3-1　　　　大柳塔矿 12305 工作面覆岩物理力学参数

岩性	厚度/m	弹性模量/GPa	泊松比	内摩擦角/(°)	内聚力/MPa
风积沙松散层	30	5	0.35	33	0.5
风化砂岩	5.6	10	0.28	35	1
粉砂岩	2.4	20	0.18	42	2
中细砂岩	9.5	42	0.25	48	2.6
粉砂质泥岩	2.7	15	0.2	39	1.8
煤层	3.7	13.5	0.3	38	1.2
粉砂质泥岩	2.1	18	0.2	32	1.8

(1) 模型建立

走向方向上数值模型长度取 216 m,垂直方向取 56 m,模型采用分段开挖,开挖步距为 8 m。基于模型计算的边界效应,模型左右边界留 40 m 煤柱;倾斜方向上,工作面倾斜长度取为 240 m,模型总长度为 320 m,两侧各留 40 m 煤柱,模型采用一次开挖。覆岩岩石力学参数按 3-1 中取值。计算过程中,采用莫尔—库仑准则作为岩体破坏的判别准则。

(2) 覆岩垮落特征

走向方向上,随工作面推进,覆岩移动特征如图 3-1(a)和图 3-1(b)所示。当工作面推进 40 m 时,基本顶关键层发生初次破断,如图 3-1(a)所示。基本顶在开切眼与工作面后方处切落,发生滑落失稳,覆岩随之整体切落,隔水层(风化岩层)和地表松散沙层出现台阶下沉。覆岩贯通裂隙主要发育在开切眼和工作面上方,松散沙层与下伏岩层采动裂隙容易导通。当工作面推进 56 m 时,基本顶关键层第一次周期破断,如图 3-1(b)所示。基本顶发生台阶式破断,覆岩全厚切落,隔水层和地表松散沙层均出现台阶下沉。当工作面推进 72 m、99 m 时,基本顶关键层分别发生第二、三次周期破断,周期来压步距为 16 m。覆岩移动特征与裂隙发育状况与发生第一次周期破断时相似,覆岩沿全厚切落,隔水层出现台阶下沉,覆岩贯通裂隙主要发育在开切眼和工作面上方。

工作面倾斜方向上,覆岩移动特征及裂隙发育状况如图 3-1(c)所示。覆岩在工作面两端头部全厚切落,基本顶关键层难以形成承载结构,发生滑落失稳,隔水层出现台阶下沉。覆岩贯通裂隙主要发育在工作面两端头处,中部裂隙多被压实。

(3) 覆岩沉陷特征

沿走向方向,随工作面推进覆岩沉陷情况如图 3-2 所示。由图可知,当工作面推进 40 m 时,隔水层和基本顶关键层均呈现台阶下沉,且下沉量基本相当;

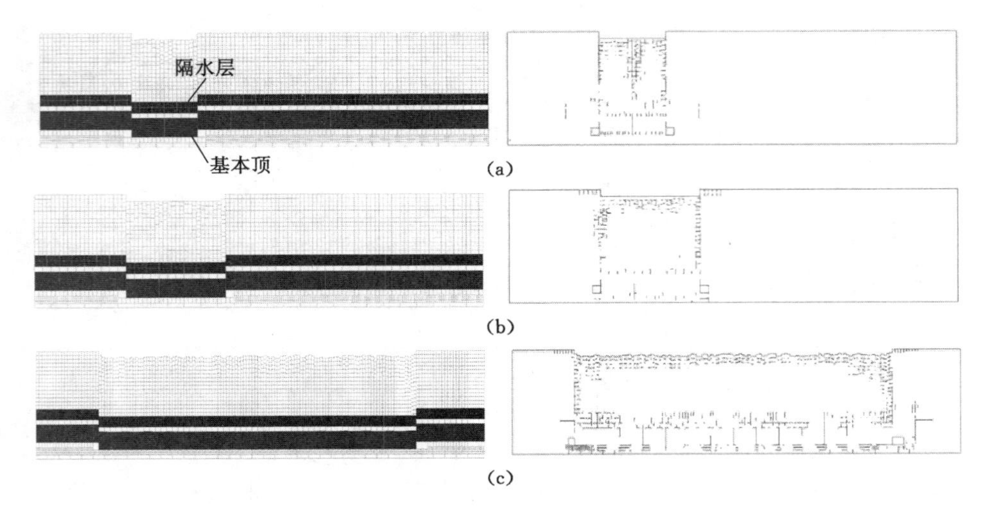

图 3-1　12305 工作面数值模拟覆岩移动结果

(a) 基本顶初次破断；(b) 基本顶周期破断一；(c) 沿倾斜方向

隔水层和基本顶关键层下沉曲线相似，与深埋煤层开采引起的下沉曲线不同，不存在明显的拐点，且下沉曲线较陡。由此表明覆岩移动主要受主关键层控制，当关键层出现台阶下沉时，覆岩将随之整体切落。随工作面的继续推进，覆岩的最大下沉量并没有显著增加。

3.1.2　Ⅱ类条件下浅埋煤层开采

以Ⅱ类条件的代表性工作面——上湾矿 51201 工作面为地质原型，采用离散元数值计算软件 UDEC 和实验室相似材料模拟相结合的方法，来分析Ⅱ类条件下浅埋煤层开采走向、倾向覆岩移动和裂隙发育规律。51201 工作面走向长 4 920 m，倾向长 301 m，工作面推进长度 4 675 m，煤层倾角 1°～5°。工作面内无明显的断层；煤层结构较简单，一般不含夹矸。直接顶岩性以砂质泥岩为主，为易垮落的不稳定顶板；基本顶岩性以中细砂岩为主，为较稳定顶板。覆岩物理力学参数如表 3-2 所示。

(1) 数值模拟

① 模型建立

走向数值模型长度取 300 m，垂直方向取 70.8 m。模型采用分段开挖，开挖步距为 10 m。基于模型计算的边界效应，模型左右边界各留 80 m 煤柱；倾向数值模型长度为 460 m，两侧各留 80 m 煤柱。模型采用一次开挖。覆岩岩石力学参数按表 3-2 中取值。计算过程中，采用莫尔-库仑准则作为岩体破坏的判别准则。

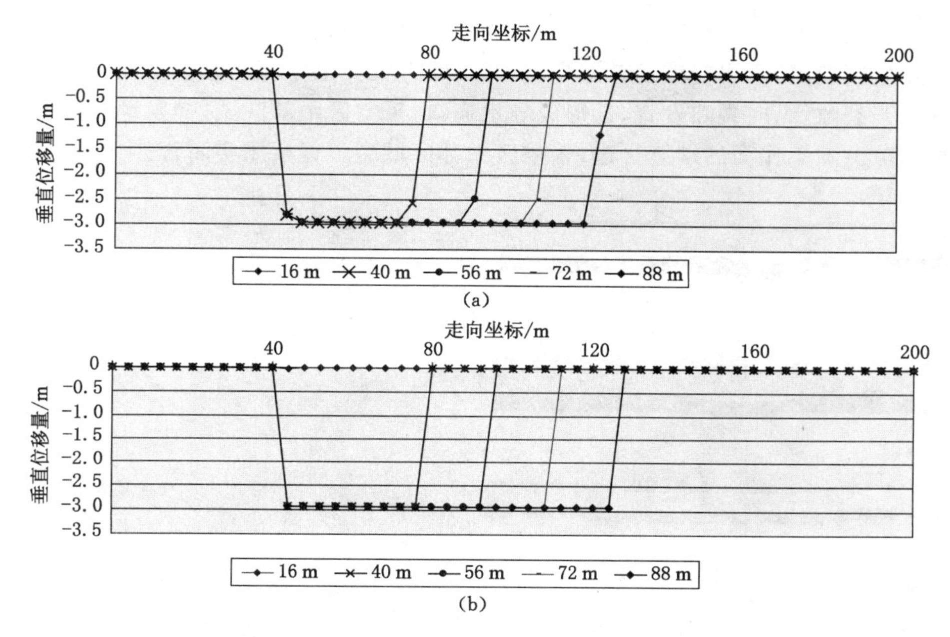

图 3-2　随工作面推进覆岩沉陷情况

(a) 基本顶关键层;(b) 隔水层

表 3-2　　上湾矿 51201 工作面覆岩力学参数

岩性	厚度/m	弹性模量/GPa	泊松比	内摩擦角/(°)	内聚力/MPa
风积沙松散层	30	5	0.35	33	0.5
风化砂岩	5	10	0.28	35	1
粉砂质泥岩	10	20	0.18	42	2
粗砂岩、泥岩互层	9.3	15	0.2	39	1.8
中细砂岩	12.3	42	0.25	48	2.6
粉砂质泥岩	3.4	15	0.2	39	1.8
煤层	5.8	13.5	0.3	38	1.2
粉砂质泥岩	5	18	0.2	32	1.8

② 覆岩移动特征及裂隙发育规律

走向模型中,工作面推进 60 m 时,基本顶关键层发生初次断裂,覆岩移动特征和裂隙发育状况如图 3-3(a)所示。工作面推进 80 m、100 m 时,基本顶关键层分别发生第一、二次周期破断,周期来压步距为 20 m,如图 3-3(b)所示。基本顶关键层在断裂后,不发生滑落失稳;隔水层呈现连续的弯曲下沉;覆岩移动受基本顶关键层控制，随基本顶关键层的破断下沉而整体下沉。当基本顶关键层发生断裂后，覆岩裂隙发育充分，在开切眼上方和工作面上方多发育上开下闭型张开裂隙，纵向裂隙发育，易形成导水通道；采空区中部区域，多发育上闭下开型裂隙。随工作面的继续推进，采空区中部区域裂隙逐渐压实闭合。

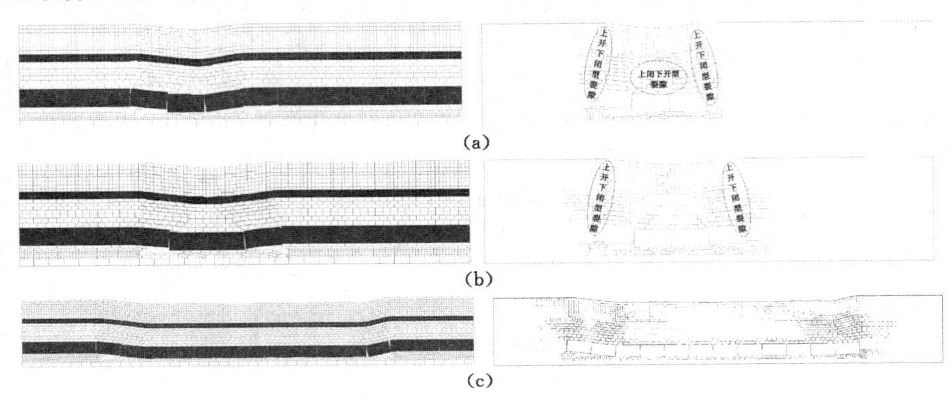

图 3-3　51201 工作面数值模拟覆岩移动结果

(a) 基本顶初次破断；(b) 基本顶周期破断；(c) 沿工作面倾向

倾向模型中，基本顶关键层在工作面两端头不发生滑落失稳，隔水层呈现连续弯曲下沉。覆岩贯通裂隙多发育在两端头上方，中部裂隙多压实闭合。

③ 覆岩沉陷特征

沿走向方向，随工作面推进覆岩沉陷情况如图 3-4 所示。由图可知，当工作面推进 60 m 时，隔水层和基本顶关键层下沉量突然增大，但是下沉曲线特点与Ⅰ类地质条件不同，未出现台阶下沉；隔水层和基本顶关键层下沉曲线基本相似，与深埋煤层开采引起的下沉曲线类似。由此表明覆岩移动主要受关键层控制，当关键层发生破断时，覆岩将随之整体下沉；随工作面的继续推进，覆岩的最大下沉量并没有显著增加；下沉曲线呈连续平滑型。

(2) 实验室相似材料模拟

基于表 3-2 建立物理模型，采用相似材料模拟来研究上覆岩层移动特征及裂隙发育规律。模型使用简易立体模型架，长 2.5 m，宽 0.2 m。模型的几何相似比为 1∶100。煤层沿底开采，采高 5.3 m(留 0.5 m 顶煤)，采用分步开挖，开挖步距为 5 m。模型表面设置尺寸为 0.05 m×0.05 m 的方格网，基岩上方的松散沙层按重力比置于基岩之上，并用钢板夹持。

当工作面推进 60 m 时，基本顶关键层下分层发生垮断，并在开切眼与工作面上方形成结构，并未发生滑落失稳；垮落高度约为 8 m，但基本顶上分层及覆

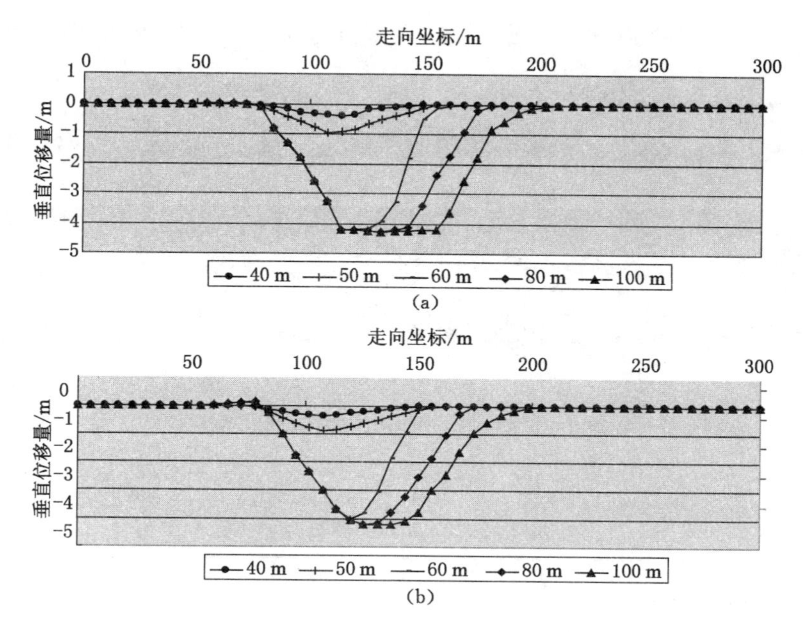

图 3-4 随工作面推进覆岩沉陷情况

(a) 基本顶关键层；(b) 隔水层

岩并未随之断裂下沉，如图 3-5(a)所示。当工作面推进 75 m 时，基本顶发生第一次周期来压，覆岩也随之断裂、下沉，基岩裂隙发育至松散层底部，且基本顶关键层与上覆岩层并未发生台阶下沉，覆岩纵向裂隙主要发育在开切眼与工作面上方。工作面推进 95 m、115 m 时，基本顶发生第二次、第三次周期来压，如图 3-5(c)和图 3-5(d)所示。基本顶周期断裂时，能形成稳定的结构，不发生滑落失稳，覆岩并不发生台阶下沉，覆岩垂直裂隙贯通至松散层。

3.1.3 Ⅲ类条件下浅埋煤层开采

以Ⅲ类条件的代表性工作面——补连塔矿 32201 工作面为地质原型，采用离散元数值计算软件 UDEC 和实验室相似材料模拟相结合的方法，来分析Ⅲ类条件下浅埋煤层开采走向、倾向方向覆岩移动和裂隙发育规律。

补连塔矿 32201 工作面为 2^{-2}煤层的首采工作面，长度为 240 m；工作面内无明显的断层；煤层结构较简单，一般不含夹矸。直接顶为砂质泥岩，为易垮落的不稳定顶板；基本顶为中细砂岩，为稳定顶板。覆岩物理力学参数如表 3-3 所示。

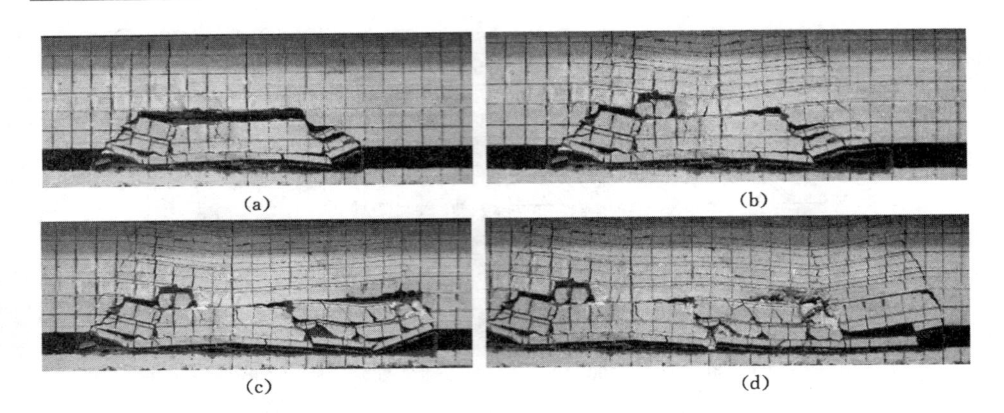

图 3-5　51201 工作面物理模拟覆岩移动

(a) 推进 60 m;(b) 推进 75 m;(c) 推进 95 m;(d) 推进 115 m

表 3-3　　补连塔矿 32201 工作面覆岩力学参数

岩性	厚度/m	弹性模量/GPa	泊松比	内摩擦角/(°)	内聚力/MPa
风积沙松散层	46	5	0.35	33	0.5
风化砂岩	6	10	0.28	35	1
粉砂质泥岩	17	20	0.18	42	2
中细砂岩	20	42	0.25	48	2.6
粉砂岩	10	20	0.18	42	2
粉砂质泥岩	6	15	0.2	39	1.8
中细砂岩	10	42	0.25	48	2.6
粉砂质泥岩	6	15	0.2	39	1.8
煤层	5.5	13.5	0.3	38	1.2
粉砂质泥岩	5	18	0.2	32	1.8

(1) 数值模拟

① 模型建立

走向模型长度为 420 m,垂直方向取 131.5 m,模型采用分段开挖,基于模型计算的边界效应,模型左右边界各留 95 m 煤柱;倾向模型总长度为 420 m,工作面长度取为 230 m,两侧各留 95 m 煤柱,模型采用一次开挖方式。覆岩岩石力学参数按表 3-3 中取值。计算过程中,采用莫尔-库仑准则作为岩体破坏的判别准则。

② 覆岩移动与裂隙发育

走向模拟中，开采空间达到 65 m 时，基本顶初次破断，覆岩移动特征和裂隙发育状况如图 3-6(a)所示。基本顶关键层在断裂后，能形成稳定的结构，并不发生滑落失稳；而主关键层尚未破断，受其控制的上覆岩层并未破断下沉，仅出现一定的弯曲。当基本顶关键层发生初次断裂后，主关键层以下、基本顶以上岩层裂隙发育充分，且在主关键层下方产生大的离层裂隙；主关键层上覆岩层仅发育部分横向裂隙，纵向裂隙较少，并未与松散沙层贯通；在开切眼上方和工作面上方多发育上开下闭型张开裂隙，纵向裂隙发育；采空区中部区域，多发育上闭下开型裂隙。工作面推进 80 m、95 m 时，基本顶关键层分别发生第一、二次周期破断。基本顶关键层在发生周期断裂后，仍能形成稳定的结构，不发生滑落失稳；在开切眼上方和工作面上方上开下闭型张开裂隙发育，纵向裂隙发育充分，但未与松散沙层相贯通，主关键层下方产生离层裂隙。

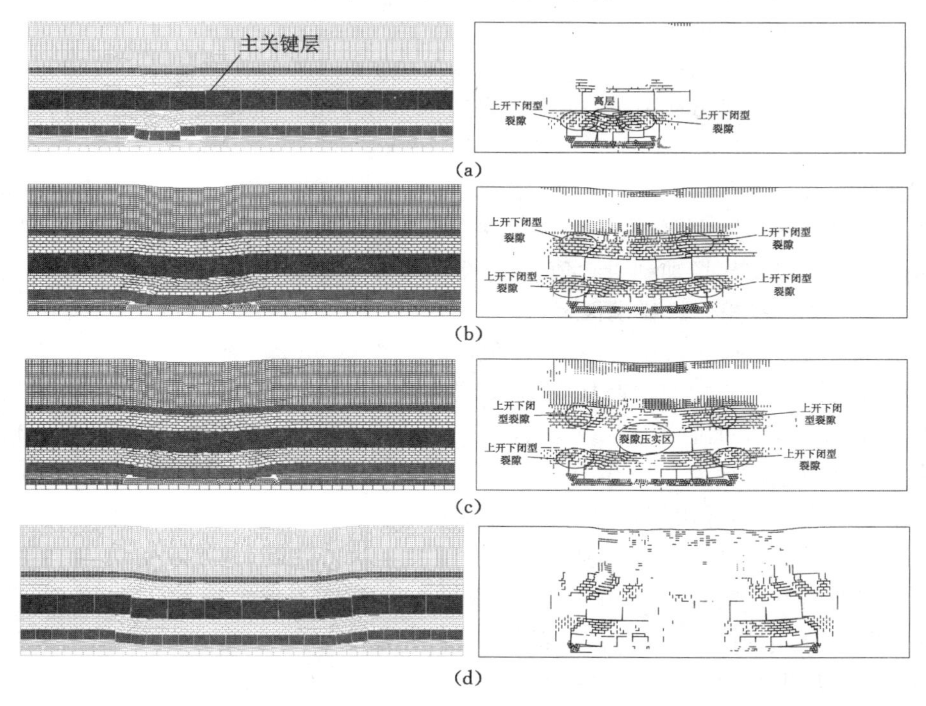

图 3-6　32201 工作面数值模拟覆岩移动特征

(a) 基本顶初次破断；(b) 主关键层初次破断

(c) 主关键层周期破断；(d) 沿倾斜方向

工作面推进 131 m 时，主关键层发生初次破断，覆岩移动特征与裂隙发育状况如图 3-6(b)所示。主关键层初次断裂后，能形成稳定的结构，不发生滑落失稳；主关键层下方的大离层闭合，上覆岩层破断下沉，且不形成台阶；当主关键层发生断裂时，水平离层多能闭合，覆岩垂直裂隙发育至松散层，且上开型垂直裂隙多发育在开切眼与工作面上方。工作面推进 155 m、179 m 时，主关键层发生第一、二次周期破断。主关键层发生第一次周期破断时覆岩移动特征与裂隙发育状况如图 3-6(c)所示。主关键层周期断裂时，不发生滑落失稳；覆岩随主关键层的破断而随之下沉。当主关键层发生周期断裂时，上开型垂直裂隙多发育在开切眼与工作面上方；采空区中部的裂隙已经开始压实。

工作面倾斜方向上，覆岩移动特征及裂隙发育状况如图 3-6(d)所示。覆岩在工作面两端头部能形成一定的承载结构，并未发生滑落失稳，隔水层呈现连续弯曲下沉。覆岩贯通裂隙主要发育在工作面两端头处，中部裂隙多被重新压实。纵向贯通裂隙止于松散层下软弱岩层，并未与松散层相贯通。

③ 覆岩沉陷特征

随工作面的走向推进，覆岩的沉陷情况如图 3-7 所示。由图 3-7 可知，当工作面推进距离达到 65 m 时，亚关键层突然破断下沉，且最大下沉量达到最大值，但由于主关键层并未破断，主关键层和隔水层仅出现一定量的弯曲下沉。当工作面推进距离达到 80 m 时，亚关键层发生周期破断，主关键层和隔水层的弯曲下沉量进一步加大，但并未发生破断。工作面推进 131 m 时，主关键层和隔水层的下沉量突然增加到最大值，之后下沉量基本保持不变。

(2) 实验室相似材料模拟

基于表 3-3 建立物理模型，采用相似材料模拟来研究上覆岩层移动特征及裂隙发育规律。模型使用简易立体模型架，长 2.5 m，宽 0.2 m。模型的几何相似比为 1∶100。煤层沿底开采，采高 5.5 m，采用分步开挖，开挖步距为 5 m。模型表面设置尺寸为 0.05 m×0.05 m 的方格网，基岩上方的松散沙层按重力比置于基岩之上，并用钢板夹持。

当工作面推进 65 m 时，基本顶关键层发生初次破断，基本顶上覆岩层没有立即随着基本顶的垮断而破断，采动裂隙发育至基本顶上部约 4 m 的岩层层位，如图 3-8(a)所示。当工作面推进 80 m 时，基本顶上方部分岩层随之下沉；基本顶关键层能形成稳定的结构，未发生滑落失稳；在煤层上方 25 m 处出现大的离层裂隙，而覆岩的纵向裂隙也主要发育在此大离层裂隙之下，如图 3-8(b)所示。当工作面推进 90 m、110 m 时，基本顶关键层发生第二次和第三次周期破断。随基本顶的周期破断，主关键层之下岩层随之下沉，离层裂隙不断向上发展，并在主关键层之下形成大的离层裂隙；由于主关键层并未破断，因此上覆岩层纵向裂隙并不发育，导水裂隙很难贯通至松散层。

当工作面推进 130 m 时，主关键层发生初次破断，如图 3-8(c)所示。由于主

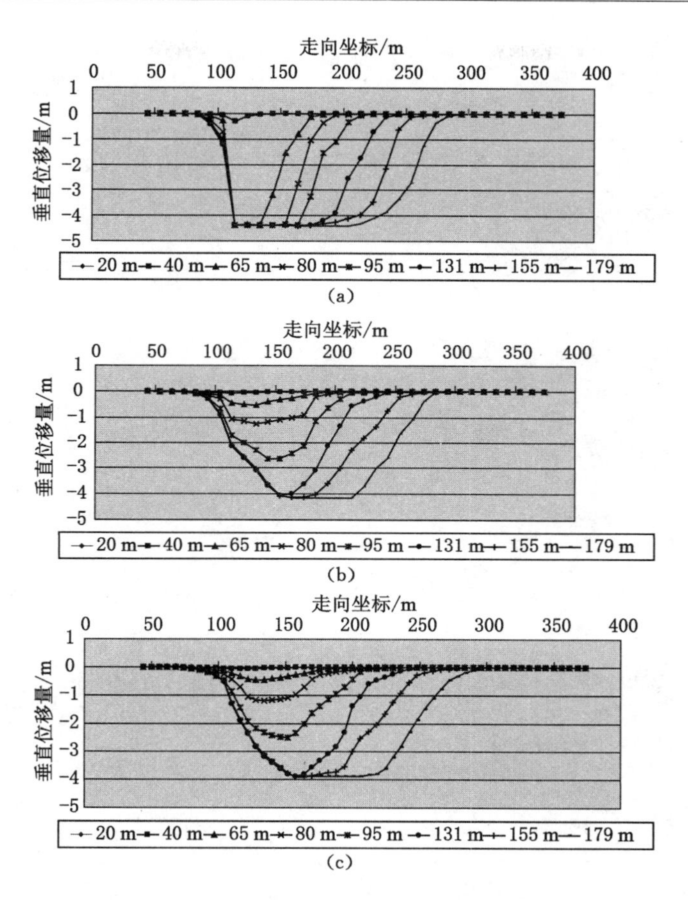

图 3-7 随工作面推进覆岩沉陷情况

(a) 亚关键层;(b) 主关键层;(c)隔水层

关键层的破断,覆岩随之弯曲下沉,纵向裂隙也继续向上发育,最大发育高度达到 69 m;基本顶关键层与主关键层之间、位于采空区中部的采动裂隙已出现压实闭合,之前的水平离层裂隙也趋于闭合;纵向裂隙主要发育在开切眼与工作面上方。当工作面推进 165 m 时,主关键层发生了周期破断,如图 3-8(d)所示。随着主关键层的周期破断,采空区中部的采动裂隙压实闭合区逐步扩大,工作面上方覆岩纵向裂隙发育高度趋于稳定,为 52～69 m;开切眼上方的纵向裂隙难以完全闭合。

3.1.4 常规浅埋煤层覆岩移动特征及裂隙发育规律

根据以上针对三类典型条件下的浅埋煤层开采的物理模拟和数值模拟,通

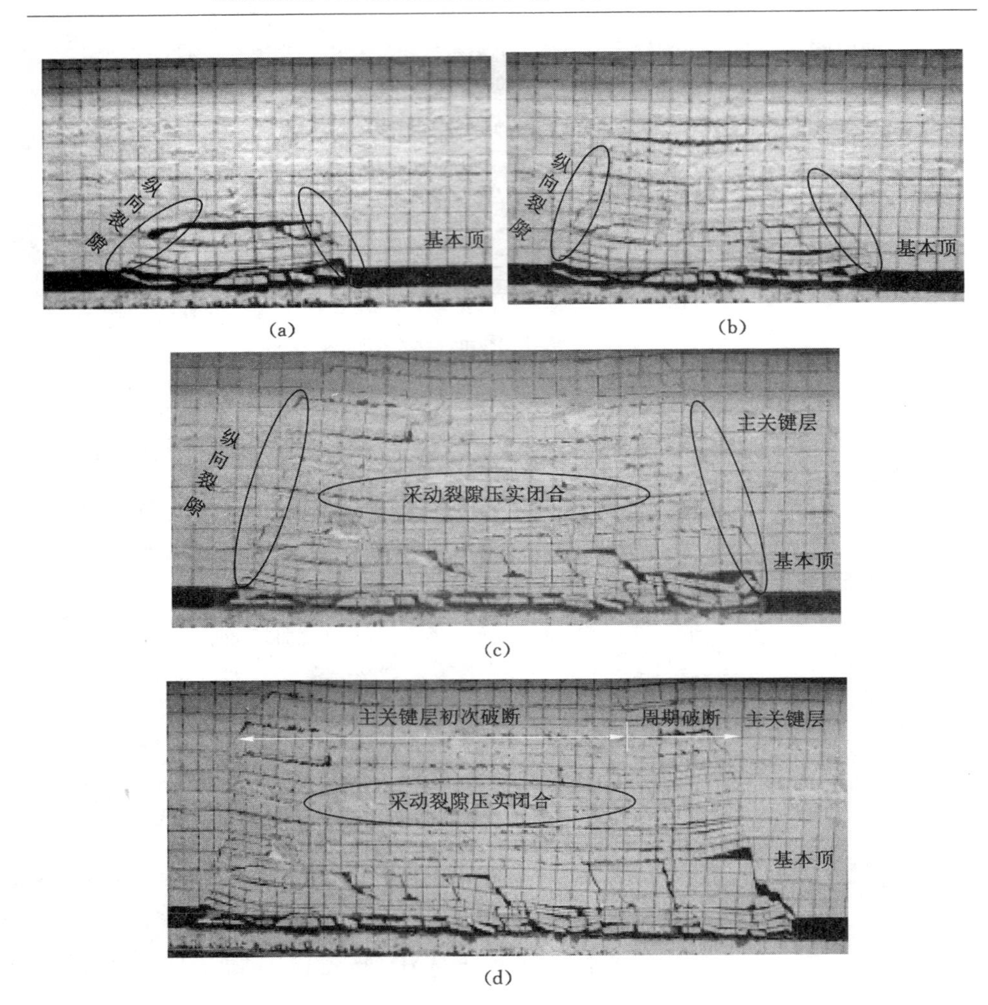

图 3-8 32201 工作面物理模拟覆岩移动特征

(a) 工作面推进 65 m;(b) 工作面推进 80 m

(c) 工作面推进 130 m;(d) 工作面推进 165 m

过对比可得出：

(1) 采动覆岩结构稳定性

① 对于以大柳塔矿 12305 工作面为典型的Ⅰ类条件，由于基岩厚度较小，而地表松散层厚度较大，基本顶破断下沉时，发生滑落失稳，覆岩出现台阶下沉。

② 对于以上湾矿 51201 工作面为典型的Ⅱ类条件，由于基岩厚度比地表松散层厚度大，在基本顶破断下沉时，能形成稳定的承载结构，不发生滑落失稳，覆岩呈现连续的弯曲下沉，并不出现台阶下沉。

③ 对于以补连塔矿32201工作面为典型的Ⅲ类条件，基岩厚度远大于松散层厚度，且赋存主、亚关键层。当亚关键层发生破断而主关键层未破断时，亚关键层能形成稳定的承载结构，并不发生滑落失稳，主关键层以上岩层受亚关键层破断的影响较小；当主关键层破断时，破断岩块能形成稳定的结构，不发生滑落失稳，覆岩呈现连续的弯曲下沉，不出现台阶下沉。

(2) 采动覆岩移动规律

① 对于以大柳塔矿12305工作面为典型的Ⅰ类条件，当基本顶关键层发生断裂下沉时，覆岩随之同步整体切落。

② 对于以上湾矿51201工作面为典型的Ⅱ类条件，当基本顶关键层发生初次断裂下沉时，覆岩随之出现下沉，但最大下沉量并未达到最大；当基本顶关键层发生第一次周期断裂时，覆岩最大下沉量才达到最大值。即当基本顶关键层发生周期断裂时，覆岩与基本顶关键层发生同步整体下沉。

③ 对于以补连塔矿32201工作面为典型的Ⅲ类条件，当亚关键层破断而主关键层未破断时，受亚关键层控制的岩层与亚关键层同步下沉，而主关键层以上岩层在主关键层的承载作用下，受采动影响较小；当主关键层发生破断时，覆岩与主关键层发生同步破断下沉。

(3) 覆岩采动裂隙发育特征

① 对于以大柳塔矿12305工作面为典型的Ⅰ类条件，当基本顶发生破断时，工作面上方裂隙能贯通至松散层，而采空区中部裂隙则逐步压实闭合，纵向贯通裂隙多发育在开切眼与工作面上方。

② 对于以上湾矿51201工作面为典型的Ⅱ类条件，当基本顶发生破断时，工作面上方发育拉伸型张开裂隙，且发育至松散层底部；而采空区中部裂隙则逐步压实闭合，开切眼上方裂隙则难以闭合。

③ 对于以补连塔矿32201工作面为典型的Ⅲ类条件，当亚关键层发生破断而主关键层未破断时，覆岩裂隙多发育在主关键层以下，难以穿越主关键层；而当主关键层发生破断后，覆岩裂隙向上发育，但纵向贯通裂隙并未发育至松散层底部，被上覆软弱岩层消化，有利于保水开采的实现。

④ 上覆岩层中的张开裂隙会产生闭合现象，且工作面推进越快，裂隙扩展的时间越短，裂隙闭合也越快，但采场切眼及上、下端头处的裂隙不易闭合，易形成导水和漏风通道。此外，工作面快速推进，还有利于工作面基本顶破断岩块相互铰接，并形成稳定的“力学平衡结构”，而不易产生顶板台阶下沉。

常规浅埋煤层开采条件下，地表随覆岩的整体同步下沉特征，使地表下沉盆地宽缓底平且采动裂缝发育不充分，对地表土壤破坏较小；覆岩采动裂隙滞后1～2个周期来压后可压实闭合，有利于保护上覆含水层；开切眼和两端头附近区域的采动裂隙不易闭合，这是进行保水开采、工作面防漏风应重点关注的区域。

3.2 覆岩采动裂隙发育分带(区)

浅埋煤层开采条件下，覆岩中往往仅有“两带”——垮落带和裂缝带，并且通常情况下裂缝带贯穿至地表，裂缝带发育高度并非完整裂缝带，即如果覆岩厚度增加，裂缝带高度可能继续增大。因此，有必要对浅埋煤层开采条件下覆岩裂缝带进行细分，来衡量覆岩采动裂隙发育程度。

3.2.1 覆岩裂缝带再划分

为准确地对覆岩裂缝带进行划分，应考虑完整的覆岩移动分带，如图 3-9 所示，即垮落带、裂缝带、弯曲下沉带。垮落带岩块呈不规则垮落，排列极不整齐，松散系数大，即使在采后一段时间内能够重新压实，但渗透性依然很好，采后储集大量的矿井水；裂缝带中破断岩块呈规则整齐排列，保持层状特性，但裂隙的发育，可能沟通上覆含水层与采空区或采煤工作面，导致水资源的流失；弯曲下沉带由于远离采空区，受采动影响较小，移动过程为连续而有规律地平缓下沉，基本不发育垂向导通裂隙[153-154]。

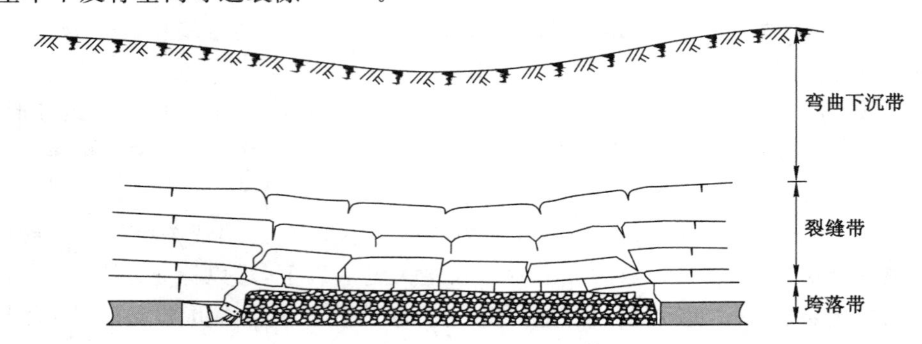

图 3-9 采场典型覆岩移动分带[153]

根据工程实践，裂缝带高度的经典计算公式并不适合于神东矿区。课题组通过长期的观测，提出了神东矿区裂缝带高度的计算公式为[139,155]：

$$H_{\mathrm{fr}} = \frac{100Mk_{\mathrm{d}}k_{\mathrm{i}}}{aM + b} \tag{3-1}$$

式中 M——采高；

k_{d}——采动影响系数；

k_i——岩体完整性系数；

a,b——岩体综合强度系数。

为详细分析完整裂缝带内采动导水裂隙分布规律，以经典覆岩移动分带为原型，构建数值模型如图 3-10 所示，利用离散元数值计算软件 UDEC 中的应力-渗流耦合系统进行模拟。根据达西定律有：

$$K = \frac{ga^2}{12\nu} \tag{3-2}$$

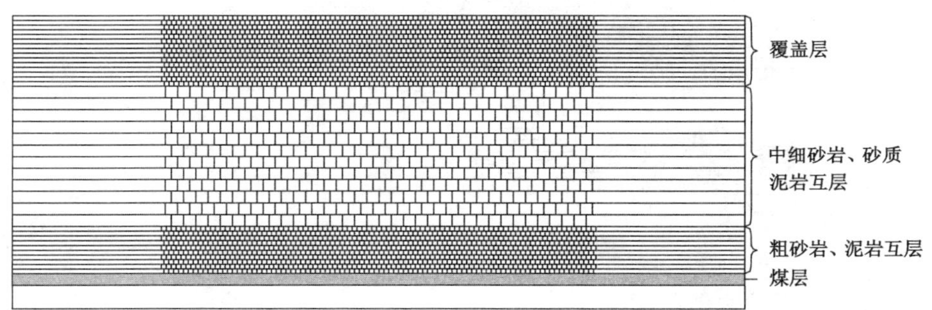

图 3-10　设计计算模型

根据式(3-2)可以看出，理想裂隙的渗透系数主要与裂隙开度的平方呈正比。然而，实际情况下的导水通道不可能是理想的平板裂隙。为此，许多学者为反映裂隙粗糙度等因素对渗透系数的影响，采用折减系数法来计算裂隙的渗透系数 K[156-157]。但是总体来说，裂隙的开度可直观地反映出裂隙的渗透性，因此根据数值计算结果，结合 Surfer 软件清晰地反映出采动裂隙的开度变化，来分析采动裂隙的渗透性分布规律。

模型走向长 300 m，垂直高度 125 m，开采深度 115 m。煤层为水平煤层，厚度 5.0 m。模型中各岩层岩性、厚度及力学参数如表 3-4 所示。

表 3-4　　模型覆岩物理力学参数

岩性	厚度/m	弹性模量/GPa	泊松比	内摩擦角/(°)	内聚力/MPa
覆盖层	30	5	0.35	33	0.5
中细砂岩、砂质泥岩互层	60	10	0.28	35	1
粗砂岩、泥岩互层	20	15	0.2	39	1.8
煤层	5	13.5	0.3	38	1.2
砂质泥岩	10	18	0.2	32	1.8

模型开挖140 m,两端各留80 m煤柱以减轻边界影响。模拟结果如图3-11所示。覆岩的垮落特征呈现明显的三带。垮落带高度为25 m,裂缝带高度为85 m,裂缝带之上为弯曲下沉带。为进一步了解裂缝带内导水裂隙的发育状况及采动渗流状况,通过UDEC中的节理模型,计算出采动后裂隙开度,并输出数据,利用Surfer软件直观显示。输出的结果如图3-12所示。

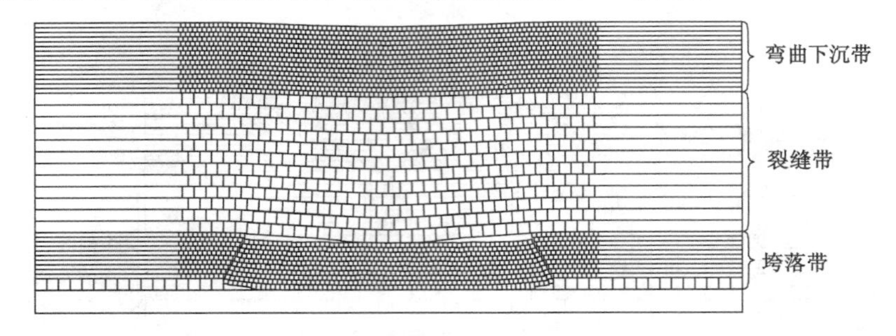

图3-11　数值计算结果

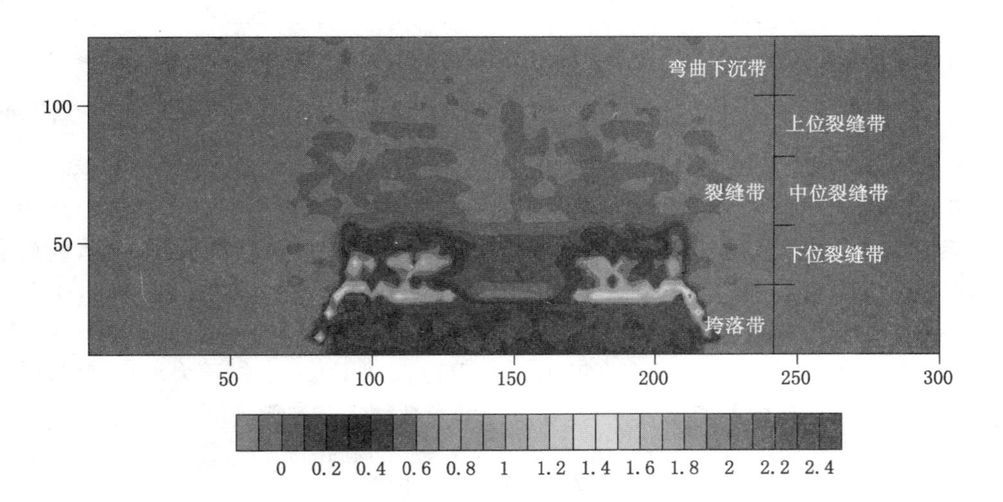

图3-12　采动后裂隙水力开度

从图3-12可以看出,垮落带内裂隙开度较大,特别是位于开切眼及工作面上方破断线范围内。裂缝带范围内裂隙开度分布不均,大致可分为下位裂缝带、中位裂缝带和上位裂缝带,并呈现如下规律:裂缝带下部裂隙开度明显较大,裂隙贯通性好,渗透系数大;裂缝带中部即中位裂缝带的裂隙开度较小,为下位裂缝带的1/10～1/3,且裂隙贯通性及渗透性一般;裂缝带上部即上位裂缝带内裂隙密度较小,且发育程度较低,裂隙开度为下位裂缝带的1/12～

1/3,贯通性及渗透性较差;裂缝带范围内,中部采空区上方裂隙开度均比两端小,贯通性及渗透性相对较差。弯曲下沉带内裂隙开度则很小,贯通性及渗透性差。

结合相似材料模拟和数值模拟结果及已有研究成果,下位裂缝带内纵向裂隙多切割整层厚度,裂隙相互贯通,裂隙发育程度强;中位裂缝带内纵向裂隙则很少切割整层厚度,裂隙贯通度较低,裂隙发育程度中等;上位裂缝带内纵向裂隙切割深度相对较小,裂隙发育程度低;采空区中部上方在滞后1～2个周期来压之后,裂隙得以重新压实闭合。

完整裂缝带内,上位、中位、下位裂缝带所占范围较平均,均约1/3。因此,其高度可以通过以下公式来预测:

$$\begin{cases} \text{上位裂缝带高度}:H_{fu}=H_f \\ \text{中位裂缝带高度}:H_{fm}=H_c+2/3(H_f-H_c) \\ \text{下位裂缝带高度}:H_{fl}=H_c+1/3(H_f-H_c) \end{cases} \tag{3-3}$$

式中 H_{fu},H_{fm},H_{fl}——上位、中位、下位裂缝带的高度,m;

H_c——垮落带的高度,m;

H_f——完整裂缝带的高度,m。

3.2.2 水平层面采动裂隙分区

裂缝带范围内岩层多呈现“O-X”形破断[154],如图3-13所示,随岩层的初次和周期破断,开采空间范围内拉伸张开裂隙主要分布于工作面上下端头、开切眼和工作面的上方。其中,工作面上下端头和开切眼上方形成的拉伸裂隙在本工作面开采中一般难以闭合,而中部裂隙则随工作面的推进可滞后压实闭合。因此,在水平层面方向,可将工作面上下端头、开切眼及工作面上方区域通称为端部裂隙发育区;而将随工作面推进可重新压实闭合的中部区域称为中部裂隙压实区。

为计算端部裂隙发育区和中部裂隙压实区的范围,引入开采覆岩裂隙角δ''和破断角α_p。裂隙边界与破断边界之间为拉伸裂隙发育区,而破断边界之后1～2个周期来压步距为中部裂隙压实区,如图3-14所示。图中,l为周期来压步距,m。而破断边界与压实区之间的区域由于多发育贯通裂隙,仍可将其归入端部裂隙发育区。因此,若采用图3-14中坐标系,则可得出端部裂隙发育区范围:$[-y\cot\delta'', y\cot\alpha_p+(1\sim2)l]$。

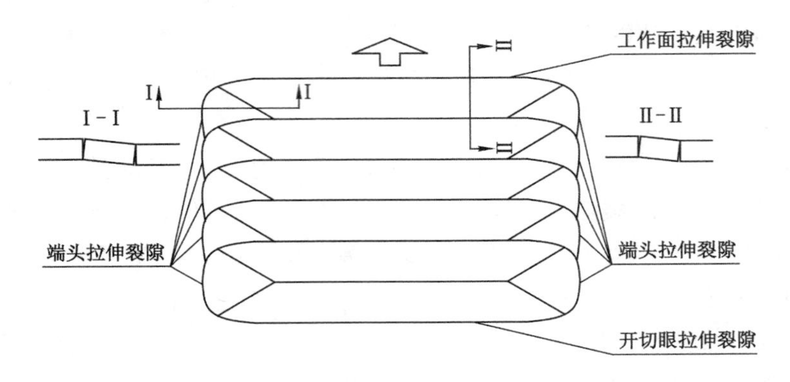

图 3-13　水平层面方向裂缝带岩层破断形态

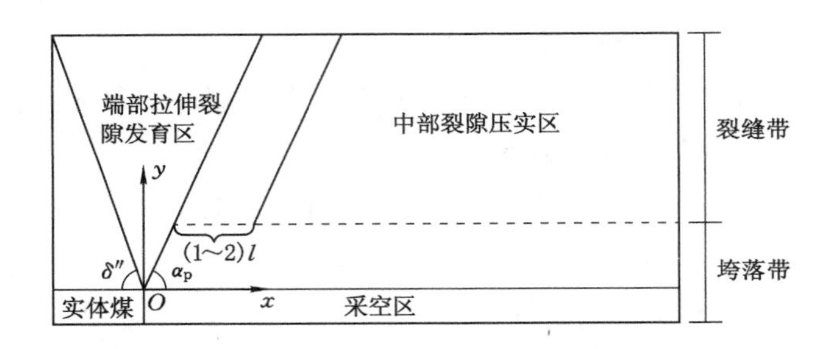

图 3-14　垂直剖面示意

3.3　常规浅埋煤层开采覆岩结构稳定性分析

根据上述物理模拟和数值模拟结果，可以将浅埋煤层开采引起的覆岩移动型式分为两大类：一是台阶下沉，主要表现为Ⅰ类典型条件下的覆岩全厚切落；二是连续弯曲下沉，主要表现为Ⅱ类、Ⅲ类典型条件下覆岩的连续弯曲下沉。而这两大类覆岩移动型式则主要取决于关键层（主关键层）的断裂下沉方式。以Ⅰ类条件为例，在载荷层的作用下，基本顶关键层难以形成稳定的承载结构，表现为滑落失稳，继而引起覆岩的全厚切落。因此，针对浅埋煤层开采覆岩移动型式分析的关键为研究关键层的断裂下沉方式，而关键层断裂下沉的决定性诱因为采动后关键层结构的稳定性。

浅埋煤层开采条件下，影响关键层结构稳定性的因素有很多，其中主要的因素有直接顶厚度、载荷层厚度、关键层的厚度及强度、采高和工作面支架支护阻力等。尽管国内部分学者针对浅埋煤层条件下关键层的结构稳定性进行了一定的研究[9,17,24-26,119-120]，并取得了一些可以指导工程实践的研究成果，然而，对于上述主要因素对关键层的断裂下沉方式的影响机理及其规律还没有系统的研究成果。本书尝试从分析关键层的结构稳定性入手，研究不同因素对关键层断裂的影响机理及其规律，从而建立浅埋煤层关键层断裂下沉方式的预测体系。

3.3.1 关键层破断极限力学分析

（1）初次破断

随工作面自开切眼向前推进，直接顶及关键层下伏岩层开始发生垮落。由于关键层的强度较大，关键层继续呈悬露状态，因此可将其视为一悬露的矩形板。由于浅埋条件下，关键层的破断距一般都远大于板的厚度，且关键层的弯曲挠度也远小于它的厚度，因此可以将其视为薄板的小挠度问题。

课题组成员马立强博士利用薄板理论中的变分法和差分法分析了覆岩层破裂规律及软硬岩层耦合条件下的裂隙发育机理，从而揭示出覆岩导水通道的发育特征[131]。本节将在此基础上，结合弹塑性理论，来进行关键层破断极限力学分析，从而揭示关键层的厚度和强度、载荷层的厚度及开采尺寸等因素之间的关系。

关键层初次破断前，可以视之为四边固支矩形板在均布载荷作用下的小挠度问题。对于四边固支弹性板问题，一些学者采用不同的方法得出了四边固支矩形弹性板的解析结果[158-160]。针对四边固支矩形板的极限载荷问题，已经有不少学者对此进行了探讨研究，例如文献[161]求出了均布载荷下长方形简支板和长方形四边固支板的上限；余腾海则采用复分法给出了四边固支矩形板在均布载荷作用下的极限载荷的下限解[162-163]。本书主要基于以上研究成果，通过分析关键层板发生破坏的极限载荷，进而得出关键层板极限破坏时不同参数之间的关系。

① 关键层板发生破坏的极限载荷上限解

四边固支矩形板在均布载荷作用下，可能形成的塑性铰线如图 3-15 所示。

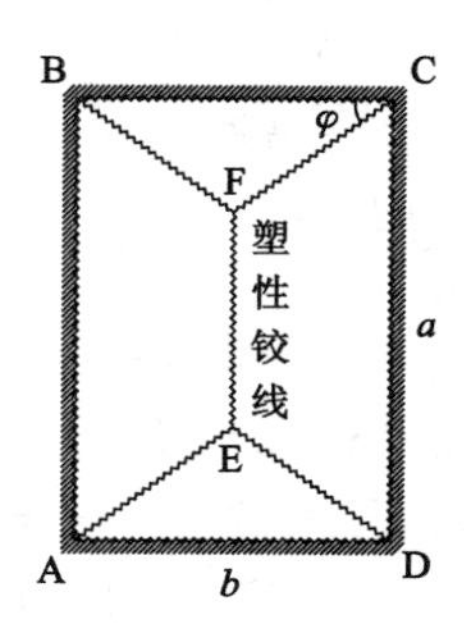

图 3-15 关键层板四边固支受均布载荷的可能塑性铰线

设板的中部屈服线上的虚位移为 1，则 EF 线处两侧板壁的相对转角为：

$$\theta_1 = \frac{4}{b} \tag{3-4}$$

三角塑性铰线上的相对转角则可由与塑性铰线垂直的截面上得出：

$$\theta_2 = \frac{2}{b} \times \frac{\cot\varphi + \tan\varphi}{\sec\varphi} \tag{3-5}$$

故内力功为：

$$V = 8M_s\left(\frac{a}{b} + \cot\varphi\right) \tag{3-6}$$

上述式中，V 为内力功，J；M_s 为板的塑性极限弯矩，N·m；a，b 分别为板的长和宽，m；φ 为三角塑性铰线 CF 与板边 BC 之间的夹角，(°)。

外力功为：

$$T = \frac{2}{3}b(3a - b\tan\varphi)q \tag{3-7}$$

式中，q 为作用于板上的均布载荷，N/m。

根据虚功原理，可得：

$$8M_s\left(\frac{a}{b} + \cot\varphi\right) = \frac{2}{3}b(3a - b\tan\varphi)q \tag{3-8}$$

从而解得：

$$q = \frac{12M_s\left(\cot\varphi + \frac{a}{b}\right)}{3ab - b^2\tan\varphi} \tag{3-9}$$

为求得产生图 3-15 中的塑性铰线所需的极限均布载荷，即上限解，令：

$$\frac{\mathrm{d}q}{\mathrm{d}(\tan\varphi)} = 0 \tag{3-10}$$

解得：

$$\tan\varphi = \sqrt{3 + \left(\frac{b}{a}\right)^2} - \frac{b}{a} \tag{3-11}$$

将其代入式(3-9)即可解得上限解为：

$$q = \frac{48M_s}{b^2} \times \frac{1}{\sqrt{3 + \left(\frac{b}{a}\right)^2} - \frac{b}{a}} \tag{3-12}$$

② 关键层板发生破坏的极限载荷下限解

为求得关键层板发生破坏的极限载荷下限解，需找出静力许可场。为此，选取板的中心为坐标原点，x、y 轴分别平行于板边，如图 3-16 所示。则板应满足的平衡方程为：

$$\frac{\partial^2 M_x}{\partial x^2} + 2\frac{\partial^2 M_{xy}}{\partial x \partial y} + \frac{\partial^2 M_y}{\partial y^2} = -q \tag{3-13}$$

式中 M_x——板在 x 方向的弯矩；

M_y——板在 y 方向的弯矩；

M_{xy}——板的扭矩。

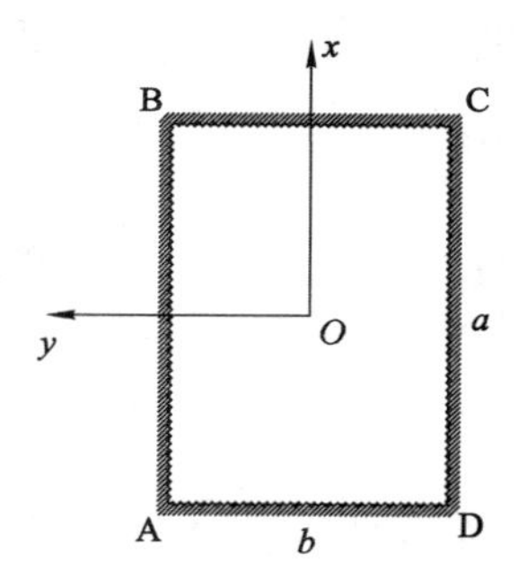

图 3-16 选用的坐标系

采用 Mises 屈服条件，应满足的塑性屈服条件为：

$$M_x^2 - M_x M_y + M_y^2 + 3M_{xy}^2 = M_s^2 \tag{3-14}$$

板四边的边界条件为：

$$M_x \big|_{x=\pm\frac{a}{2}} = -M_b \;;\; M_y \big|_{y=\pm\frac{b}{2}} = -M_a \tag{3-15}$$

基于板的平衡方程和边界条件，且不违背塑性条件的静力许可内矩场为[162]：

$$M_x = f_1\left\{ABx^2 + \frac{a^2}{4}\left[1-(AB+1)\sin^2\frac{\pi x}{a}\right]\right\} - \frac{4x^2}{a^2}M_b \tag{3-16}$$

$$M_y = f_2\left\{ABy^2 + \frac{b^2}{4}\left[1-(AB+1)\sin^2\frac{\pi y}{b}\right]\right\} - \frac{4y^2}{b^2}M_a \tag{3-17}$$

其中：

$$A = \frac{ab}{a^2+b^2};B = \frac{24a}{b\left[\sqrt{3+\left(\frac{b}{a}\right)^2} - \frac{b}{a}\right]^2} - \frac{1}{\sqrt{3}} \tag{3-18}$$

将式(3-16)、式(3-17)代入式(3-13)得：

$$\frac{\partial^2 M_{xy}}{\partial x \partial y} = \frac{4}{a^2}M_b + \frac{4}{b^2}M_a - \frac{q}{2} + \frac{f_1\left[\pi^2(AB+1)\cos\frac{2\pi x}{a} - 4AB\right]}{4} + \frac{f_2\left[\pi^2(AB+1)\cos\frac{2\pi y}{b} - 4AB\right]}{4} \tag{3-19}$$

对上式两边同时积分得：

$$M_{xy}=(\frac{4}{a^2}M_b+\frac{4}{b^2}M_a-\frac{q}{2})xy-(f_1+f_2)ABxy+\frac{f_1\pi ay(AB+1)}{8}\cdot$$

$$\sin(\frac{2\pi x}{a})+\frac{f_1\pi ax(AB+1)}{8}\sin(\frac{2\pi y}{b}) \tag{3-20}$$

根据 Mises 屈服条件，将式(3-16)、式(3-17)、式(3-20)代入式(3-14)得：

$$\left\{f_1\left\{ABx^2+\frac{a^2}{4}\left[1-(AB+1)\sin^2\frac{\pi x}{a}\right]\right\}-\frac{4x^2}{a^2}M\right\}^2-$$

$$\left\{f_1\left\{ABx^2+\frac{a^2}{4}\left[1-(AB+1)\sin^2\frac{\pi x}{a}\right]\right\}-\frac{4x^2}{a^2}M\right\}\times$$

$$\left\{f_2\left\{ABy^2+\frac{b^2}{4}\left[1-(AB+1)\sin^2\frac{\pi y}{b}\right]\right\}-\frac{4y^2}{b^2}M_a\right\}+$$

$$\left\{f_2\left\{ABy^2+\frac{b^2}{4}\left[1-(AB+1)\sin^2\frac{\pi y}{b}\right]\right\}-\frac{4y^2}{b^2}M_a\right\}^2+3[(\frac{4}{a^2}M_b+$$

$$\frac{4}{b^2}M_a-\frac{q}{2})xy-(f_1+f_2)ABxy+\frac{f_1\pi ay(AB+1)}{8}\sin(\frac{2\pi x}{a})+$$

$$\frac{f_1\pi ax(AB+1)}{8}\sin(\frac{2\pi y}{b})]^2\leqslant M_s^2 \tag{3-21}$$

为了使上式成立，只需取板的中心、角点和各边中点满足上式即可[162]。将 $x=0,y=0;x=\pm a/2,y=\pm b/2;x=\pm a/2,y=0;x=0,y=\pm b/2$ 分别代入，可得到以下三个不等式：

$$\frac{a^4}{16}f_1^2\leqslant M_s^2;\frac{b^4}{16}f_2^2\leqslant M_s^2;48a^2b^2\left[\frac{q}{2}+(f_1+f_2)AB\right]^2\leqslant M_s^2 \tag{3-22}$$

为了使板的极限载荷下限值有尽可能大的值[162]，取：

$$f_1=-\frac{4M_s}{a^2};f_2=-\frac{4M_s}{b^2} \tag{3-23}$$

将其代入式(3-22)得：

$$q=\frac{48M_s}{b^2}\times\frac{1}{\sqrt{3+\left(\frac{b}{a}\right)^2}-\frac{b}{a}} \tag{3-24}$$

对比式(3-12)和式(3-24)可知，上限解和下限解是相同的，因此可以认为四边固支关键层板受均布载荷发生极限破断的极限载荷精确解即式(3-12)或式(3-24)。

取板的塑性极限弯矩为：

$$M_s=\frac{t^2}{4}\sigma_t \tag{3-25}$$

式中 t——关键层板的厚度,m;

σ_t——关键层板的抗拉强度,Pa。

将式(3-25)代入式(3-24)得:

$$q=\frac{12t^2\sigma_t}{b^2}\times\frac{1}{\sqrt{3+\left(\frac{b}{a}\right)^2}-\frac{b}{a}} \tag{3-26}$$

③ 理论公式有效性验证

为验证公式(3-26)计算关键层极限破坏载荷的有效性,通过工程实例来进行分析计算。

a. 以Ⅰ类条件典型工作面——大柳塔矿12305工作面为例,选取基本顶关键层为研究对象,层厚9.5 m,岩层抗拉强度为4.2 MPa,工作面长度为240 m;载荷层厚度为38 m,取平均重度为25 kN/m³,故基本顶上平均载荷为0.95 MPa;根据上面物理模拟、数值模拟及现场实测结果,关键层初次破断距为40 m。即,对于此问题中的参数分别为:t= 9.5 m,σ_t=4.2 MPa,a=240 m,b=40 m,q=0.95 MPa。将数据代入式(3-26) 可得,q= 0.958 MPa,与实际中的0.95 MPa相差较小。

b. 以Ⅱ类条件典型工作面——上湾矿51201工作面为例,选取基本顶关键层为研究对象,层厚12.3 m,岩层抗拉强度为4.4 MPa,工作面长度为300 m;载荷层厚度为54.3 m,取平均重度为25 kN/m³,故基本顶上平均载荷为1.36 MPa;根据上面物理模拟、数值模拟及现场实测结果,关键层初次破断距为60 m。即,对于此问题中的参数分别为:t=12.3 m,σ_t=4.4 MPa,a=300 m,b=60 m,q=1.36 MPa。将数据代入式(3-26)可得,q=1.438 MPa,与实际中的1.36 MPa相差不大。

c. 以Ⅲ类条件典型工作面——补连塔矿32201工作面为例,选取主关键层为研究对象,层厚20 m,岩层抗拉强度为7.5 MPa,工作面长度为240 m;载荷层厚度为69 m,取平均重度为25 kN/m³,故主关键层上平均载荷为1.725 MPa;根据上面物理模拟、数值模拟及现场实测结果,主关键层初次破断距为131 m。即,对于此问题中的参数分别为:t=20 m,σ_t=7.5 MPa,a=240 m,b=131 m,q=1.725 MPa。将数据代入式(3-26)可得,q = 1.652 MPa,与实际中的1.725 MPa相差不大。

因此,可以得出式(3-26)能够用来预估关键层的极限破断载荷,同时,还可以反算出关键层的初次破断距。

④ 关键层极限破断载荷影响因素分析

根据式(3-26)可以看出,板发生极限塑性变形的主要影响因素为载荷、板的强度及板的尺寸。对于关键层板来说，在上覆岩层的载荷作用下，其发生塑性变形或出现图 3-15 的塑性铰线的主要影响因素为覆岩载荷、层厚、悬露长度及宽度。板发生塑性变形的极限载荷与板的抗拉强度呈线性正比关系，与板厚度的平方呈正比。

为分析板的长度和宽度对板发生极限破坏时的极限载荷的影响规律，通过一工程算例来阐明。以Ⅰ类条件典型工作面——大柳塔矿 12305 工作面为例，选取基本顶关键层为研究对象，$t=9.5$ m，$\sigma_t=4.2$ MPa，$a=240$ m，$b=40$ m，$q=0.95$ MPa。分析极限载荷与宽度之间关系时，选择 $t=9.5$ m，$\sigma_t=4.2$ MPa。将其分别代入式(3-26)，据此绘制出的极限载荷与长度、宽度之间的关系曲线如图 3-17 所示。由图 3-17 可以看出，板的长度、宽度对极限荷载的大致影响规律为：长度越大，宽度越大，板出现塑性破坏所需的极限载荷越小；反之，板所受的载荷越大，板出现塑性破坏所需板的长度和宽度就越小。

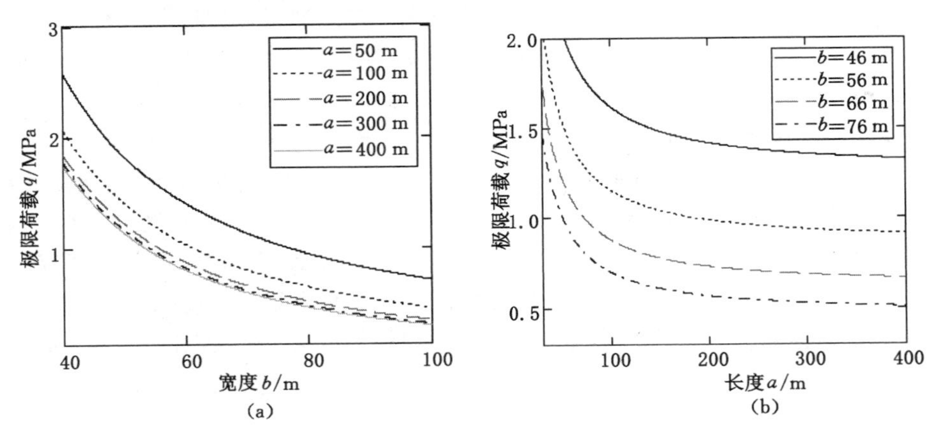

图 3-17　极限载荷与宽度、长度之间的关系曲线

对于大柳塔矿 12305 工作面的基本顶关键层(厚度为 9.5 m，抗拉强度为 4.2 MPa)来说，如果关键层的悬露长度(通常情况下为工作面的长度)超过 200 m，工作面的长度对极限载荷的影响程度减小，或者说，在同一载荷情况下，当工作面的长度超过 200 m 后，再增加工作面的长度对关键层的破断距的影响不大；工作面长度小于 200 m 时，工作面的长度对关键层的破断距的影响则是显著的。而在工作面长度一定的情况下，上覆岩层的厚度对关键层的破断距的影响是显著的，尽管这种显著程度随覆岩厚度的增加而逐步减弱。

(2) 周期破断

① 极限破断的力学分析

随着工作面的不断推进，关键层将出现周期破断。周期破断时，如果仍采用板破断的极限塑性理论将很难得出其精确解，因此可简化为弹性地基上的半无限悬臂长梁[9]。根据文献[9]，关键层周期破断步距可采用下式计算：

$$l = l_s + x \tag{3-27}$$

式中 l——周期破断距，m；

l_s——岩梁悬伸长度，m；

x——超前破断距离，m。其计算公式为：

$$x = \frac{1}{\alpha}\arctan\frac{2}{3\alpha l_s + 2} \tag{3-28}$$

式中，$\alpha=\sqrt[4]{\frac{K}{4EI}}$；$I=\frac{h^3}{12}$；$EI$ 为岩梁的抗弯刚度，N·mm²；K 为弹性地基常数，$K=\frac{E_c}{m}$；E_c为弹性地基的弹性模量，MPa；m 为弹性地基厚度，m。

通过试算不同的 l_s对应的超前破断距 x，然后代入下式，如该式成立，此时计算出的周期破断距即正解[9]。

$$\frac{3(2l_s + x)l_s q}{h^2}e^{-\alpha x}\left(\cos\alpha x + \sin\alpha x + \frac{3}{4l_s\alpha}\sin\alpha x\right) \geqslant \sigma_t \tag{3-29}$$

② 实例验算

a. 以Ⅰ类条件典型工作面——大柳塔矿 12305 工作面为例，将前述的参数代入式(3-27)和式(3-28)，计算得 l_s=13 m，x=2.799 m，周期破断距 l 为15.799 m，满足式(3-29)。与模拟结果相差 1.3%，处于可接受的工程误差范围内。

b. 以Ⅱ类条件典型工作面——上湾矿 51201 工作面为例，将前述的参数代入式(3-27)和式(3-28)，计算得 l_s=15 m，x=3.717 m，周期破断距 l 为18.717 m，满足式(3-29)。与实际结果相差 6.4%，处于可接受的工程误差范围内。

c. 以Ⅲ类条件典型工作面——补连塔矿 32201 工作面为例，选取主关键层为研究对象，将前述的参数代入式(3-27)和式(3-28)，计算得 l_s=15 m，x=9.929 m，周期破断距 l 为 24.929 m，满足式(3-29)。与模拟结果相差不大(3.9%)，处于可接受的工程误差范围内。

因此，得出式(3-27)、式(3-28)和式(3-29)可用来计算关键层的周期破断距。

3.3.2 关键层初次破断结构稳定性及其影响因素分析

当关键层发生极限破断时，破断线即图 3-15 所示的塑性铰线。以单一关键层为例，断裂后的中部横剖面如图 3-18 所示。关键层板的中部断裂为 B 块和 C 块，B 块和 C 块沿塑性铰回转，由于破断岩块间的相互挤压，可能形成三铰拱的平衡；也可能发生拱脚塑性铰破坏，在咬合点处剪切力大于摩擦力，造成结构滑落失稳，在工作面即表现为顶板的台阶下沉；也可能发生拱顶塑性铰破坏，拱顶咬合点的水平挤压力超过强度极限，岩块发生大角度回转，形成变形失稳[154]。

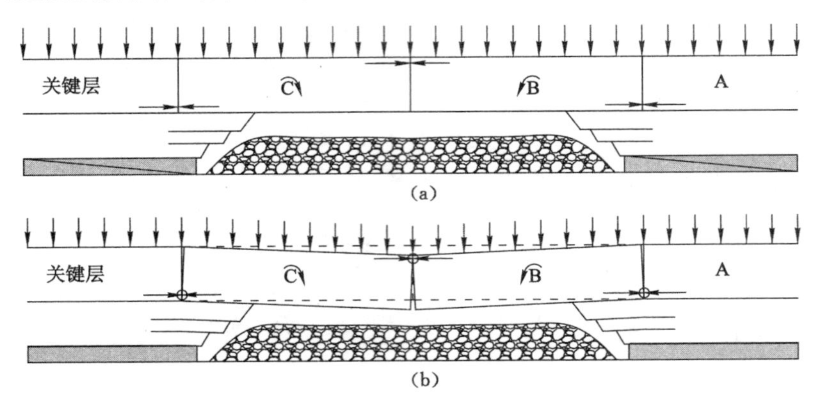

图 3-18　关键层发生极限破断前后横剖面示意

(a) 破断前；(b) 破断后

结合上述分析结果，探寻覆岩移动型式是台阶下沉或是连续下沉的关键就是研究（主）关键层破断后所形成的结构是否出现滑落失稳，因此本节基于三类典型浅埋煤层地质条件，重点研究单一关键层和存在主、亚关键层条件下的结构稳定性，特别是滑落失稳的临界性，以此来衡量台阶下沉和连续下沉的界限。

(1) 单一关键层

对于单一关键层的结构稳定性，根据滑落失稳的时间与方式，大致可以分为触矸前沿煤壁切落、触矸后沿煤壁切落、触矸前架后切落和触矸后架后切落四类来进行分析。对于触矸与否，需对结构进行回转失稳分析。

① 触矸前沿煤壁切落

随工作面的推进，关键层在拉应力的作用下产生张开裂隙并逐步由上向下发展。当关键层悬露面积较小时，关键层的回转角较小，裂隙隙宽也较小；当工作面推进至裂隙之下时，如果支架的支撑力不足，则可能因为剪切力过大而造成顶板沿煤壁切落，造成压架等事故，如图 3-19 所示。

为分析关键层结构滑落失稳的条件，以 B 块和 C 块为研究对象的受力分析如图 3-20 所示。假设关键层板中部破裂位置位于中线上，关键块 B 和 C 等长。

图中，q 为关键层承受的载荷，N/m；a 为岩块间接触面高度，m；T 为水平推力，N；Q_A，Q_B为接触面上的剪切反力，N；θ 为岩块的回转角，(°)；l 为 B、C 岩块的长度，m。

鉴于岩块间的接触为塑性铰，因此，水平推力 T 的作用点取 $a/2$ 处。根据

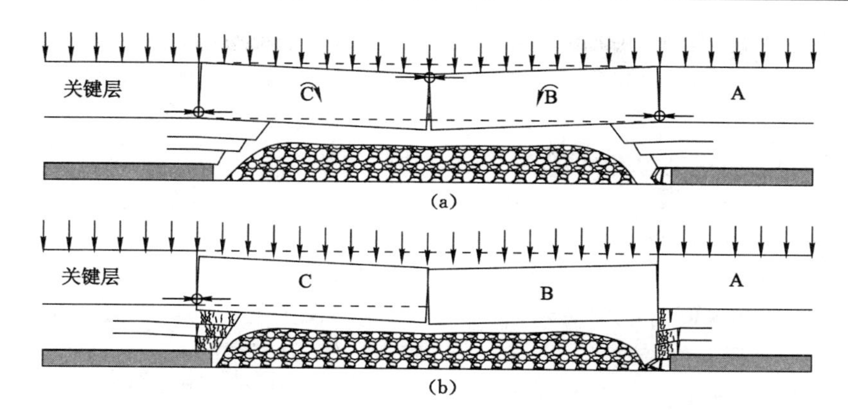

图 3-19 单一关键层触矸前沿煤壁切落结构

(a) 触矸前平衡结构;(b) 顶板沿煤壁切落

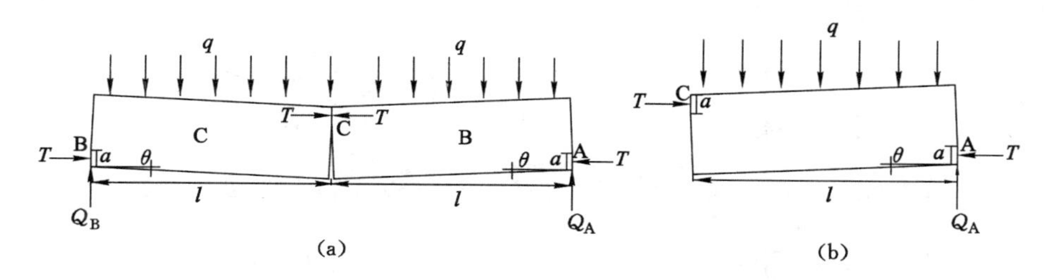

图 3-20 关键层破断后结构受力分析

(a) 以 B 和 C 为研究对象;(b) 单独以 B 为研究对象

几何关系可以得出[154]:

$$a = \frac{1}{2}(h - l\sin\theta) \tag{3-30}$$

式中,h 为关键层的厚度,m。

对于图 3-20(a),令 $\sum F_y = 0, \sum M_C = 0$ 可得:

$$Q_A + Q_B = q \times 2l; Q_A = Q_B \tag{3-31}$$

对于图 3-20(b),令 $\sum M_C = 0$ 可得:

$$Q_A \times l = T \times (h - l\sin\theta - a) + ql \times \frac{l}{2} \tag{3-32}$$

联立上述三个方程,可求得:

$$Q_A = Q_B = ql; T = \frac{ql^2}{h - l\sin\theta} \tag{3-33}$$

当剪切力大于支架提供的支撑力与岩块间摩擦力之和时,此结构将在 A 点出现滑落失稳，表现为顶板沿煤壁切落。因此，此结构不产生滑落失稳的条件为：

$$Q_A \leqslant R + T\tan\varphi \tag{3-34}$$

式中，R 为支架提供的支撑力，N；φ 为岩块间的摩擦角，(°)。

将式(3-33)代入式(3-34)，可得：

$$R \geqslant ql\left(1 - \frac{l\tan\varphi}{h - l\sin\theta}\right) \tag{3-35}$$

上式即在触矸前，使顶板不沿煤壁切落所需支架提供的最小支撑力。

② 触矸后沿煤壁切落

当关键层破断后发生大角度回转触矸时，裂隙隙宽将逐步增大。当工作面推进至破断面之下时，在冒落矸的支撑作用下，形成一个暂时的平衡结构，如果支架提供的支撑力难以抗阻回转剪力，破断岩块可能绕触矸点发生反向回转，结构将发生滑落失稳，如图 3-21 所示。

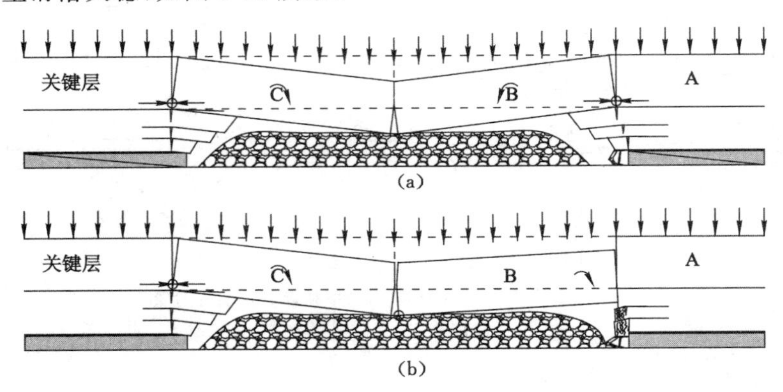

图 3-21 单一关键层触矸后沿煤壁切落结构分析

(a) 触矸后平衡结构；(b) 顶板沿煤壁切落

为分析关键层结构滑落失稳的条件，以 B 块和 C 块为研究对象的受力分析如图 3-22 所示。触矸后 B 块和 C 块间的水平挤压力将逐步由岩块与冒落矸间的水平推力所取代[164]，假设关键层板中部破裂位置位于中线上，关键块 B 和 C 等长。

图中，q 为关键层承受的载荷，N/m；a 为岩块间接触面高度，m；T 为水平推力，N；Q_A 为接触面上的剪切反力，N；θ 为岩块的回转角，(°)；l 为 B、C 岩块的长度，m；P_B，P_C 为冒落矸对岩块的支撑力，N。

对于图 3-22(a)，令 $\sum F_y = 0$，$\sum M_C = 0$ 可得：

$$Q_A + P_B + Q_A + P_B = q \times 2l;Q_A = Q_B \tag{3-36}$$

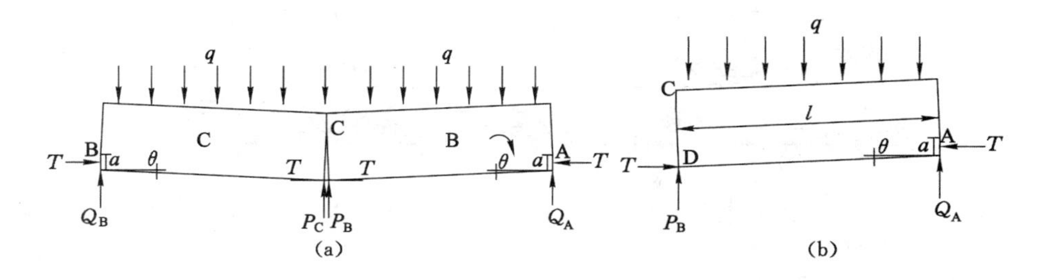

图 3-22　关键层破断后结构受力分析

(a) 以 B 和 C 为研究对象；(b) 单独以 B 为研究对象

对于图 3-22(b)，令 $\sum M_D = 0$ 可得：

$$Q_A \times l \times \sin\theta + T \times \left(\frac{a}{2} + l\sin\theta\right) = ql \times \frac{l}{2}\cos\theta \tag{3-37}$$

同时有：

$$T = P_B \tan\varphi' = P_C \tan\varphi' \tag{3-38}$$

式中，φ' 为岩块与冒落矸之间的摩擦角。

联立式(3-30)、式(3-36)、式(3-37)，可解出：

$$Q_A = Q_B = ql\left[1 + \frac{2\cos\theta}{\left(\frac{h}{l} + 3\sin\theta\right)\tan\varphi' - 4\cos\theta}\right] \tag{3-39}$$

$$T = \frac{2ql\cos\theta\tan\varphi'}{4\cos\theta - \left(\frac{h}{l} + 3\sin\theta\right)\tan\varphi'} \tag{3-40}$$

结构不产生滑落失稳的条件仍为式(3-30)，将式(3-39)、式(3-40)代入式(3-30)可得：

$$R \geqslant ql\left[1 + \frac{2\cos\theta(1 + \tan\varphi'\tan\varphi)}{\left(\frac{h}{l} + 3\sin\theta\right)\tan\varphi' - 4\cos\theta}\right] \tag{3-41}$$

式中　R——支架提供的支撑力，N；

　　φ——岩块间的摩擦角，(°)。

上式即在触矸后，使顶板不沿煤壁切落所需的支架提供的最小支撑力。

③ 触矸前架后切落

破断面位于工作面之后时，由于支架提供的支撑力对岩块的支撑作用并不明显，此时，如果岩块间的摩擦力小于剪切力，岩块将发生滑落失稳，表现为顶板的架后切落，如图 3-23 所示。

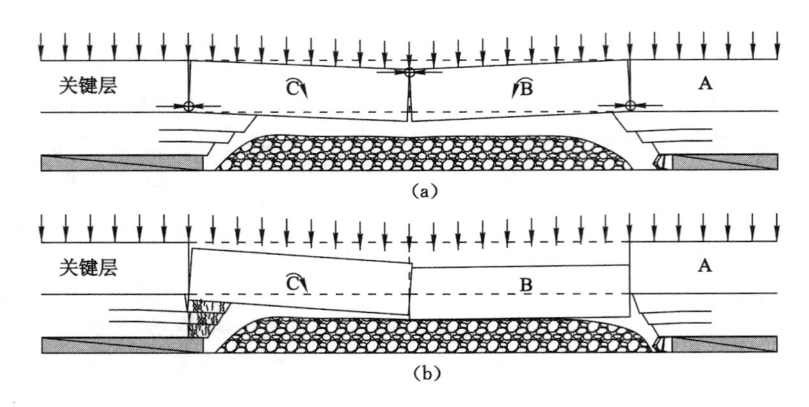

图 3-23　单一关键层触矸前架后切落结构分析

(a) 触矸前平衡结构；(b) 架后切落

根据图 3-23 建立的力学模型与图 3-20 是一样的。所不同的是，结构不发生滑落失稳的条件为：

$$Q_A \leqslant T\tan\varphi \tag{3-42}$$

将式(3-33)代入式(3-42)，可得：

$$\frac{h}{l} \leqslant \sin\theta + \tan\varphi \tag{3-43}$$

由于岩块初始回转角一般较小，而岩块间的摩擦系数对于一定的岩层一般相差不大，因此，发生滑落失稳的关键即关键层破断岩块的高长比。

④ 触矸后架后切落

当破断面位于工作面之后时，破断岩块可能发生大角度回转并触矸。触矸后，在冒落矸的支撑作用下，形成一个暂时的平衡结构，如果岩块间的摩擦力小于剪切力，岩块在上覆载荷的作用下可能绕触矸点发生反向回转，并发生滑落失稳，如图 3-24 所示。

根据图 3-24 建立的力学模型与图 3-22 是一样的。所不同的是，结构不发生滑落失稳的条件为式(3-42)。将式(3-39)、式(3-40)代入式(3-42)，可得：

$$\frac{h}{l} \leqslant \frac{2\cos\theta}{\tan\varphi'} - 2\cos\theta\tan\varphi - 3\sin\theta \tag{3-44}$$

⑤ 滑落失稳关键因素及其影响规律

a. 支架提供的支撑力、块度与回转角

当工作面推进至破断面之下时，结构是否发生滑落失稳的关键因素为支架所提供的支撑力。根据式(3-35)和式(3-41)可知，顶板不沿煤壁切落所需的最小支架支撑力与破断岩块的高长比(通常称为块度，记为 i)、岩块间或与冒落矸

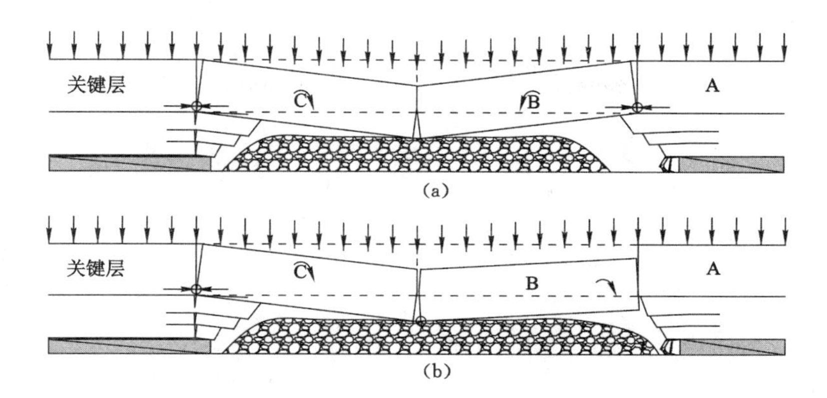

图 3-24 单一关键层触矸后架后切落结构分析

(a) 破断岩块回转触矸；(b) 触矸后架后切落

之间的摩擦系数、岩块的回转角相关。

一般情况下，岩块间摩擦系数可近似取为 0.5，岩块与冒落矸之间的摩擦系数可近似取为 0.3[154, 164-166]；将其分别代入式(3-35)和式(3-41)，可得：

触矸前发生滑落失稳的极限平衡条件为：

$$\frac{R}{ql} = 1 - \frac{0.5}{i - \sin\theta} \tag{3-45}$$

图 3-25 反映出临界支架支撑力与破断岩块的块度及回转角之间的关系。从图中可以看出，在初始回转角较小情况下，破断岩块的块度越大，发生滑落失稳的临界支架支撑力越大；初始回转角越大，发生滑落失稳的临界支架支撑力越小。对于关键层破断线位于工作面上方时，破断岩块的初始回转角 θ 主要取决于直接顶的刚度。刚度越大，初始回转角越小；即使刚度较小，初始回转角 θ 一般也只有 3°左右[164]。

触矸后发生滑落失稳的极限平衡条件为：

$$\frac{R}{ql} = 1 + \frac{2\cos\theta(1 + \tan\varphi'\tan\varphi)}{(i + 3\sin\theta)\tan\varphi' - 4\cos\theta} \tag{3-46}$$

图 3-26 为破断岩块回转触矸后临界支架支撑力与破断岩块的块度及回转角之间的关系曲线。由图可以看出，触矸后回转角越大，块度越大，发生滑落失稳的临界支架支撑力就越小；块度的影响程度较小。对于关键层破断线位于工作面上方时，破断岩块的触矸回转角 θ 主要取决于直接顶冒落后的充填程度。破断岩块的触矸过程为一“给定变形”，直接顶越厚，充填程度越好，则破断岩块的触矸回转角就越小。因此，直接顶的厚度越大，冒落充填程度越好，破断岩块回转触矸后发生滑落失稳的可能性就越小。

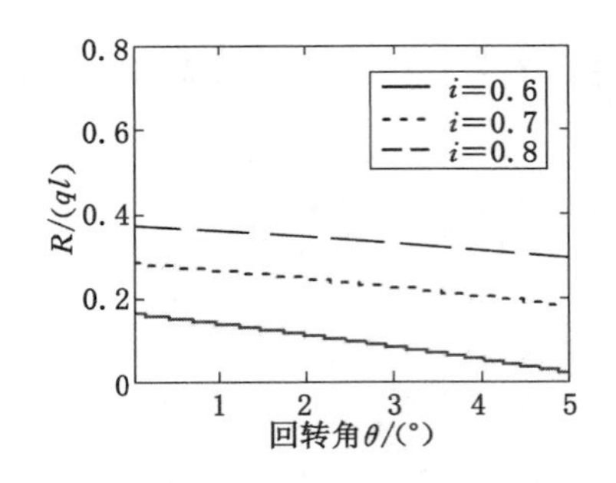

图 3-25　触矸前临界支撑力与破断岩块的块度及回转角之间的关系

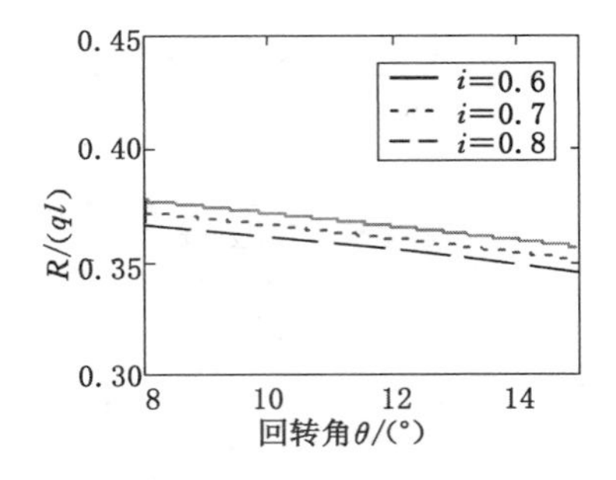

图 3-26　触矸后临界支撑力与破断岩块的块度及回转角之间的关系

b. 关键层初次破断岩块的块度及转角

根据式(3-43)和式(3-44)可以得出，当关键层破断线位于工作面后方时，结构是否发生滑落失稳的关键因素为破断岩块的高长比(即块度 i)。

岩块间或与冒落矸之间的摩擦系数仍近似分别取为 0.5、0.3，将其分别代入式(3-43)和式(3-44)，可得触矸前发生架后切落的极限平衡条件为：

$$i \leqslant \sin\theta + 0.5 \tag{3-47}$$

图 3-27 反映出触矸前发生架后切落的临界块度与破断岩块的回转角之间的关系。从图中可以看出，初始回转角越大，临界块度越大；由于初始回转角一般较小，临界块度的变化并不大；只有当块度 i 位于图 3-27 中的阴影区域，结构才不会发生滑落失稳。

触矸后发生架后切落的极限平衡条件为：

$$i \leqslant 5.67\cos\theta - 3\sin\theta \tag{3-48}$$

图 3-28 反映出触矸后发生架后切落的临界块度与破断岩块的回转角间的关系。从图中可以看出，回转角越大，临界块度就越小；只有当块度 i 位于图 3-28中的阴影区域，结构才不会发生滑落失稳；当回转角较大时，如果小于临界块度，结构即发生滑落失稳；而一般情况下，初次破断岩块的块度都小于 1，因此，当岩块回转触矸后发生顶板架后切落的可能性就相对减小。

⑥ 回转失稳分析

随着 B 岩块的回转，水平推力逐渐增大，可能导致转角处由于岩块挤碎而发生回转失稳。因此，结构不发生回转失稳的条件为[165]：

$$T \leqslant a\eta\sigma_c \tag{3-49}$$

式中，$\eta\sigma_c$ 为岩块在端角处的挤压强度，Pa。根据文献[165]，可取 $\eta=0.4$。将式(3-33) 代入式(3-49)，可得：

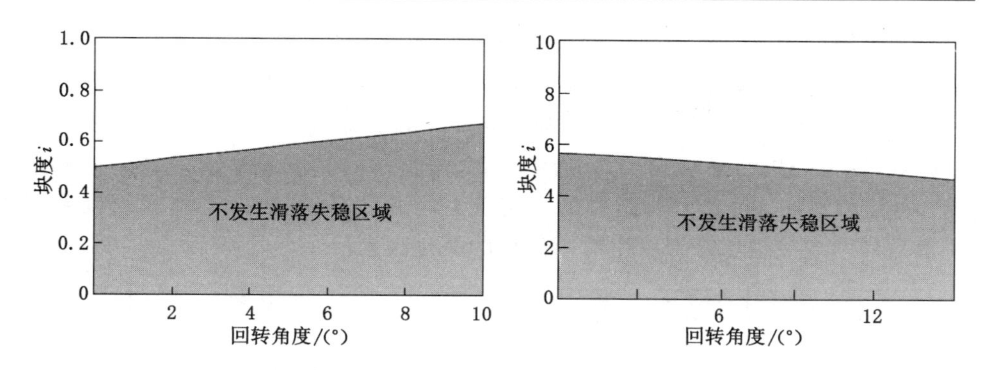

图 3-27　触矸前架后切落破断岩块的块度与回转角之间的关系　图 3-28　触矸后架后切落破断岩块的块度与回转角之间的关系

$$q \leqslant \frac{1}{2}(\eta\sigma_c i^2 - 2\eta\sigma_c i\sin\theta + \eta\sigma_c \sin^2\theta) \tag{3-50}$$

式(3-50)即关键层初次破断不发生回转失稳的最小载荷。取 $\eta=0.4$，$\sigma_c=40$ MPa，根据式(3-50)可绘出极限载荷与块度和回转角之间的关系曲线，如图 3-29 所示。由图可以看出，回转角越小，块度越大，极限载荷越大，越不容易发生回转失稳；关键层上的载荷主要取决于上覆载荷层的厚度，以块度为 0.8 为例，如以 15°作为回转变形失稳的界限，则只要载荷层的厚度不大于 93.8 m(取载荷层的平均密度为 2 500 kg/m^3)，关键层初次破断时就不会产生回转失稳。

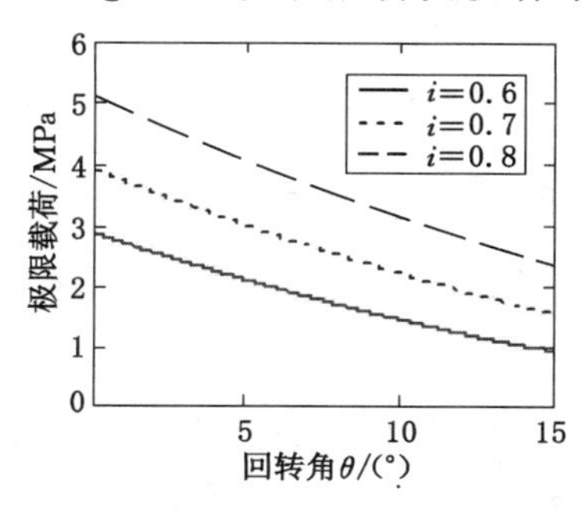

图 3-29　触矸后破断岩块的块度与回转角之间的关系

(2) 主、亚关键层

当上覆岩层中存在主、亚关键层时，如果亚关键层破断下沉，而主关键层并未破断，即使亚关键层发生任何形式的滑落失稳，主关键层以上岩层均不会发生台阶下沉；只有当主关键层发生滑落失稳时，其上岩层乃至地表才会发生台阶下沉。

主关键层发生极限破断后的覆岩结构如图 3-30 所示。在主关键层的下方一般出现大的离层，为主关键层的回转提供空间。对关键块 B、C 的受力分析仍分为触矸（下伏岩层）前和触矸（下伏岩层）后，由于分析中不需考虑支架支撑力的影响，受力分析结果与图 3-20 和图 3-22 是一样的。极限平衡条件仍可采用式(3-43)和式(3-44)来分析结构的稳定性。因此，关键层破断岩块的块度及回转角是判别主关键层是否发生滑落失稳的关键因素。

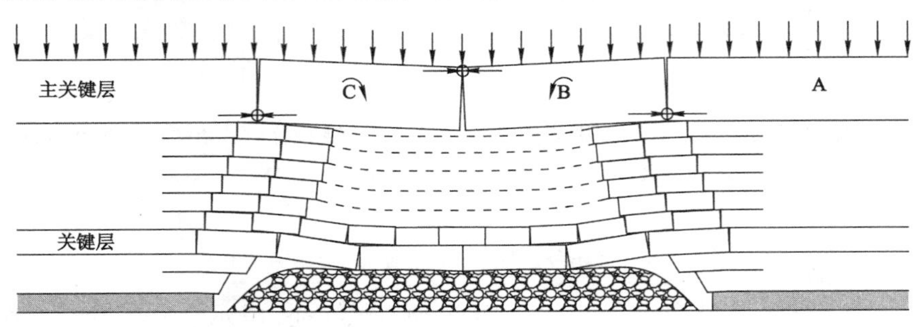

图 3-30　主关键层发生极限破断后横剖面示意

根据理论计算和大量的现场实测[15,166]，主关键层的破断距一般都在 80 m 以上，而关键层下的离层量一般不超过 3 m，因此主关键层的最大回转角度一般小于 4.3°。根据上述分析可知，主关键层初次破断时一般很难发生滑落失稳，但是具体情况需根据式(3-43)和式(3-44)计算进行判别。

而主关键层的回转失稳仍可按式(3-49)和式(3-50)来判别分析。

3.3.3　关键层周期破断结构稳定性及其影响因素分析

随工作面的推进，关键层将发生周期破断，随岩块的回转、铰接，可能形成“砌体梁”结构[154]。与初次来压相同，当工作面推进至周期破断线之下时，如果支架不能提供足够的支撑力时，关键层将发生滑落失稳，顶板沿煤壁切落，造成压架事故；当工作面推过破断线之后，由于支架支撑力的影响减小，如果铰接点的摩擦力小于剪切力，则破断岩块将反方向回转，发生滑落失稳，造成顶板架后切落。

(1) 单一关键层

① 触矸前沿煤壁切落

对于单一关键层，当工作面推进至破断线之下时，如果关键块 B 并未触矸，其周期破断时的极限平衡结构及其发生滑落失稳时的模型如图 3-31 所示。

根据图 3-31，对 B、C 岩块进行受力分析，其结果如图 3-32 所示。图中，R_C

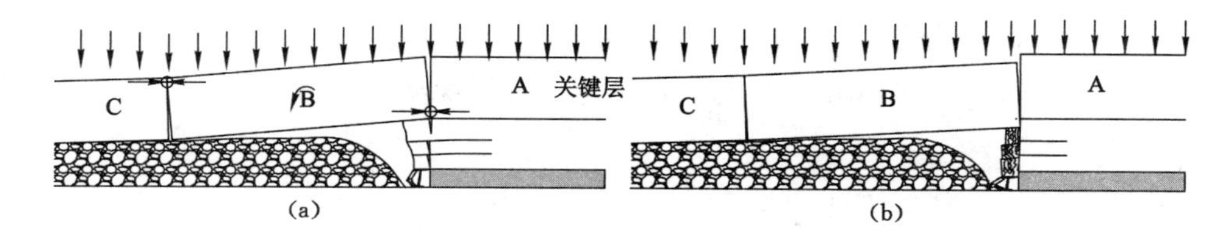

图 3-31 单一关键层周期破断沿煤壁切落结构分析示意

(a) 极限平衡状态;(b) 沿煤壁切落

为冒落矸对垮落岩块 C 的支撑力，N；θ_C 为 C 岩块的回转角，(°)；θ_B 为 B 岩块的回转角，(°)；P_B、P_C 为 B、C 岩块上的载荷，N；T 为铰接点的水平推力，N；a 为铰接端面长度，m；Q_A 为铰接处的剪切反力，N。

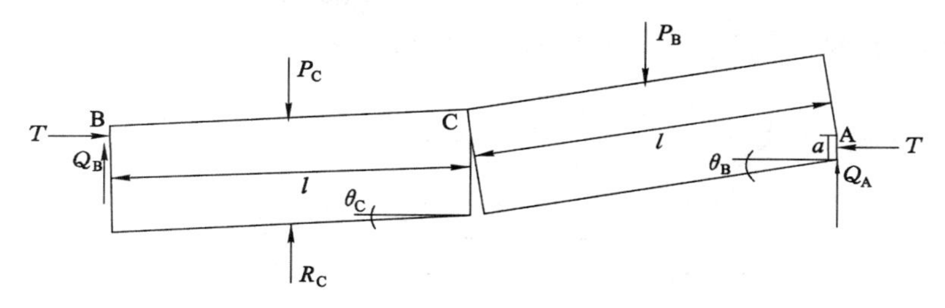

图 3-32 关键层周期破断结构受力分析

根据受力分析，取 $\sum M_A = 0, \sum F_y = 0$ 有：

$$Q_B[l\cos(\theta_B - \theta_C) + h\sin(\theta_B - \theta_C) + l] + T[h - a - l(\sin\theta_B + \sin\theta_C)]$$
$$= P_B\left[\frac{1}{2}l\cos\theta_B + (h - \frac{a}{2})\sin\theta_B\right] + (P_C - R_C)(l\cos\theta_B + h\sin\theta_B + \frac{l}{2}\cos\theta_C) \tag{3-51}$$

$$Q_A + R_C + Q_B = P_B + P_C \tag{3-52}$$

对于岩块 C，取 $\sum M_C = 0$，根据几何关系有：

$$P_C(\frac{l}{2}\cos\theta_C + \frac{a}{2}\sin\theta_C) + Tl\sin\theta_C = R_C(\frac{l}{2}\cos\theta_C + \frac{a}{2}\sin\theta_C) + Q_B l \tag{3-53}$$

根据“砌体梁”平衡结构计算得 $R_C = 1.03P_C$，因此可近似地视为 $R_C = P_C$[165]；由“砌体梁”结构的位移规律可得出 $\theta_C = \frac{1}{4}\theta_B$[165,167]。令块度 $i = \frac{h}{l}$，将其代入式(3-51)和式(3-52)并联立求解得：

$$Q_A = P_B\left[1-\frac{\left(3i\sin\theta_B+\sin^2\theta_B-4\sin^2\frac{\theta_B}{2}+2\right)\sin\frac{\theta_B}{4}}{4i(\sin^2\frac{\theta_B}{2}-\sin^2\frac{\theta_B}{4})+2(i-\sin\frac{\theta_B}{2})}\right] \tag{3-54}$$

$$Q_B = \frac{P_B\left(3i\sin\theta_B+\sin^2\theta_B-4\sin^2\frac{\theta_B}{2}+2\right)\sin\frac{\theta_B}{4}}{4i(\sin^2\frac{\theta_B}{2}-\sin^2\frac{\theta_B}{4})+2(i-\sin\frac{\theta_B}{2})} \tag{3-55}$$

$$T = \frac{P_B\left(3i\sin\theta_B+\sin^2\theta_B-4\sin^2\frac{\theta_B}{2}+2\right)}{4i(\sin^2\frac{\theta_B}{2}-\sin^2\frac{\theta_B}{4})+2(i-\sin\frac{\theta_B}{2})} \tag{3-56}$$

当剪切力大于支架提供的支撑力与岩块间摩擦力之和时，此结构将在 A 点出现滑落失稳，表现为顶板沿煤壁切落。因此，此结构不产生滑落失稳的条件为：

$$Q_A \leqslant R + T\tan\varphi \tag{3-57}$$

将式(3-54)、式(3-56)代入式(3-57)得：

$$R \geqslant P_B\left[1-\frac{\left(3i\sin\theta_B+\sin^2\theta_B-4\sin^2\frac{\theta_B}{2}+2\right)\left(\sin\frac{\theta_B}{4}+\tan\varphi\right)}{4i(\sin^2\frac{\theta_B}{2}-\sin^2\frac{\theta_B}{4})+2(i-\sin\frac{\theta_B}{2})}\right] \tag{3-58}$$

上式即关键层周期破断触矸前，使顶板不沿煤壁切落所需支架提供的最小支撑力。

② 触矸后沿煤壁切落

如果 B、C 岩块间的塑性铰发生破坏，岩块 B 将发生大角度回转并触矸，在冒落矸的支撑作用下，形成一个暂时的平衡结构，当工作面位于破断面之下时，如果支架提供的支撑力不足，岩块 B 将绕触矸点发生反向回转，结构发生滑落失稳，如图 3-33 所示。

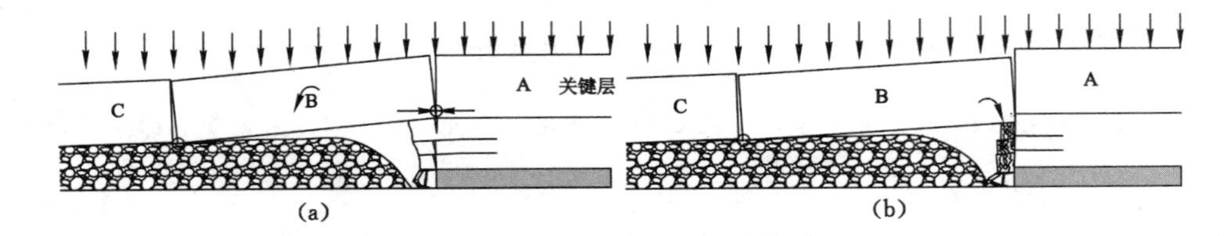

图 3-33　单一关键层周期破断触矸后沿煤壁切落结构分析示意

(a) 平衡状态；(b) 沿煤壁切落

针对其极限平衡状态进行力学分析，选取岩块 B 为研究对象，分析结果如

图 3-34 所示。

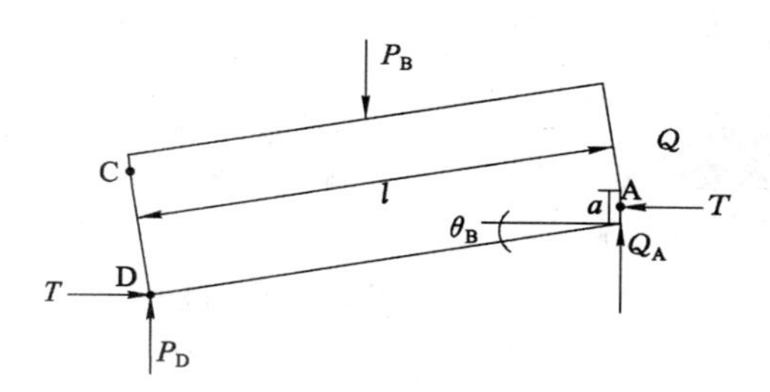

图 3-34 关键层周期破断触矸后沿煤壁切落结构力学分析示意

根据受力分析结果，取 $\sum M_D = 0, \sum F_y = 0$，有：

$$P_B \times \frac{l}{2}\cos\theta_B = T \times \frac{a}{2} + Q_A l\cos\theta_B \tag{3-59}$$

$$P_B = P_D + Q_A \tag{3-60}$$

$$T = P_D \times \tan\varphi' \tag{3-61}$$

联立求解得：

$$T = \frac{P\cos\theta\tan\varphi'}{2\cos\theta - i\tan\varphi' + \sin\theta\tan\varphi'} \tag{3-62}$$

$$Q_A = \frac{P(\cos\theta + \sin\theta\tan\varphi' - i\tan\varphi')}{2\cos\theta - i\tan\varphi' + \sin\theta\tan\varphi'} \tag{3-63}$$

根据式(3-57)的平衡条件，将式(3-62)、式(3-63)代入得：

$$R \geqslant \frac{P(\cos\theta + \sin\theta\tan\varphi' - i\tan\varphi' - \tan\varphi\tan\varphi'\cos\theta)}{2\cos\theta - i\tan\varphi' + \sin\theta\tan\varphi'} \tag{3-64}$$

上式即关键层周期破断触矸后，使顶板不沿煤壁切落所需支架提供的最小支撑力。

③ 触矸前架后切落

对于单一关键层，当工作面推过破断线之后，其周期破断时的极限平衡结构及其发生滑落失稳时的模型如图 3-35 所示。

针对其极限平衡状态进行力学分析，分析结果与图 3-32 相同。结构不发生滑落失稳的条件为：

$$Q_A \leqslant T\tan\varphi \tag{3-65}$$

将式(3-54)、式(3-56)代入上式得：

$$i \leqslant \frac{(\sin^2\theta_B + 2\cos\theta_B)\tan\varphi + 4\sin\frac{3\theta_B}{8}\cos\frac{\theta_B}{8} - 4\sin\frac{\theta_B}{4}\sin^4\frac{\theta_B}{2}}{4\sin\frac{3\theta_B}{4}\sin\frac{\theta_B}{4} - 3\sin\theta_B\left(\sin\frac{\theta_B}{4} + \tan\varphi\right) + 2} \tag{3-66}$$

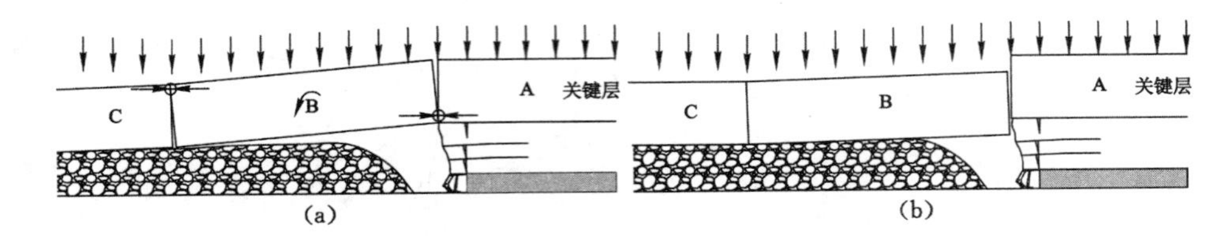

图 3-35 单一关键层周期破断架后切落结构分析示意

(a) 极限平衡状态；(b) 架后切落

上式即关键层周期破断时，关键块不发生架后切落块度和回转角应满足的条件。

④ 触矸后架后切落

当工作面推过破断面之后，破断岩块可能发生大角度回转并触矸，如果岩块间的摩擦力小于剪切力时，岩块在上覆载荷的作用下可能绕触矸点发生反向回转，发生滑落失稳，顶板出现架后切落，如图 3-36 所示。

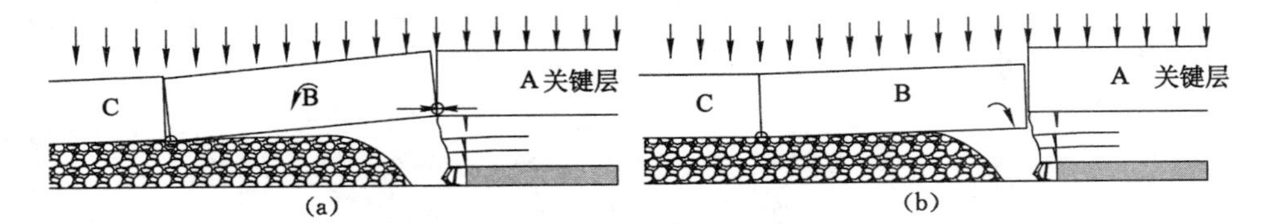

图 3-36 单一关键层周期破断架后切落结构分析示意

(a) 平衡结构；(b) 顶板架后切落

针对其极限平衡状态进行力学分析，分析结果与图 3-34 相同。结构不发生滑落失稳的条件为式(3-65)，将式(3-62)、式(3-63)代入得：

$$i \leqslant \frac{(1-\tan\varphi\tan\varphi')\cos\theta+\tan\varphi'\sin\theta}{\tan\varphi'} \tag{3-67}$$

上式即关键层周期破断触矸后，关键块不发生架后切落块度和回转角应满足的条件。

⑤ 关键因素及其影响规律

a. 支架提供的支撑力、块度与回转角

当工作面推进至破断面之下时，结构是否发生滑落失稳的关键因素为支架所提供的支撑力。根据式(3-58)和式(3-64)可知，顶板不沿煤壁切落所需的最小支架支撑力与破断岩块的高长比(通常称为块度，记为 i)、岩块间或与冒落矸之间的摩擦系数、岩块的回转角相关。

根据式(3-58)，工作面位于破断线之下时，触矸前发生滑落失稳的极限平衡条件为：

$$\frac{R}{P_{\mathrm{B}}}=\left[1-\frac{\left(3i\sin\theta_{\mathrm{B}}+\sin^{2}\theta_{\mathrm{B}}-4\sin^{2}\frac{\theta_{\mathrm{B}}}{2}+2\right)\left(\sin\frac{\theta_{\mathrm{B}}}{4}+\tan\varphi\right)}{4i(\sin^{2}\frac{\theta_{\mathrm{B}}}{2}-\sin^{2}\frac{\theta_{\mathrm{B}}}{4})+2(i-\sin\frac{\theta_{\mathrm{B}}}{2})}\right] \tag{3-68}$$

岩块间的摩擦系数仍近似取为 0.5，将其代入式(3-68)，可得出支架提供的支撑力与载荷比值随回转角和块度的变化规律如图 3-37 所示。

由图 3-37 可以看出，周期破断触矸前，破断岩块的块度越大，回转角越大，发生滑落失稳的临界支撑力就越大。破断岩块的回转角与直接顶的刚度有关，刚度越大，岩块的回转角就越大。

根据式(3-64)，触矸后顶板沿煤壁切落的极限平衡条件为：

$$R\geqslant\frac{P(\cos\theta+\sin\theta\tan\varphi'-i\tan\varphi'-\tan\varphi\tan\varphi'\cos\theta)}{2\cos\theta-i\tan\varphi'+\sin\theta\tan\varphi'} \tag{3-69}$$

岩块间及与冒落矸之间的摩擦系数仍分别近似取为 0.5、0.3，将其代入式(3-69)，可得出支架提供的支撑力与载荷比值随回转角和块度的变化规律如图 3-38所示。

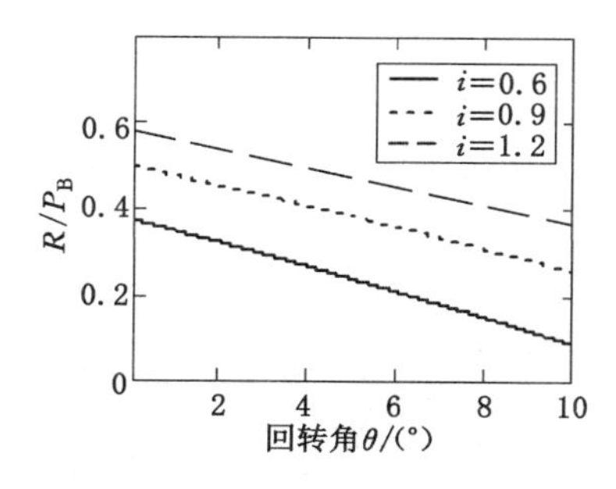

图 3-37 周期破断触矸前滑落失稳临界支撑力与破断岩块的块度及回转角之间的关系

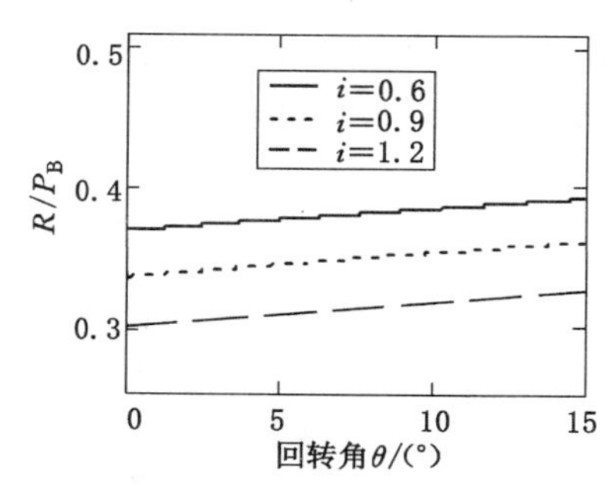

图 3-38 周期破断触矸后滑落失稳临界支撑力与破断岩块的块度及回转角之间的关系

由图 3-38 可以看出，周期破断触矸后，破断岩块的块度越小，回转角越大，发生滑落失稳的临界支撑力就越大。破断岩块触矸的最大回转角与直接顶冒落充填采空区程度有关，充填程度越好，回转角就越小，所需的临界支撑力就越小。

b. 关键层周期破断岩块的块度及回转角

当关键层破断线位于工作面后方时，结构是否发生滑落失稳的关键因素为破断岩块的高长比(即块度 i)。

根据式(3-66)，工作面推过破断线后，关键块 B 触矸后结构发生滑落失稳的极限平衡条件为：

$$i=\frac{(\sin^2\theta_B+2\cos\theta_B)\tan\varphi+4\sin\frac{3\theta_B}{8}\cos\frac{\theta_B}{8}-4\sin\frac{\theta_B}{4}\sin^4\frac{\theta_B}{2}}{4\sin\frac{3\theta_B}{4}\sin\frac{\theta_B}{4}-3\sin\theta_B\left(\sin\frac{\theta_B}{4}+\tan\varphi\right)+2}\tag{3-70}$$

岩块间的摩擦系数仍近似取为 0.5，将其代入式(3-70)，可得出周期破断时关键块 B 未触矸时，滑落失稳临界块度与回转角之间的关系如图 3-39 所示。

由图 3-39 可以看出，周期破断时，回转角越大，发生滑落失稳的临界块度就越大；仅当块度和回转角的值位于阴影区域之内时，结构不会发生滑落失稳，即顶板不发生架后切落；单一关键层浅埋煤层开采时，关键层周期破断后的块度一般相对较大[9,24-26,119-120,164]，因此，关键层在周期来压时存在发生架后切落的可能。

根据式(3-67)工作面推过破断线后，关键块 B 触矸后结构发生滑落失稳的极限平衡条件为：

$$i=\frac{(1-\tan\varphi\tan\varphi')\cos\theta+\tan\varphi'\sin\theta}{\tan\varphi'}\tag{3-71}$$

岩块间及与冒落矸之间的摩擦系数仍分别近似取为 0.5、0.3，将其代入式(3-71)，可得出关键块 B 触矸后，滑落失稳临界块度与回转角之间的关系如图3-40所示。

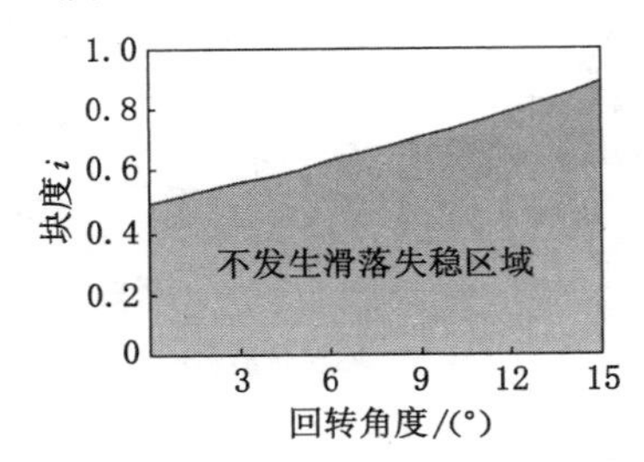

图 3-39 周期破断触矸前滑落失稳临界块度与回转角之间的关系

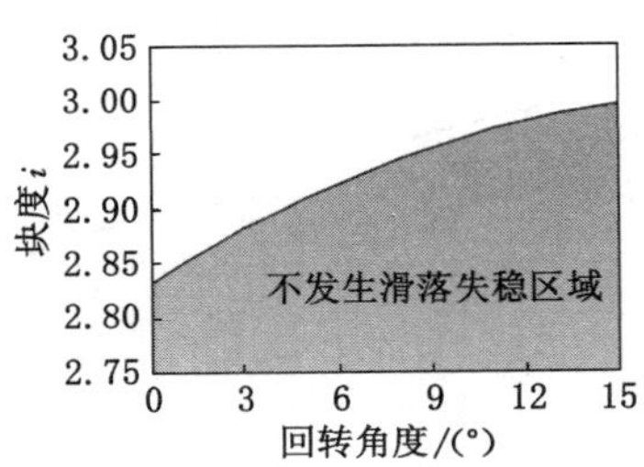

图 3-40 周期破断触矸后滑落失稳临界块度与回转角之间的关系

由图 3-40 可以看出，周期破断岩块回转触矸后，回转角越大，发生滑落失稳的临界块度就越大；当块度和回转角的值位于阴影区域之内时，结构不会发生滑落失稳，即顶板不发生架后切落；当岩块间的摩擦系数取为 0.5 时，临界块度相对较大，关键块不发生滑落失稳的条件容易满足，因此当工作面推过破断线，岩块若发生回转触矸，关键块一般不会发生架后切落。

⑥ 回转失稳分析

结构不发生回转失稳的条件仍然采用式(3-49)，将式(3-56)代入式(3-49)可得：

$$\frac{P}{L} \leqslant \frac{\eta\sigma i^2 - \eta\sigma i\left(\sin\frac{\theta}{2} + \sin\theta\right) + \eta\sigma \sin\theta \sin\frac{\theta}{2}}{\sin^2\theta - 4\sin^2\frac{\theta}{2} + 3i\sin\theta + 2} \tag{3-72}$$

上式即关键层初次破断不发生回转失稳的最小载荷。取 $\eta=0.4$，$\sigma_c=40$ MPa，根据式(3-72)可绘出极限载荷与块度和回转角之间的关系曲线，如图 3-41 所示。由图可以看出，回转角越小，块度越大，极限载荷越大，越不容易发生回转失稳；关键层上的载荷主要取决于上覆载荷层的厚度，以块度为 1.0 为例，如以 15°作为回转变形失稳的界限，则只要载荷层的厚度不大于 148.7 m(取载荷层的平均密度为 2 500 kg/m^3)，关键层周期破断时就不会产生回转失稳。

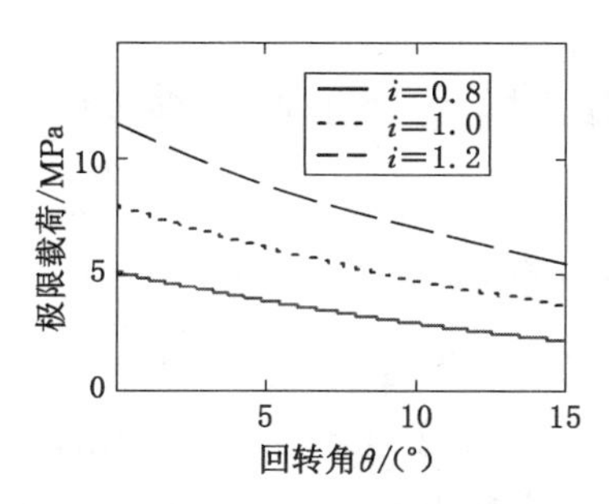

图 3-41 周期破断触矸后滑落失稳临界块度与回转角之间的关系

(2) 主、亚关键层

当上覆岩层中存在主、亚关键层时，覆岩的移动破坏型式主要取决于主关键层的破断下沉形式。当主关键层发生台阶下沉时，覆岩乃至地表即会出现台阶下沉。

主关键层周期破断后的覆岩结构如图 3-42 所示。对关键块 B 的分析仍分为触矸(下伏岩层)前和触矸(下伏岩层)后，由于分析中不需考虑支架支撑力的影响，因此受力分析结果与图 3-32 和图 3-34 是一样的。极限平衡条件仍可采用式(3-70)和式(3-71)来分析结构的稳定性。关键层破断岩块的块度及回转角是主关键层是否发生滑落失稳的关键因素。

根据上述分析可以看出，主关键层在触矸前存在发生滑落失稳的可能性，而当主关键层触矸后一般不发生滑落失稳。因此，判断主关键层是否会产生滑落失稳的关键为主关键层周期破断时是否发生回转触矸。

主关键层周期破断时，是否产生回转失稳仍可采用式(3-72)来判别分析。

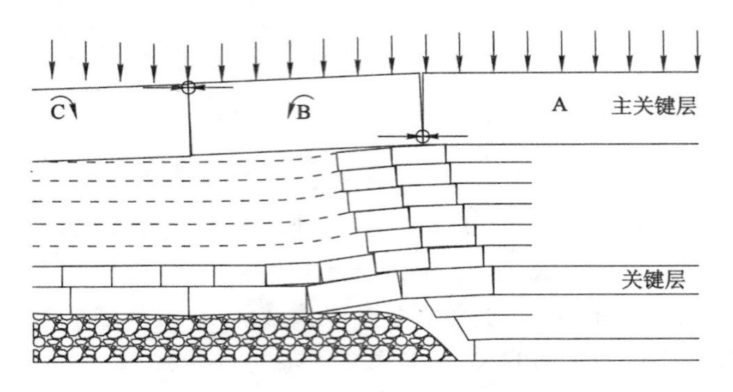

图 3-42　主关键层周期破断横剖面示意

3.4　常规浅埋煤层覆岩移动型式预测

3.4.1　常规浅埋煤层覆岩移动型式判别体系

通过上述分析，覆岩移动下沉方式主要取决于(主)关键层破断后的断裂下沉方式。如果(主)关键层破断后发生滑落失稳并出现台阶下沉时，覆岩乃至地表即出现台阶下沉，否则即表现为连续下沉方式。根据关键层的滑落失稳分析，可将其分为四种模式：

① 触矸前沿煤壁切落。初次破断时判别公式采用式(3-35)，周期破断时的判别方式采用式(3-58)。

② 触矸后沿煤壁切落。初次破断时判别公式采用式(3-41)，周期破断时的判别方式采用式(3-64)。

③ 触矸前架后切落。初次破断时判别公式采用式(3-43)，周期破断时的判别方式采用式(3-66)。

④ 触矸后架后切落。初次破断时判别公式采用式(3-44)，周期破断时的判别方式采用式(3-67)。

结合上述分析，浅埋煤层覆岩移动型式预测体系框图如图 3-43 所示。通过对以上四种模式关键层的滑落失稳进行分析，从而判别覆岩移动型式。

图 3-44 说明了浅埋煤层开采覆岩台阶下沉判别过程及其主要影响因素。通过分析基础条件——地质条件和开采技术条件，计算得出中间变量——破断块度、回转角和支撑力，以此为判别指标，对应四种判别模式，分析得出关键层结构稳定性和覆岩移动型式。

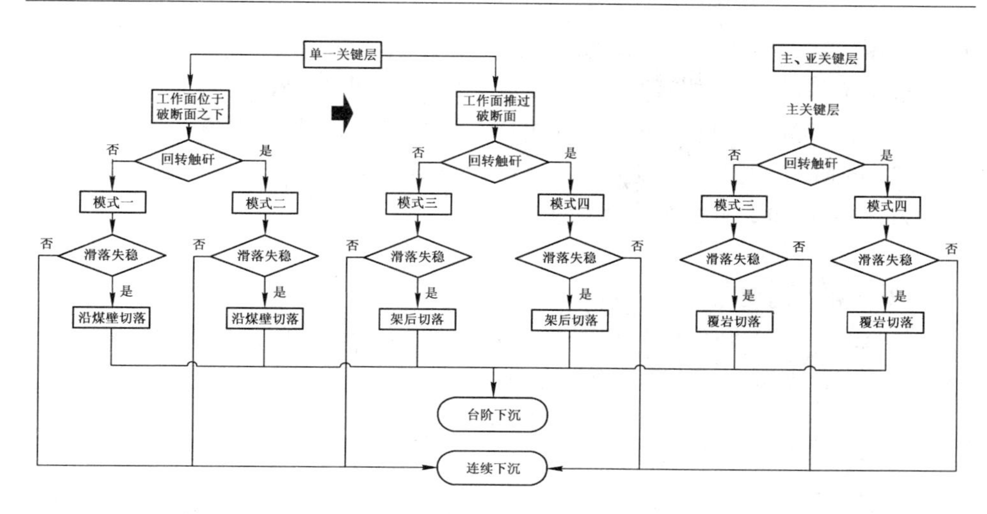

图 3-43 浅埋煤层覆岩移动型式判别体系框图

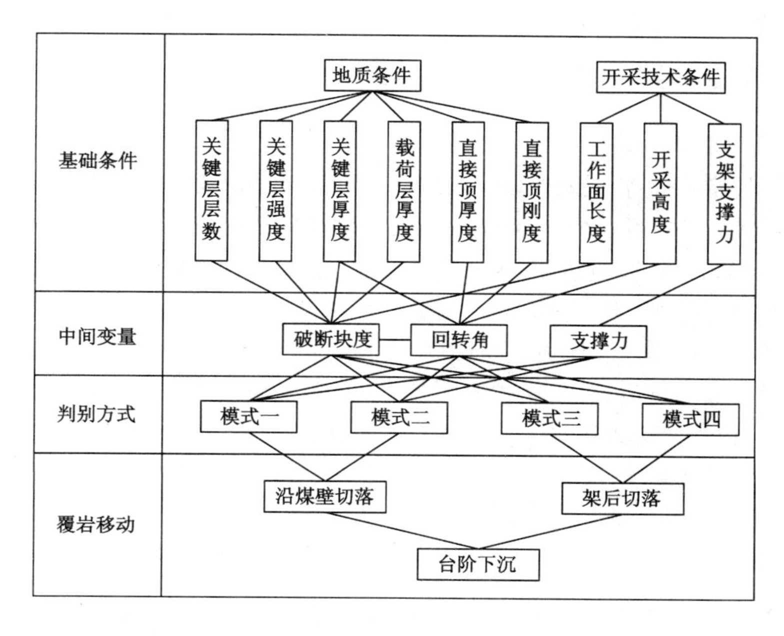

图 3-44 台阶下沉判别过程及其主要影响因素

3.4.2 工程算例

以Ⅱ类条件的代表性工作面——上湾矿 51201 工作面为例，来说明浅埋煤层开采覆岩移动型式预测体系的应用过程。

根据工作面的地质条件和开采技术条件，可得出此例的基础条件。关键层层数：单一关键层；关键层强度：5.4 MPa（抗拉强度）；关键层厚度：12.3 m；上覆载荷：1.36 MPa；直接顶厚度：3.4 m；工作面长度：300 m；开采高度：5.5 m；支架支撑力：2×4 319 kN（支架宽度为 1.75 m）。

（1）初次破断

① 计算中间变量

根据式（3-26）可计算出，初次破断距为 61.792 m，因此初次破断块度为：

$$i=\frac{h}{l}=\frac{12.3}{61.792/2}=0.398$$

最大回转角：

$$\theta_{\max}=\arcsin\frac{\Delta}{l}=\arcsin\frac{m-(K_{\mathrm{p}}-1)\sum h_{\mathrm{im}}}{l}=7.739^{\circ}$$

式中，Δ 为最大下沉量，m；m 为采高，m；K_{p} 为碎胀系数；$\sum h_{\mathrm{im}}$ 为直接顶厚度，m。

平均支撑力 $R=\frac{2\times 4\ 319}{1.75}=4\ 936\ \mathrm{kN/m}$。

② 失稳方式判别

回转失稳分析：将上面参数代入式（3-50），关键层上载荷按太沙基压力原理计算，根据文献[154]可以取 $0.3\gamma H$，γ 为覆岩平均重度（$\mathrm{kN/m^3}$），H 为载荷层厚度（m）。经计算式（3-50）能满足，因此关键层初次破断发生回转失稳的可能性较小。

滑落失稳分析：当工作面推进至破断面之下时，由于不发生回转失稳，因此采用模式一式（3-35）来判别。经计算，支撑力可使结构不发生滑落失稳。当工作面推过破断面之后，采用模式三式（3-43）来判别滑落失稳的可能性。经计算，破断块度、回转角可以满足不发生失稳的条件。

（2）周期破断

① 计算中间变量

根据式（3-27）、式（3-28）和式（3-29），得出关键层周期破断距为 18.717 m，因此周期破断块度为 $i=\frac{h}{l}=\frac{12.3}{18.717}=0.657$；最大回转角 $\theta_{\max}=14.389^{\circ}$；平均支撑力 $R=\frac{2\times 4\ 319}{1.75}=4\ 936\ \mathrm{kN/m}$。

② 失稳方式判别

回转失稳分析：将上面参数代入式（3-72），经计算式（3-72）能满足，因此关键层初次破断时，发生回转失稳的可能性较小。

滑落失稳分析：当工作面推进至破断面之下时，由于不发生回转失稳，因此采用模式一式(3-58)来判别。经计算，支撑力可使结构不发生滑落失稳。当工作面推过破断面之后，采用模式三式(3-66)来判别滑落失稳的可能性。经计算，破断块度、回转角可以满足不发生失稳的条件。

③ 覆岩移动型式预测

综合关键层初次破断和周期破断时的判别结果，可以认为在工作面推进过程中，关键层不发生滑落失稳，覆岩及地表不出现台阶下沉。

4 隔水层采动保水性能演化规律及保水开采机理

神东矿区位于西部内陆干旱半干旱地区，降水量小，地带性荒漠植被十分稀少，地表生态环境的稳定性与地下水位的关系十分密切。在大规模井工开采的扰动下，对地下水位埋深和地下水流场可能造成一定的影响，如水位下降、水资源流失等；而地下水作为特别敏感的生态因子，可能造成地表生态发生退化，甚至难以恢复。因此，实现大规模资源开采与生态环境保护相互响应的基础是实现保水开采，以减少井下采动对地表生态的损害程度。

第四系松散潜水含水层是矿区范围内的主要含水层，其赋存的水资源是地表生态的主要环境因子。欲实现矿区煤炭资源的大规模开发与地表生态系统保护兼容并举，保护本含水层是基础，以控制矿区的地下水位处于地表环境的合理水位区间内，保证地表生态对水资源的需求量。

保水开采技术的核心即通过合理的措施使隔水层在采动之后依然具有或可在短期恢复隔水能力，使含水层中的水资源不致在采动后发生大规模流失。因此，分析保水开采的机理需从隔水层的采动保水能力入手，研究不同条件下隔水层采动保水性能演化规律。

4.1 神东矿区地表环境的合理生态水位

干旱半干旱地区，天然植被对地下水依存度很高，地下水埋深控制着地表植被种群的分布格局和稳定。不同的植物种群对应不同的地下水埋深，来维系种群的生长和繁衍，该水位埋深被界定为该植物种群的生态水位[168]。

当地下水位埋深处于适宜生态水位时，植被生长最好，即使生态因子强度发生一些变化，对植物产生的影响也并不明显，即对生态不起限制因子的作用；植物处在荒漠化水位时，生态因子即使发生微小改变，地表植物就会发生显著性变化，地下水位越接近荒漠化水位，植物生长就会越受到抑制，对水位变化的反应就越敏感。当地下水位下降至荒漠化水位以下时，植物生命活动将受到明显的限制，天然植被衰败退化或死亡，沙漠化程度增加，并由固定、半固定沙丘逐渐演变成半流动和流动沙丘[169]。

合理生态水位的估算方法有很多种，如利用土壤含水量、地下水化学性质、植被生长状况、植被覆盖度等与地下水埋深的关系[170]。文献[171]通过对陕北风沙滩地区秃尾河流域地表植被的调查，揭示出植被生长与地下水位埋深之间的相互关系；并根据地下水位埋深与植被生长及地表荒漠化间的关系，得出陕北风沙滩地区生态环境与地下水位埋深的关系，确定了该地区的盐渍化水位埋深、最佳地下水位埋深、乔木衰败地下水位埋深和乔木枯梢地下水位埋深；基于生态安全地下水位埋深的定义，确定出该区域最适合沙漠植被生长的地下水位埋深，即合理的生态水位埋深为 1.5～5 m；当地下水位埋深下降到 5 m 以下时，表生生态恶化将在所难免，而生态一旦恶化，一是难以恢复，二是恢复的代价高昂[172]。

从地带性植被类型上来讲，神东矿区属于暖温带典型草原区，草原群落主要发育在梁地和黄土丘陵的栗钙土或黄绵土上，代表群系为本氏针茅草原。由于人类的生产活动，目前原始植被早已破坏殆尽，代之以百里香或糙隐子草为主的群落。这一地区的梁地及黄土丘陵地大多都开垦为农田或曾经是农田，因此植被多为农作物及田间杂草，以及撂荒地植被。在西部及西南部以风沙地为主的流动、半固定及固定沙地上，分布着沙地植被，主要是沙地先锋植物群落和油蒿群落；在洼地、滩地和湖泊周围分布有湿地植被[6]。

神东矿区浅层地下水主要以第四系松散潜水为主，由于古冲沟和现代冲沟的存在，基岩顶面起伏较大，地下水位埋深变化幅度大，0～40 m 不等，平均约 10 m，即很多情况下初始地下水位已处于合理生态水位区间之外，地表植被所能利用到的水分主要以包气带水为主，而地下潜水位的影响主要局限于部分乔木、灌木等。因此，基于神东矿区的情况，应根据初始地下水位埋深分三种情况分析：一是生态水位区，即地下水位埋深为 1.5～5 m。处于生态水位区的矿区开发，应以控制地表生态水位为目的，使地下水位在采动之后依然位于生态水位区间之内，确保地表生态在采动之后不受大的影响，否则一旦破坏，恢复困难且代价较大，因此这一区域的重点是保水开采，只要实现保水开采，地表的生态保护和建设难度不大。二是警戒水位区，即地下水位埋深为 5～8 m。处于警戒水位区的矿区开发，须将地表生态加固和井下保护性开采相结合，通过实施采前预防、采中保护、采后恢复的措施，减小井下采动生态损害，加强地面生态采动适应性，在控制地下水位不发生大幅度下降的基础上保证包气带水量能满足地表生态的需求。三是衰惫水位区，即地下水位埋深大于 8 m。处于衰惫水位区的矿区开发，除尽量减少地下水位下降量，以水土保持为主，实施采前生态功能圈构建、采中保护、采后修复的措施，以重塑绿色矿区，增强矿区生态功能。

4.2 隔水层采动保水特性

从隔水层的隔水机理来看，隔水层可以分为两大类：一为质地致密的火成岩和变质岩等；二为黏土岩类，如黏土、泥岩、黏土页岩等[173]。一类隔水层一般黏土矿物含量低，由于采动而形成大的导水裂隙短期内难以闭合，因此采动后隔水性难以得到恢复；而二类隔水层一般情况下黏土矿物含量较高，如高岭石、伊利石、蒙脱石等，在黏土矿物的作用下，遇水迅速膨胀或泥化，能较好地充填采动裂隙，从而恢复其隔水性，减少因采动造成的水资源流失。

从神东矿区的水文地质结构看，对地表生态起主要作用的为第四系松散潜水层，其直接隔水底板部分为由离石黄土和三趾马红土共同组成的黏土层，以及普遍赋存的风化岩层。这两种隔水岩层岩性均为黏土岩类，且富含黏土矿物。尽管黏土层隔水性能好，能对上覆含水层起保护作用，但矿区范围内，多数地区因后期冲蚀作用，失去了应有的作用。因此，基岩顶部的风化岩层的采动保水作用在保水开采中显得尤为重要。

4.2.1 基岩风化带特性

根据矿区风化带的形成时间可将风化带分为古风化带和近风化带。古风化带多是由于燕山运动时期鄂尔多斯盆地的全面抬升而后遭受风化剥蚀，造成基岩顶部强烈风化，且裂隙发育并为泥质充填，大多数矿物黏土化。而近风化带多为第四系形成的风化带，风化作用相对较弱[152,174]。

由于不同矿物的膨胀率不同，在物理风化过程中温度的变化使岩石的膨胀和收缩并不均匀，或者在水的溶蚀作用下，岩石中的可溶性物质发生分解；在化学风化作用下部分原生矿物发生分解，生成高岭石、伊利石及蒙脱石等次生矿物。黏土矿物遇水发生一系列的物理化学作用，使岩石的物理性质和水理性质发生改变，并且风化程度越深，黏土矿物含量就越大。岩体结构面中富集的黏土矿物，一定程度上决定了岩体的强度和破坏[131,152]。

钻孔抽水资料表明：基岩风化带单位涌水量小于 0.011 L/(s・m)，渗透系数在 0.006～0.04 m/d 之间，导水系数小于 1.0 mm/d。可见，风化带的富水性、渗透性和导水性极弱，隔水性良好[152,175]。

4.2.2 风化带采动保水性能演化规律

许多矿区的大量试验数据、现场测试资料和大规模缩小防护煤柱开采工程实践结果表明：岩石风化损伤后具有强度降低，塑性变形能力增强；多趋泥化，裂隙易于愈合，再生隔水能力显著增强，亲水能力强等变异特征以及工程地质特性[152,175-177]。开采过程中，风化带呈现出移动快、变形大、回缩快和下沉大等移动变形特征，受开采扰动，具有阻隔底含水下渗和抑制导水通道继续发展的双重作用[176]，采动保水性能良好，对保水开采具有重要意义。

为分析风化带岩层的采动隔水规律，以Ⅱ类条件的代表性工作面——上湾矿 51201 工作面为试验基地，采用钻孔窥视的方法，在研究覆岩裂隙发育规律的基础上分析隔水层的采动保水性能演化特征。

上湾矿 51201 工作面主采 1^{-2} 煤层，设计采高 5.3 m；地面标高 1 161～1 301.2 m，煤层底板标高 1 071.2～1 112.4 m。1^{-2} 煤层松散层主要是风积沙；上覆基岩厚度 40～210 m，上覆基岩厚度沿回采方向逐渐变薄，但工作面回采到西沙沟处对应地面标高最低，基岩厚度最薄。保水开采试验段在西沙沟附近，该段上覆基岩厚度 45～65 m，平均约 55 m。基岩顶部松散层厚度在 10 m 左右，中等富水。工作面布置如图 4-1 所示。

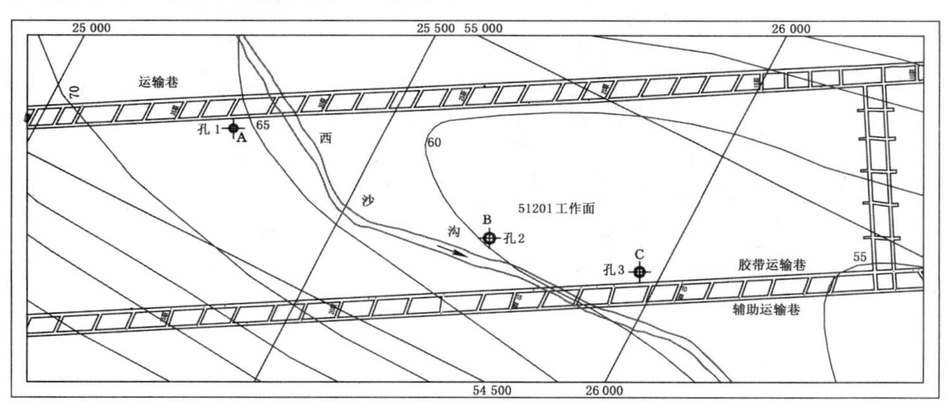

图 4-1 上湾矿 51201 工作面布置

(1) 窥视孔和观测孔布置

在该地段布设了 3 个地表窥视孔(孔径为 77 mm)，使用 YTG20 型岩层探测记录仪进行实时记录。YTG20 型岩层探测记录仪主要用微型摄像机摄录探测钻孔内岩(煤)体的实时状况，由电缆线把视频信号传输到显示器，可实时显示并转存到计算机内作进一步的分析处理。窥视孔沿西沙沟河滩布置，窥视孔 1 在回风平巷附近；窥视孔 2 靠近工作面倾向中部，窥视孔 3 在运输平巷附近，具体在 A(4 354 685.367，37 425 273.54，1 171.318)、B(4 354 687.634，37 425 611.28，1 165.799)、C(4 354 790.989，37 425 963.24，1 162.193)三点分别布置孔 1、孔 2 和孔 3，如图 4-1 所示，具体的钻孔柱状见图 4-2。各窥视孔均垂直地表施工，在基岩内钻进时，用清水做冲洗液，终孔层位为 1^{-2} 煤层底板砂岩中。为了分析研究51201 工作面开采过程中及开采以后松散层潜水水位的变化情况，在工作面倾向中间布置了一个水位观测孔(孔径为 108 mm，孔底位于第 5 序号的中粒砂岩顶部界面)，与窥视孔 2 相距 5 m，并平行于工作面倾斜方向。自 2007 年 2 月 7 日开始进行窥视孔和观测水井的相关观测，5 月底结束。

窥孔1

柱状	岩性	厚度/m	备注
	风积沙	9.05	中等粒度到粗粒
	砂质泥岩	6.42	风化岩层
	粉砂岩	4.84	
	细粒砂岩	13.34	主关键层
	粗粒砂岩	15.51	节理发育
	粉砂质泥岩	1.08	
	中砂岩	10.25	基本顶关键层
	细粒砂岩	1.50	
	粗粒砂岩	1.50	节理发育
	泥岩	0.31	
	煤	0.85	
	粉砂质泥岩	2.05	
	煤	0.65	
	粉砂质泥岩	1.65	
	1^{-2} 煤	5.80	
	粉砂岩	5.93	

窥孔2

柱状	岩性	厚度/m	备注
	风积沙	9.50	中等粒度到粗粒
	砂质泥岩	2.75	风化岩层
	中砂岩	1.10	
	砂质泥岩	2.00	
	中砂岩	2.20	
	砂质泥岩	9.35	
	细砂岩	4.30	
	中砂岩	5.25	
	砂质泥岩	0.95	
	泥岩	1.70	
	砂质泥岩	1.40	
	细砂岩	12.85	基本顶关键层
	砂质泥岩	2.40	
	煤	0.25	
	砂质泥岩	0.45	
	1^{-2} 煤	5.80	
	泥岩	1.95	
	中砂岩	1.20	

窥孔3

柱状	岩性	厚度/m	备注
	风积沙	13.70	中等粒度到粗粒
	砂质泥岩	3.55	风化岩层
	中砂岩	2.05	
	细砂岩	1.60	
	砂质泥岩	0.70	
	细砂岩	2.20	
	砂质泥岩	1.85	
	细砂岩	2.20	
	泥岩	2.05	
	细砂岩	0.60	
	泥岩	1.40	
	砂质泥岩	1.85	
	细砂岩	4.70	
	砂质泥岩	2.05	
	细砂岩	3.40	
	砂质泥岩	1.05	
	细砂岩	7.00	基本顶关键层
	中砂岩	0.65	
	细砂岩	1.05	
	煤	0.35	
	砂质泥岩	1.65	
	1^{-2} 煤	5.90	
	泥岩	1.90	
	砂质泥岩	0.80	

图 4-2　各窥孔岩层柱状

(2) 观测结果分析

根据实测结果，覆岩移动的整体特征为垮落-离层-内错-扩展-闭合，但其具体过程和形态窥孔 1 区域与窥孔 2、窥孔 3 区域有很大不同。

① 窥孔 1 区域

基本顶关键层破断后，垮落岩层迅速向上发育，但因为基岩中还有一个对覆岩运动起控制作用的主关键层，当到达主关键层所控制的岩层组底部时，覆岩停止了垮落，进入裂缝带，并在主关键层下部产生离层(距孔口 33.65 m 处)，如图 4-3(a)所示。

采动覆岩导水裂隙发育过程明显受采动影响，出现岩层错动与采动裂隙扩

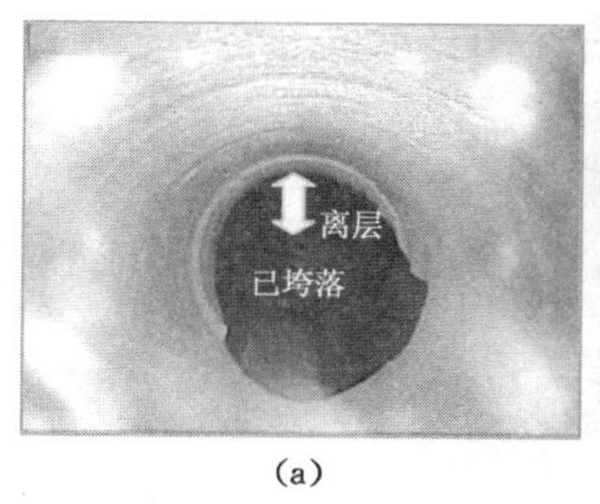

(a)

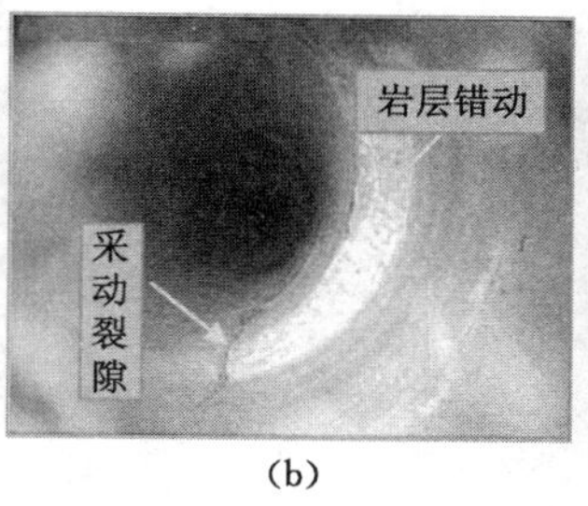

(b)

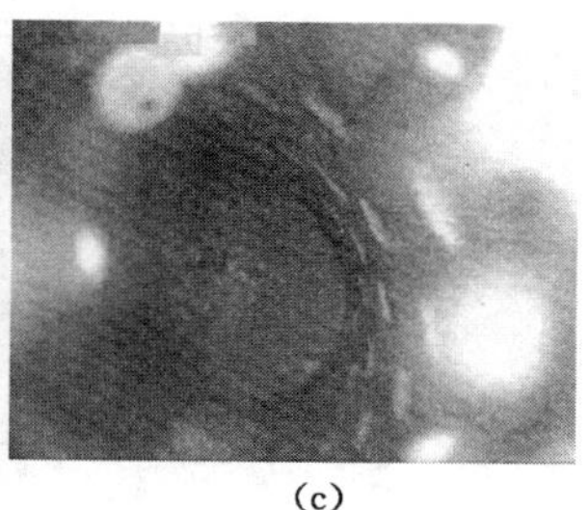
(c)

图 4-3 窥孔 1 采动覆岩窥视

(a) 离层;(b) 水平错动与裂隙扩展;(c) 钻孔闭合且有水

展现象,如图 4-3(b)所示,于工作面采过约 60 m 后达到其最大高度,但超前工作面的采动裂隙发育不明显。最大裂高约 53.0 m,穿透了两层关键层,终止在基岩顶部的风化带内部。说明坚硬岩层的隔水能力或对导水裂隙的控制能力只是暂时的,而风化带等软弱隔水岩层则可以最终消化导水裂隙。

窥孔 1 在采后约 95 m 处,采动覆岩导水裂隙完全闭合且积水,说明基岩顶部的风化带可使采动裂隙愈合,对保水开采具有重要意义。窥视孔尚且被风化岩层受采动影响后膨胀闭合且隔水,完整岩层的隔水能力应更强。之后,窥孔 1 内的水位一直未发生大的变化,如图 4-3(c)所示。

② 窥孔 2 及水文观察孔区域

在工作面推过孔位时,顶板岩层快速垮落,最大垮落带高度 22.6 m。窥孔孔内出现岩层内错和裂隙扩展现象(图 4-4),覆岩整体下沉,钻孔漏风,孔壁大量渗水且水声较大,此时距地表 9.65 m 处的风化带岩层已开始膨胀闭合,第二天此处钻孔已堵死,但是水资源并未积聚,几乎全部流失(图 4-5)。水文观测孔中的现象与此类似。

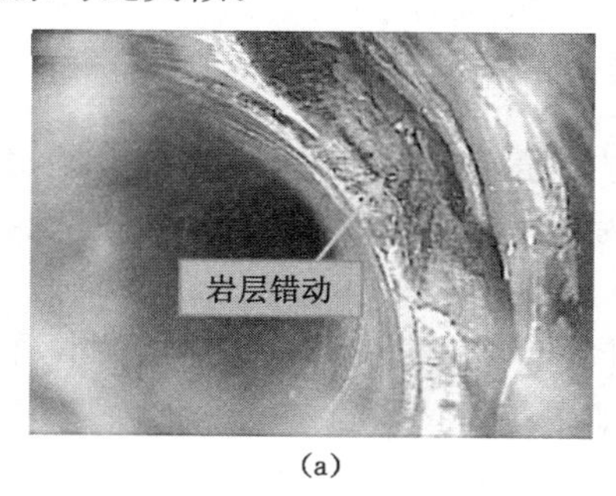

(a)

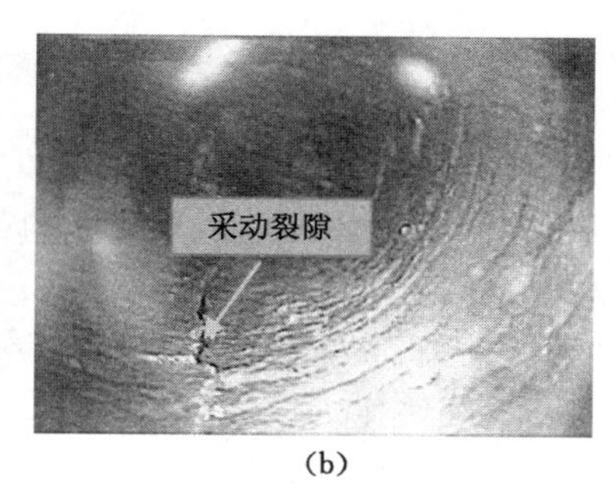

(b)

图 4-4 窥孔 2 采动覆岩窥视

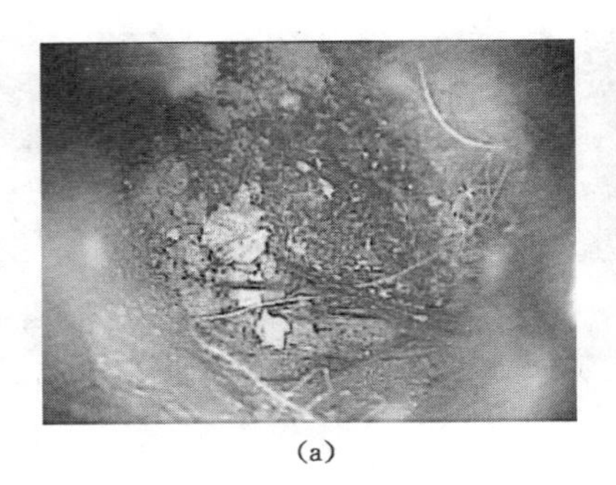

(a)

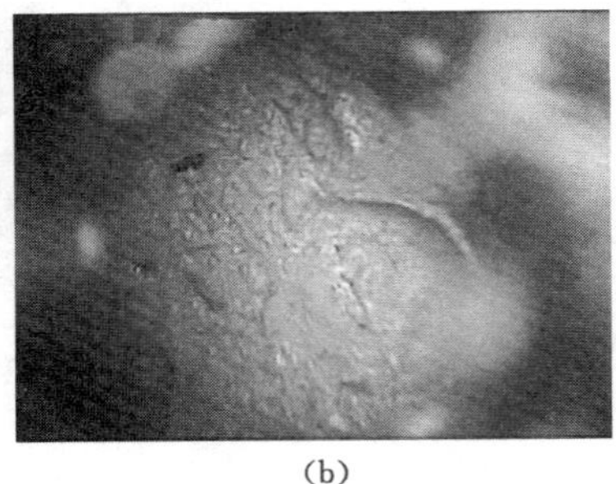

(b)

图 4-5　孔闭合后情景

③ 窥孔 3 区域

当工作面推过钻孔后，直接顶及基本顶开始破断，垮落岩层迅速向上发育，直至距孔口约 31 m 处的泥岩，之后开始发生离层(图 4-6)，进入裂缝带；工作面推过窥孔 3 约 31.4 m 时，垮落带达最大高度 26 m，超前工作面的采动裂隙发育不明显。

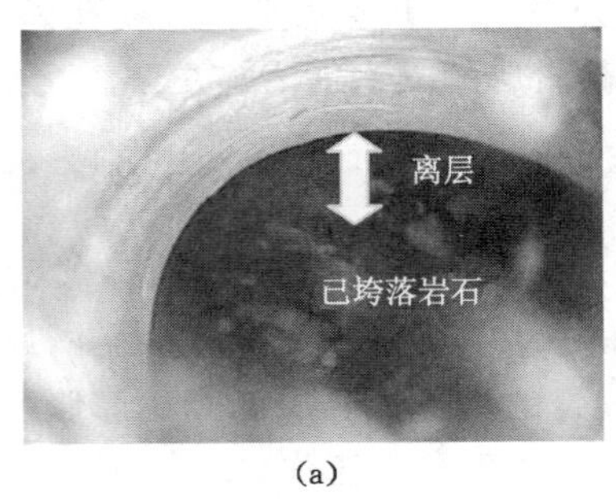

(a)

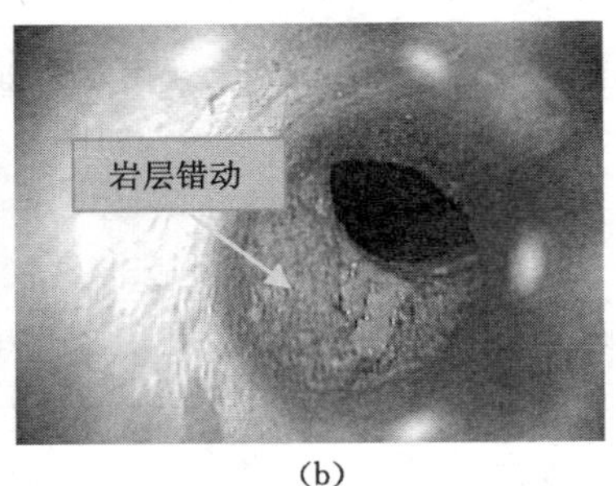

(b)

图 4-6　岩层由垮落转入离层

(a) 垮落进入离层；(b) 岩层错动

随着工作面的不断推进，在采动覆岩结构运动的过程中，岩层开始出现水平错动，距孔口 31.2 m 处的水平错距约为 100 mm，见图 4-6(b)；同时，沿孔壁也出现纵向裂缝，长为 1.6 m，见图 4-7(a)，此时工作面推过钻孔 61.7 m。随着工作面的继续推进，纵向裂隙逐渐向上发展，直至基岩顶界面，并与松散含水层沟通，同时钻孔被堵住，但水已全部流失，如图 4-7(b)所示。

总之，窥孔 3 所在区域的覆岩垮落和导水裂隙发育特征基本与窥孔 2 类似，导水裂隙也在采后迅速与松散含水层沟通，窥视孔虽在基岩上部 3.55 m 厚的风化带岩层处膨胀闭合，但没能有效隔水，采过约 100 m 后，水资源完全漏失。

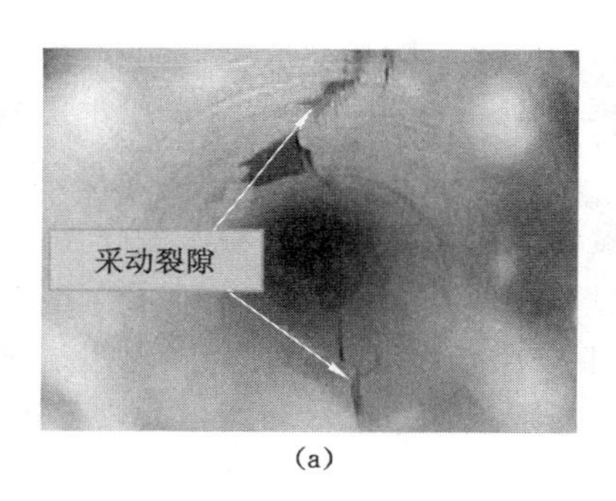

(a)

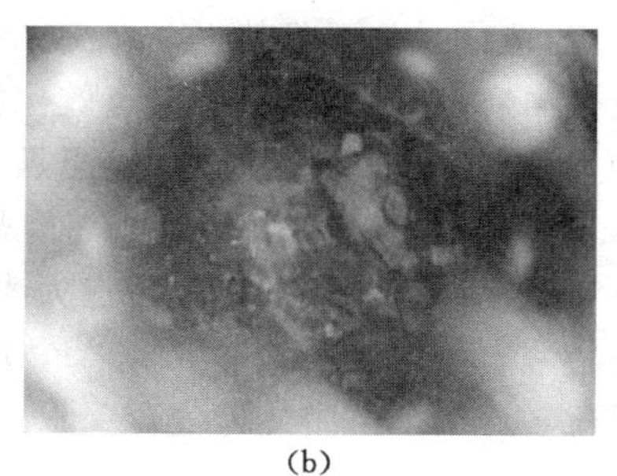

(b)

图 4-7 采动裂隙与水流失

(a) 孔壁裂缝；(b) 水流失后的钻孔

④ 对比分析

通过以上的现场实测分析可得出，黏土质隔水层——风化带在采动之后遇水膨胀泥化可填堵隔水层裂隙，但能否有效隔水，则与隔水层厚度、覆岩移动等因素有关。采动覆岩的运移，可能造成部分水资源流失，但在其稳定后，采动裂隙被压实闭合，水资源停止流失，水位保持稳定，在有补给条件下，长时间后水位还可恢复。窥孔 1 中的水资源被有效保护，而窥孔 2 和窥孔 3 中的水资源却在采后全部流失。

a. 窥孔 2 和窥孔 3 中基岩厚度较小，且只赋存一层关键层。与窥孔 1 的近 60 m 厚的基岩相比，窥孔 2 和窥孔 3 所在区域的基岩厚度分别为 46.95 m 和 41.95 m，相对较小，且基岩中只有位于垮落带之内的基本顶关键层对覆岩活动起主要控制作用，覆岩表现为台阶下沉型式，隔水层不能有效隔水，造成较大量的部分水流失。而窥孔 1 的基岩中赋存有主、亚两层关键层，不会出现覆岩整体垮落，更有利于保水开采。

b. 窥孔 2 和窥孔 3 中风化带厚度较小，直接顶较薄，而采高较大。相对于 51201 工作面 4.8 m 的大采高，基岩顶部风化带隔水层厚度窥孔 2 和窥孔 3 分别只有 2.75 m 和 3.55 m，而窥孔 1 的隔水层厚度为 6.42 m；而其直接顶厚度分别只有 3.1 m 和 3.7 m(不包括顶煤)，不足窥孔 1 直接顶厚度(8.51 m)的一半，故覆岩下沉量大而隔水层较薄，使其极易失去隔水作用。

c. 工作面推进速度较慢。受春节放假的影响，51201 工作面在窥孔 2 和窥孔 3 附近区域的平均开采速度只有 11 m/d，裂隙发育充分，易形成导水通道[131]。

4.2.3 隔水层与裂缝带之间的层位关系对采动渗流的影响

当隔水层位于垮落带时，隔水层的隔水结构将完全被破坏，上覆含水层将透过隔水层，造成水位下降甚至全部流失。当隔水层位于裂缝带，如果裂隙贯通且难以短期内愈合，则隔水层难以有效保护上覆含水层；反之，隔水层可以恢复其隔水能力，有效保护上覆含水层。当隔水层位于弯曲下沉带时，隔水层的隔水能力基本不受大的影响，仍可起到保护上覆含水层不发生向下渗漏的作用。

由于神东矿区煤层的赋存特点为浅埋深、薄基岩，因此，煤层采出之后，一般只有两带——垮落带和裂缝带[154]。如果按照传统理论，只有当隔水层和上覆含水层位于弯曲下沉带才能实现保水开采，那么神东矿区将难以实现保水开采。但是，神东矿区有利于保水开采的条件是赋存于第四系松散潜水层之下的风化带岩层，其富含黏土矿物，能使采动裂隙短期内愈合，并起到隔水作用。此种隔水层条件下，隔水层位于裂缝带内并不意味着保水开采不可实现。

当隔水层位于下位裂缝带时，尽管在黏土矿物的作用下膨胀泥化，但是由于裂隙发育充分，且与垮落带贯通，因此裂隙的可愈合性较差；当隔水层位于上位裂缝带时，如果隔水层的裂隙愈合性较强，采动裂隙可在短期内愈合，恢复其隔水性能，保护上覆含水层；采空区中部裂隙压实闭合，有利于隔水层隔水性能的恢复。

这也可以从本质上解释上湾煤矿 51201 工作面窥孔观测中的现象。预计垮落带高度为 21.2 m(4 倍采高)，根据式(3-1)及参考文献[139,155]，取 $a=1.897$，$b=4.470$，$k_p=1.25$，$k_i=1.1$，可计算得：窥孔 1 区域完整裂缝带高度为 52.12 m，窥孔 2 区域完整裂缝带高度为 87.02 m，窥孔 3 区域完整裂缝带高度为 78.12 m；窥孔 1 区域，隔水层处于上位裂缝带之上，裂隙愈合性好，采动后可实现保水；窥孔 2 区域，隔水层则处于中位裂缝带，部分区域可能存在贯通裂隙导致水资源的流失；窥孔 3 区域，隔水层位于中位裂缝带下部，可能存在贯通裂隙，难以实现保水。

4.3 隔水层采动台阶下沉型保水性能演化规律

隔水层受采动影响出现台阶下沉后，一般呈现两种情况：一是台阶下沉处形成渗水通道，隔水能力难以短期内恢复，造成大量的水资源流失，甚至形成矿井突水溃砂事故[178]；二是台阶下沉处尽管在采动影响下渗透系数增大，但是由于其自身特性，可在短期内恢复其隔水能力。

对于情况一，主要原因是在隔水层出现台阶下沉以后，有效隔水厚度减小，难以有效隔水，导致渗水通道形成，造成水资源的流失；对于情况二，主要出现于黏土矿物含量大，遇水之后膨胀或泥化，填堵采动导水裂隙，从而有效隔水，保护含水层。因此，要实现保水开采，关键是保证采动后隔水层的隔水连续性和有效性。

4.3.1 黏土质隔水层采动渗漏机理

黏土质隔水层遇水膨胀泥化的特性，使隔水层在采动一段时间后可恢复其隔水性能。然而，当隔水层在采动过程中出现台阶下沉时，如图 4-8 所示，隔水层的有效隔水厚度在台阶下沉处相对减小。即使台阶下沉处的渗透系数能恢复到采前水平，但是由于有效隔水厚度的局部减小，从而形成隔水薄弱地段，在上覆含水层渗透水头的作用下，有可能使隔水层产生局部渗透破坏，隔水层的导水通道与下伏导水裂隙相贯通，在台阶下沉处即形成“天窗”，上覆水资源将大量地流失。

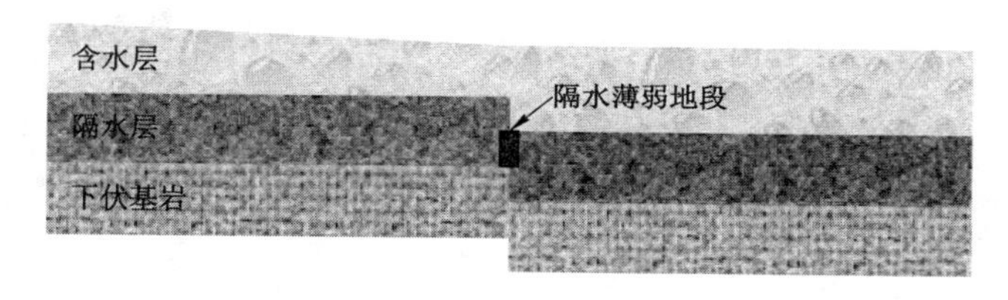

图 4-8 隔水薄弱地段示意

工程上，一般以岩层的渗透系数来判别隔水层与透水层，一般将渗透系数小于 0.001 m/d 的渗透介质定义为隔水层，例如黏土层、泥炭层等[179]。然而，隔水层并非绝对不透水的介质，是一个相对的概念。采动后，尽管黏土质隔水层由于其自身特性可以恢复其隔水能力，但是由于其有效隔水厚度的降低，当上覆含水层渗透水压达到一定值时，隔水层内的隔水结构可能被破坏，强度降低，甚至发生整体破坏，造成上覆水资源穿过隔水层，向下渗漏。这种现象，称之为隔水层的采动渗漏。

为便于分析隔水层的采动渗漏机理，取隔水层的隔水薄弱段为研究对象。可以容易地得出，渗漏发生前，隔水层的总平均水力梯度(即含隔比)为：

$$i_{ad} = \frac{H_{af}}{h_{ad}} \tag{4-1}$$

式中，i_{ad}为隔水薄弱段的总平均水力梯度，m/m；H_{af}为上覆含水层的水头，m；h_{ad}为隔水薄弱段隔水层厚度，m。

借鉴同济大学周健教授等采用显微镜结合 CCD 摄像技术针对隔水层渗透破坏的发生发展过程的研究结果[180]，可以通过类比分析得出隔水层在水头压力作用下产生渗漏的微观机理。当隔水层总水力梯度较小时，在上覆含水层水头压力作用下，渗透力尚不足以克服隔水层内颗粒之间的黏结力，颗粒之间可继续保持平衡，渗透系数不会产生大的变化。然而，当水力梯度较大，使上覆含水层水头压力作用下产生的渗透力大于隔水层内颗粒之间的黏结力时，首先是粒径较小的颗粒开始与周围的颗粒分离，然后在渗透力的作用下产生迁移；而后周围粒径较大的颗粒也开始在原来的位置附近出现跳动，甚至移动，造成渗透系数增大；随着小颗粒迁移和大颗粒跳动现象的不断扩展，这种现象可能很快由上而下地波及隔水层底部，在隔水层内形成渗漏通道，从而沟通上覆含水层与下伏透水层之间的水力联系，造成上覆水资源的流失[180]。

尽管在通道形成后，由于颗粒的迁移可能造成通道的堵塞，但是在水力渗流梯度的作用下，水流会寻找更容易流走的通道，进而形成新的颗粒迁移和水力渗漏通道。因此，渗漏通道的形成是处于不断地发展变化之中。

隔水层渗漏通道的产生，主要取决于水力梯度和隔水岩体的抗渗强度。其中，水力梯度始终是决定渗漏通道能否形成的动力因素；而隔水岩层的抗渗强度，可以用岩层的渗透系数来反映，它主要取决于岩石的性质（如粒度、成分、颗粒排列、充填状况、裂隙性质等）和渗透液体的物理性质（如重度、黏滞性等），可以由下式来表达[181]：

$$K = \frac{k\rho g}{\mu} \tag{4-2}$$

式中，k 为渗透率，表征岩层渗透性能的常数，m^2；ρ 为液体的密度，kg/m^3；μ 为动力黏度，$Pa \cdot s$；g 为重力加速度，m/s^2。

为便于分析，定义临界含隔比来表征隔水层发生渗漏的临界状态。K. Arulanandan等学者提出，岩土层内固体颗粒发生迁移的临界状态为颗粒所受的剪切应力大于临界剪切应力（τ_c）[182]。为分析隔水层发生渗漏的临界含隔比，考虑采用 Khilar 毛细管模型[183]：假设在渗漏方向上，隔水层可分为多个相同的块段，并且为了渗透系数和孔隙率计算方便，孔隙半径按等效孔隙半径 δ 来计算。根据普怡锡里定律（Poiseuille's Law）和毛细管模型可知[183]：

$$q = q_0 \frac{\delta^4}{\delta_0^4}; n = n_0 \frac{\delta^2}{\delta_0^2} \tag{4-3}$$

$$a = \left(\frac{8\mu\delta_0^2}{An_0}\right)\frac{1}{\delta_0^3}; b = \frac{4}{\delta} \tag{4-4}$$

式中，q_0 为初始流量，m^3；n_0 为初始孔隙率；δ_0 为初始毛细管半径，m；A 为渗透路径上横截面积，m^2；a 为表面剪应力与流量的比例系数；b 为表面积与空隙体积的比例系数。

根据质量守恒定律，可得：

$$\frac{d}{dt}\left(\frac{\pi}{4}\delta^2 LC_s\right) = \frac{1}{N}\sum_{i=1}^{N}\pi\delta l\alpha_i(aq - \tau_c) \tag{4-5}$$

式中，l 为块段的长度，m；L 为总长度，m；C_s 为岩土层中的黏土含量；N 为块段数量;α_i为第 i 块段的渗流率的变化速率;τ_c为临界剪切应力,Pa。

定义无量纲变量:

$$D=\frac{\delta}{\delta_0};\theta=\frac{q_0 t}{V_i n_0} \tag{4-6}$$

根据式(4-3)、式(4-4)和式(4-6)置换出 q 和 a,并代入式(4-5)可得:

$$\frac{\mathrm{d}D}{\mathrm{d}\theta}=\frac{1}{2n}\sum_{i=1}^{N}(N_{\mathrm{F}i}D-N_{\mathrm{G}i}) \tag{4-7}$$

式中:

$$N_{\mathrm{F}i}=\frac{32l\mu\alpha_i}{C_s\delta_0^2},N_{\mathrm{G}i}=\frac{4An_0 l\tau_c\alpha_i}{C_s q_0\delta_0} \tag{4-8}$$

根据初始条件和模型假设,可得:

$$\begin{cases}\theta=0\text{ 时},D=0\\ \theta\leqslant 1\text{ 时},N_{\mathrm{F}i}=N_{\mathrm{G}i}=0\\ \theta>1\text{ 时},N_{\mathrm{F}i}=N_{\mathrm{F}};N_{\mathrm{G}i}=N_{\mathrm{G}}\end{cases} \tag{4-9}$$

根据 Khilar 毛细管模型[183],有:

$$qC_{i-1}-qC_i+bV_i n_i\alpha_i(aq-\tau_c)=V_i n_i\frac{\mathrm{d}C_i}{\mathrm{d}t}+bV_i n_i\frac{C_i}{C_s}\alpha_i(aq-\tau_c) \tag{4-10}$$

定义无量纲变量:

$$\psi_i=\frac{C_i}{C_s} \tag{4-11}$$

根据式(4-3)、式(4-4)、式(4-7)和式(4-11),将 a,b,q,n 代入式(4-10)可得:

$$\frac{\mathrm{d}\psi_i}{\mathrm{d}\theta}+(D^2+N_{\mathrm{F}i}-\frac{N_{\mathrm{G}i}}{D})\psi_i=N_{\mathrm{F}i}-\frac{N_{\mathrm{G}i}}{D}+D^2\psi_{i-1} \tag{4-12}$$

并且 $\theta=0$ 时,$\psi_i=0$。

根据达西定律可知:

$$q_0=\frac{K_0}{\mu}A(\frac{\Delta p}{\Delta L})=\frac{K_0}{\mu}AJ \tag{4-13}$$

式中,$\frac{\Delta p}{\Delta L}$,$J$ 为水头压力梯度,Pa/m;A 为端面面积,m^2。

联合以上各式,可得出:

$$N_{\mathrm{F}}=\frac{l\mu\alpha_i}{C_s}(\frac{n_0}{K_0}) \tag{4-14}$$

$$N_{\mathrm{G}}=\frac{l\mu\alpha_i\tau_c}{C_s J}(\frac{n_0}{2K_0})^{1.5} \tag{4-15}$$

通过式(4-7)可以看出,只有当方程右边为正值即空隙直径随时间增加时,渗漏才有可能开始发生,因此,发生渗漏的初始条件为:

$$N_F D - N_G = 0 \tag{4-16}$$

在渗漏发生前，有 $D=1$，因此上式即

$$N_F - N_G = 0 \tag{4-17}$$

将式(4-14)和式(4-15)代入上式即可得隔水层发生渗漏的临界含隔比为：

$$J_c = \frac{\tau_c}{2.83}\left(\frac{n_0}{K_0}\right)^{0.5} \tag{4-18}$$

J. Léonard 等学者通过对大量实验数据的分析得出，岩土介质的临界剪切应力与剪切强度呈近似正比关系，可用下式表示[184]：

$$\tau_c = \beta\sigma_s \tag{4-19}$$

式中，β 为临界剪切应力与剪切强度间的比例系数；σ_s 为剪切强度，Pa。

将式(4-19)代入式(4-18)得：

$$J_c = \frac{\beta\sigma_s}{2.83}\left(\frac{n_0}{K_0}\right)^{0.5} \tag{4-20}$$

由式(4-20)可知，隔水层采动后发生渗漏的临界含隔比与隔水层恢复隔水能力后的剪切强度呈正比，与孔隙率的 0.5 次方呈正比，而与渗透系数的 0.5 次方呈反比。亦即，隔水层受采动影响并恢复其隔水能力后的剪切强度越大，孔隙率越大，渗透系数越小，隔水层出现渗漏的临界含隔比越大。

结合式(4-20)和式(4-1)可得，隔水层采动且裂隙愈合后，不发生采动渗漏的条件为：

$$i_{ad} = \frac{H_{af}}{h_{ad}} \leqslant \frac{\beta\sigma_s}{2.83\rho g}\left(\frac{n_0}{K_0}\right)^{0.5} \tag{4-21}$$

对于黏土矿物含量大的隔水层，由于隔水层遇水后能迅速泥化，并发生膨胀变形，使渗透系数能很快得到一定程度的恢复，但是强度却相对减小，并难以在短期内恢复，因此对于此类隔水层条件，如在水力梯度一定的情况下，要保护上覆含水层水位，需通过采取一定的技术措施，如局部注浆等，增加其剪切强度，减小其渗透系数，从而增大临界含隔比，减小其发生采动渗漏的可能性。

根据神东矿区主要隔水层——强风化带的性质，遇水膨胀使采动裂隙愈合后，若取 $\beta= 2.6\times10^{-4}$，$\sigma_s=0.35$ MPa，$n_0=0.1$，$K_0=0.01$ m/d，根据式(4-21)得，隔水层发生采动渗漏的临界含隔比为 2.99。即当松散含水层中的水头为 10 m 时，强风化带隔水层的有效隔水厚度需达到 3.35 m，否则存在发生采动渗漏的可能性，即使采动后裂隙能及时愈合，仍会出现水资源的漏失。

以上湾矿 51201 工作面开采为例，根据现场实测可知，沿工作面推进方向，在推过窥孔 3 时，地表在采动后不久就出现了垂直的整体式下沉，且下沉量普遍较大，一次下沉量可达到 1.15 m，最终下沉量约为采高的 0.53 倍。根据窥视孔观测可知，窥孔 3 中，尽管孔内膨胀闭合，但是并未形成有效积水(图 4-5)，即发

生了采动渗漏,隔水结构遭到破坏。

窥孔 3 附近采前含水层水头为 9.1 m,根据式(4-21)可得,采后黏土质隔水层能保持隔水连续性的条件为有效隔水厚度应达到 3.0 m;而此处原始隔水层(风化泥质砂岩)厚度为 3.55 m,初次台阶下沉量就达到 1.15 m,即使隔水层采动后在黏土矿物的作用下能够膨胀闭合,但易发生采动渗漏,隔水层的隔水结构被破坏,造成其上覆水资源的漏失。

4.3.2 端部裂隙发育区隔水层采动保水性演化规律

为研究隔水层发生台阶下沉时端部裂隙发育区的隔水性能变化规律,仍采用离散元数值软件 UDEC 中的应力-渗流耦合系统,以Ⅰ类条件为地质原型,仍采用第 3 章中的模型,模拟采动裂隙开度的变化。

(1) 走向方向

① 开切眼上方

在隔水层中部、开切眼正上方设置监测点,记录随工作面推进时水力裂隙开度的变化。结果如图 4-9 所示,工作面推进约 20 m 时,监测点处水力裂隙开度开始显微增加,推进 32 m 时则急速增大,当工作面推进约 40 m 时,水力裂隙开度达到最大,此时基本顶发生台阶破断,上覆岩层随之发生台阶下沉;而后裂隙开度基本保持不变。然而由于数值计算手段的限制,难以在模拟中实现黏土质矿物促使采动裂隙愈合的现象,因此开切眼上方采动裂隙可能由于裂隙的愈合造成裂隙开度的降低。而裂隙愈合后是否具备保水性能,则主要取决于此类隔水层在愈合后是否发生采动渗漏。

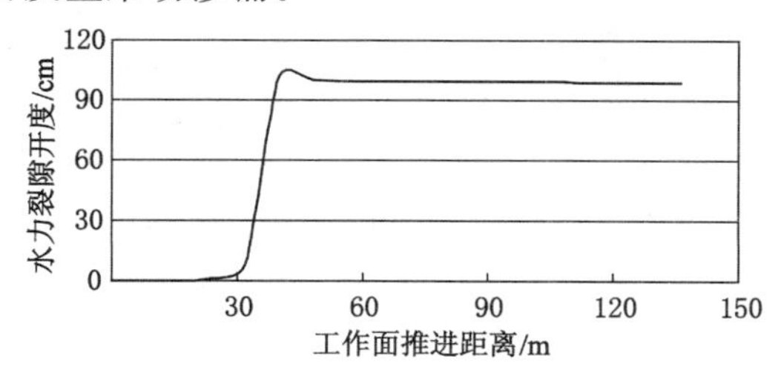

图 4-9　随工作面推进监测点水力裂隙开度变化

② 工作面上方

在隔水层中部、与开切眼水平距离 40 m 处设置监测点,记录随工作面推进时水力裂隙开度的变化。结果如图 4-10 所示,监测点处水力裂隙开度超前工作面约 20 m 时开始显微增加,超前 8 m 时突然增大,当工作面位于监测点下方时,水力裂隙开度达到最大;当工作面推过监测点后,裂隙开度开始减小,当工作面推过约 24 m 时，裂隙开度达到一较小值，且其后变化幅度均较小，可认为其间裂隙已基本压实。如果在黏土矿物的作用下，能使工作面上方的采动裂隙及时愈合，则可实现工作面推进时的保水开采。

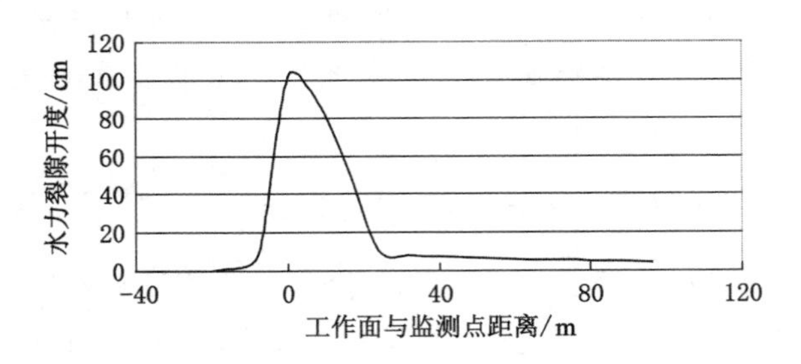

图 4-10　随工作面推进监测点水力裂隙开度变化

（2）倾斜方向

工作面倾斜方向水力裂隙开度分布如图 4-11 所示。在工作面上、下端头处水力裂隙开度较大，易形成导水通道；而工作面中部则形成压实区，如果裂隙闭合较好，不形成贯通裂隙，则可一定程度上仍具隔水作用。因此，从倾斜方向分析，上、下端头处的裂隙愈合情况及愈合后采动渗漏情况是实现保水开采的决定性因素。

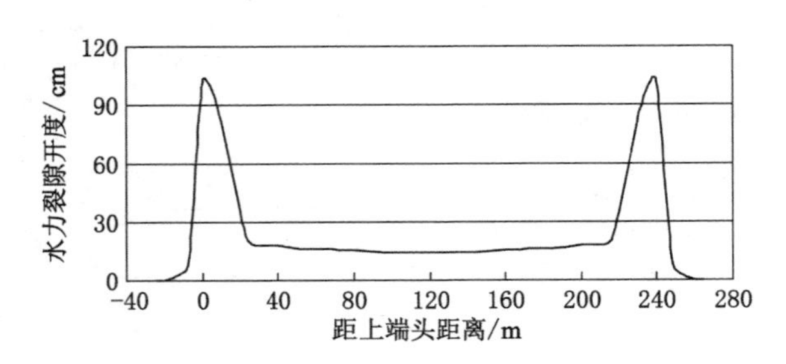

图 4-11　工作面倾斜方向水力裂隙开度分布

因此，对于一开采空间来说，如果隔水层发生台阶下沉，其端部裂隙发育区的保水性演变过程可归纳为图 4-12。

在本工作面开采中，端部裂隙发育区中的裂隙如果难以在短期内愈合，则采动裂隙将一直存在，可能形成导水通道，造成水资源流失。因此，在保水开采设计中，应重点考虑端部裂隙发育区保水可能性，能否通过一定的措施，使其达到保水开采的要求。

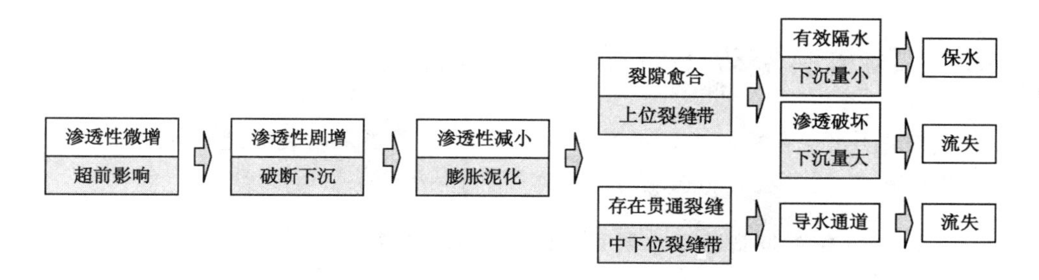

图 4-12　端部裂隙发育区隔水层保水性演变过程

4.3.3　中部裂隙压实区隔水层采动保水性演化规律

根据图 4-10 可知，对于Ⅰ类典型条件下，随着工作面向前推进，隔水层中采动裂隙在滞后工作面一个周期来压步距之后就基本压实，水力裂隙开度减小幅度较大且其后变化较小。同样在黏土矿物作用下，裂隙开度可进一步下降，而此时的隔水层是否具有保水性，则主要取决于隔水层中采动裂隙的闭合度，或者说隔水层内是否仍存在贯通导水裂隙。一般认为，如果隔水层位于上位裂缝带，隔水层中采动裂隙的闭合度较好，中部裂隙压实区可起到保水作用；如果隔水层位于中位裂缝带，隔水层中采动裂隙的闭合度一般，可能存在贯通裂隙，中部裂隙压实区的保水性一般；如果隔水层位于下位裂缝带，则隔水层中采动裂隙闭合度较差，存在贯通裂隙的可能性较大，难以起到保水作用。因此，中部裂隙压实区隔水层保水性演变过程如图 4-13 所示。

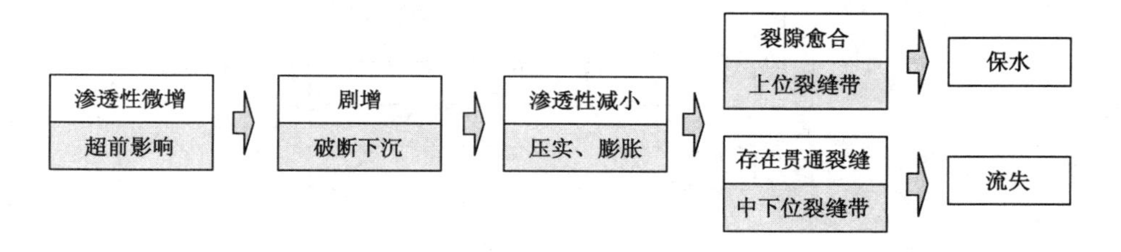

图 4-13　中部裂隙压实区隔水层保水性演变过程

随工作面开采，采空区裂隙滞后 1～2 个周期来压之后逐步压实闭合，再加上黏土矿物的膨胀泥化作用，裂隙的渗透性也逐步减小；而裂隙的愈合程度则关系到水资源的流失程度。

4.4 隔水层采动连续下沉型保水性能演化规律

如果隔水层在采动过程中不发生台阶下沉，只要采动裂隙能充分愈合，不出现贯通裂隙，隔水层的隔水能力保持连续，则保水开采就可以实现。

4.4.1 端部裂隙发育区隔水层采动保水性演化规律

为研究隔水层发生台阶下沉时端部裂隙发育区的隔水性能变化规律，仍采用离散元数值软件 UDEC 中的应力-渗流耦合系统，以Ⅱ类条件为地质原型，采用与前述相同的物理力学参数，模拟采动裂隙开度的变化。数值原始模型仍采用第 3 章中的模型。

(1) 走向方向

① 开切眼上方

在隔水层中部、开切眼正上方设置监测点，记录随工作面推进时水力裂隙开度的变化。结果如图 4-14 所示，工作面推进约 10 m 时，监测点处水力裂隙开度开始显微增加，推进 50 m 时则急速增大，当工作面推进约 60 m 时，水力裂隙开度达到最大，此时基本顶发生破断，上覆岩层随之发生同步下沉；而后裂隙开度基本保持不变。在模拟中难以实现黏土质矿物促使采动裂隙愈合的现象，因此开切眼上方采动裂隙可能由于裂隙的愈合造成裂隙开度的降低。而裂隙愈合后的保水性，则主要取决于裂隙的愈合度。如果愈合度高，不存在贯通裂隙，则可实现保水；否则，可能引起水资源的进一步流失。

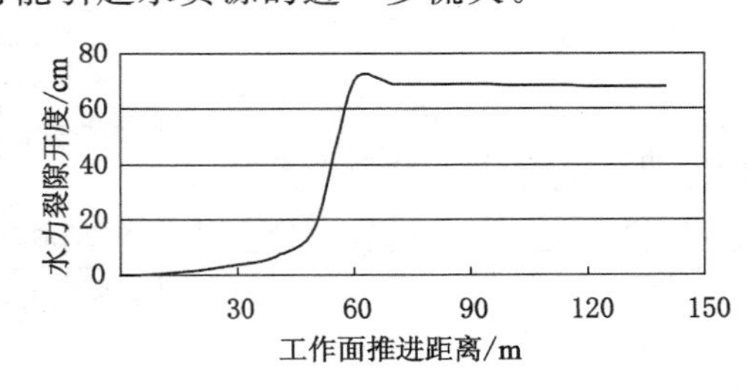

图 4-14 随工作面推进监测点水力裂隙开度变化

② 工作面上方

在隔水层中部、与开切眼水平距离 60 m 处设置监测点，记录随工作面推进时水力裂隙开度的变化。结果如图 4-15 所示，监测点处水力裂隙开度超前工作面约 30 m 时开始显微增加，超前 10 m 时则急速增大，当工作面位于监测点下方时，水力裂隙开度达到最大；当工作面推过监测点后，裂隙开度开始减小，当工作面推过约 40 m 时，裂隙开度达到一较小值，且其后变化幅度均较小，可认为其间裂隙已基本压实。如果在黏土矿物的作用下，能使工作面上方的采动裂隙及时愈合，则可实现工作面推进时的保水开采。

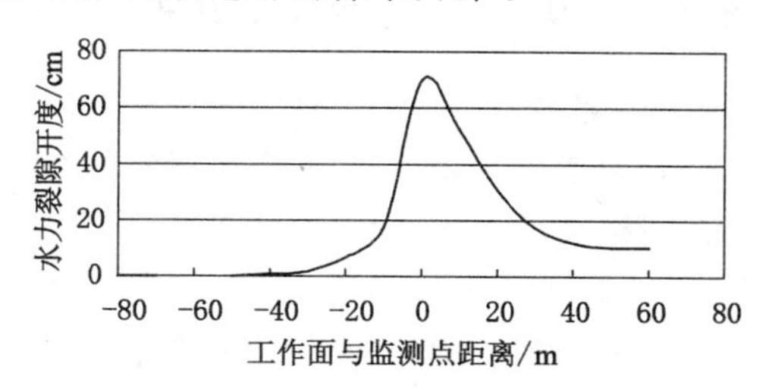

图 4-15 随工作面推进监测点水力裂隙开度变化

（2）倾斜方向

工作面倾斜方向水力裂隙开度分布如图 4-16 所示。在工作面上、下端头处水力裂隙开度较大，易形成导水通道；而工作面中部则形成压实区，如果裂隙闭合较好，不形成贯通裂隙，则可一定程度上仍具隔水作用。因此，从倾斜方向分析，上、下端头处的裂隙愈合情况是实现保水开采的决定性因素。

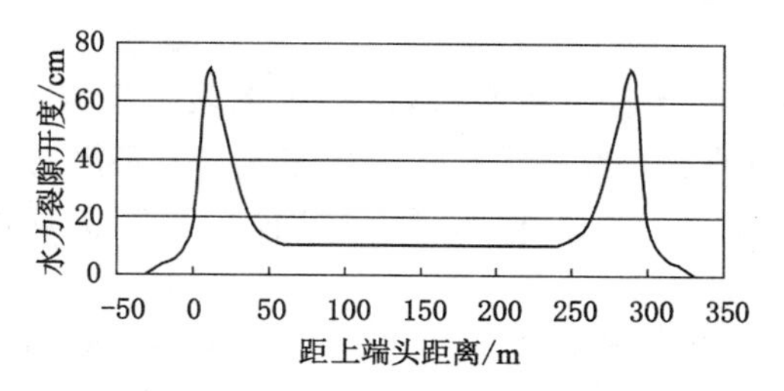

图 4-16 工作面倾斜方向水力裂隙开度分布

因此，对于一开采空间来说，如果隔水层连续下沉，其端部裂隙发育区的保水性演变过程可归纳为图 4-17。

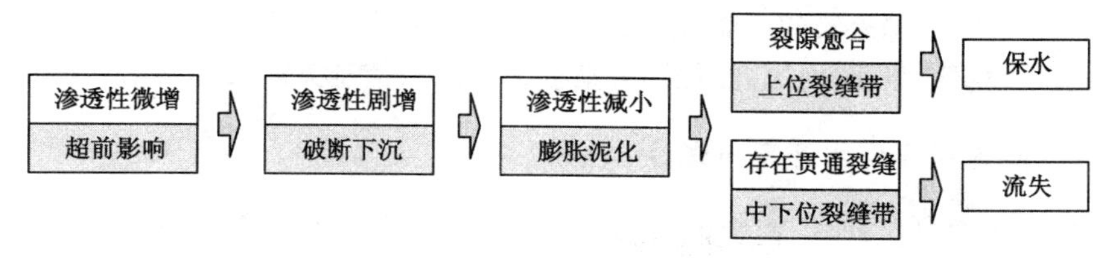

图 4-17 端部裂隙发育区隔水层保水性演变过程

基本规律与台阶下沉型相类似，在本工作面开采中，端部裂隙发育区中的裂隙如果难以在短期内愈合，则采动裂隙将一直存在，可能形成导水通道，造成水资源流失。

4.4.2 中部裂隙压实区隔水层采动保水性演化规律

根据图 4-15 可知，对于Ⅱ类典型条件，随着工作面向前推进，隔水层中采动裂隙在滞后工作面两个周期来压步距之后就基本压实，水力裂隙开度减小幅度较大且其后变化较小。同样在黏土矿物作用下，裂隙开度可进一步下降，而此时的隔水层是否具有保水性，则主要取决于隔水层中采动裂隙的闭合度，或者说隔水层内是否仍存在贯通导水裂隙。同样，如果隔水层位于上位裂缝带，中部裂隙压实区可起到保水作用；如果隔水层位于中位裂缝带，中部裂隙压实区的保水性一般；如果隔水层位于下位裂缝带，则隔水层难以起到保水作用。因此，中部裂隙压实区隔水层保水性演变过程与图 4-12 相同。随工作面开采，采空区裂隙滞后 1～2 个周期来压之后逐步压实闭合，再加上黏土矿物的膨胀泥化作用，裂隙的渗透性也逐步减小；而裂隙的愈合程度则关系到水资源的流失程度。

4.5 浅埋煤层保水开采机理及主要技术

保水开采的主旨在于保护含水层，以满足地表生态需求。对于神东脆弱生态矿区来说，第四系地表松散潜水是地表生态保护及环境防治的关键因素，是实施神东矿区保水开采的主要保护对象，也是神东矿区实现可持续发展的重要支撑。

保水开采的关键在于保护隔水层，以维持其采动后的隔水连续性，达到保护上覆含水层的目的。隔水层中采动导水裂隙的形成，是上覆水资源流失的直接原因。神东矿区厚松散层下普遍赋存的风化岩层，黏土矿物含量高，遇水后可迅速膨胀泥化，消化采动裂隙能力强，对保水开采起到重要作用。

保水开采的核心在于控制采动损害，通过调节可控因素，最大限度地降低井下采动引起水资源流失的可能性。在神东矿区浅埋煤层的典型赋存特点影响下，覆岩与关键层同步移动，因此，控制采动损害可以从控制关键层的移动方式入手。

4.5.1 浅埋煤层保水开采机理

基于神东矿区浅埋煤层的覆岩移动和裂隙发育规律、隔水层赋存特征及其采动保水特性，保水开采机理可以归结为以下三个内容：

（1）隔水层采动裂隙的快速愈合

前面的研究结果表明，在一定的条件下，采动裂隙可以自行愈合，恢复其隔水性,从而保护上覆含水层。

① 采动裂隙结构性闭合

在采动过程中,随工作面的推进,覆岩采动裂隙在结构上可能逐步闭合。如图 4-18 所示,当工作面推进至 B 的破断线之下时,随破断岩块 B 的回转,与未断岩块 A 之间形成拉伸裂隙;之后随工作面向前推进,岩块 A 形成破断线,并开始回转,岩块 B 则发生反方向回转,岩块 A 与岩块 B 之间的裂隙逐渐闭合。因此,可通过快速推进工作面等措施,使破断岩块间的裂隙快速闭合,减小上覆水资源流失的可能性或流失程度。而采空区中部上方裂缝带内岩体,由于压应力的恢复,围岩逐步压实,裂隙的闭合度也逐渐增高。

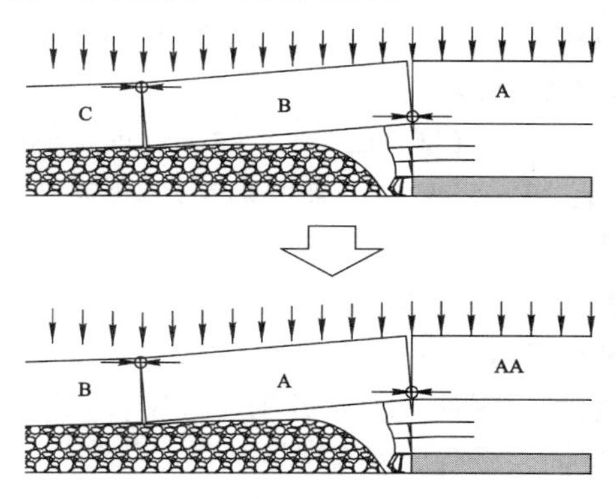

图 4-18 工作面上方裂隙结构性闭合示意

② 黏土矿物膨胀泥化作用下的裂隙愈合

由于神东矿区普遍赋存的主要隔水层富含高岭石、蒙脱石等黏土矿物,遇水后在膨胀泥化的作用下,裂隙可以短期内愈合。只要在适合的条件下,如隔水层位于上位裂缝带或之上时,隔水层的阻水能力可快速恢复,以保护上覆含水层。特别对于端部裂隙发育区,由于裂隙在自然状态下难以闭合,因此,黏土矿物的裂隙愈合作用在此更显重要。

③ 渗流携带物质充填导水裂隙

当隔水层中采动导水裂隙开度较小或渗透性较弱情况下,在渗流作用下,可能携带上覆泥沙等细粒物质及时填堵导水裂隙,阻断水资源流失通道,在一定程度上保护上覆含水层。

(2) 减小隔水层的采动损伤程度

隔水层破坏的主要原因为采动损伤,因此通过调整开采参数等方法来减小隔水层的采动损伤程度,则可有效地削弱隔水层的采动破坏,使隔水层在采动之后依然具有保护上覆含水层的能力。

① 使隔水层位于上位裂缝带或之上

以上的研究表明，当隔水层位于上位裂缝带或之上时，隔水层中的采动裂隙可较好得愈合，采动保水性能好。而隔水层位于中位裂缝带或下位裂缝带之内时，则难以保证其采动隔水能力。

由于裂缝带高度主要与采高有关，因此，控制隔水层与裂缝带的层位关系的主要手段包括调整采高、实施充填开采或部分开采等。

② 减小隔水层台阶下沉量或裂隙发育程度

隔水层发生台阶下沉后，即使采动裂隙可以及时愈合，如果台阶下沉量过大，有效隔水厚度减小，则可能发生采动渗漏，水资源的流失同样发生。因此，必须采取适当的措施，如调整采高、充填开采或部分开采等，减小台阶下沉量，保证隔水层采动后的隔水连续性。

对于隔水层采动连续下沉型，保水开采的关键即控制导水通道的形成，尽量减少隔水层的采动裂隙切割程度。可采取的手段包括调整采高、充填开采或部分开采；加大工作面尺寸；加快工作面推进速度等。

(3) 增加隔水层的采动保水能力

隔水层的采动保水能力是决定保水开采成败的关键。隔水层的采动保水能力越强，保水开采越容易。因此在保水开采实施中，应尽量减小隔水层采动裂隙的渗透性，加强隔水层的采动保水性能。

在开采方法不当或支护不到位等情况下，很容易造成关键层的失稳或隔水层采动裂隙的难以愈合，此时可采用局部注浆加固等方法封闭裂缝、改良岩性，关键层或隔水层性状的改良无疑会有效地增强隔水层的采动保水能力，从而实现保水开采。

4.5.2 浅埋煤层保水开采技术

依据保水开采的机理，可行的保水开采技术应满足：隔水层采动裂隙的快速愈合、减少隔水层的采动损伤程度及增加隔水层的采动保水能力。据此提出的浅埋煤层保水开采主要技术[127,131,139]可分为基础条件和支撑技术两大层次。

(1) 基础条件

① 合理确定开采方法及开采工艺

不同的开采方法及不同的开采工艺的矿压显现规律有明显不同，对上覆岩层的采动损害程度也有所不同。因此在确定保水开采的目标之后，必须确定合理的开采方法及开采工艺，以更利于实现保水开采，且能较大程度地降低相关成本。

国内学者通过实测进行了大量的针对不同开采方法及开采工艺条件下导水

裂缝带发育高度规律的研究。研究表明，厚煤层分层开采条件下的导水裂缝带高度与整层开采相比显著降低，而分层重复采动时增大分层开采厚度引起导水裂缝带增大的幅度远远小于整层一次开采情况[185]。第一分层开采时，已垮落的顶板岩层经历一次压实过程。而开采第二分层时，已垮落顶板再次冒落，碎胀系数变小，因而形成的垮落带高度比回采第一分层可能要高一些。即第一分层开采时形成的裂缝带岩层，可能部分转化为垮落带。随着垮落带高度的增加，上部未破碎岩层能较快地得以支撑，缓和了裂隙的发展。且增大初次开采厚度会导致裂缝带发育高度的明显增加，而增大重复开采厚度则导水裂缝带高度上升较慢；而对于整层开采，一次开采空间大，覆岩一次性下沉量较大，因而覆岩承受的弯曲、拉伸变形较大，因而其采动裂隙发育较高，裂缝带高度相对较大[131,185]。因此，在局部保水开采要求严格区域，厚煤层开采可采用减小初次开采厚度、增加重复开采厚度的方法来控制导水裂缝带高度，不仅可以降低采煤生产成本，提高采煤工效，且有利于保水开采技术的实施。

② 高可靠性设备配套[6]

采用高可靠性的配套设备是实现保水开采的最基本保障。神东公司采用引进大功率双滚筒电牵引采煤机完成工作面的落煤和装煤，并具有大块煤破碎功能，采煤机截割能力强，牵引速度快，整机强度高。采用引进大功率中双链可弯曲刮板输送机完成工作面的运煤，溜槽宽度一般 1 000 mm，运输能力最大已达 3 500 t/h，链条强度高，抗大块煤冲击能力强。采用引进大采高两柱掩护式液压支架完成工作面的支护、采空区处理，支架最大支撑高度为 4.5～5.5 m，支护宽度为 1.75 m，移架步距为 0.865 m，配套 PM4 电液控制系统，支护能力强，移架速度快，稳定性好。

高可靠性的千万吨综采工作面典型设备配套方案见表 4-1。

表 4-1　高可靠性综采工作面设备配套方案

设备名称	型号或规格	主要技术参数
采煤机	SL500	生产能力：2 800～3 000 t/h；采高：2.7～5.4 m；牵引速度：0～26 m/min；截割功率：2×750 kW；截深：0.865 m；电压：3 300 V；牵引功率：2×90 kW；破碎机功率：160 kW；泵功率：35 kW；装机总功率：1 875 kW
刮板机	3×855 kW	输送能力：3 500 t/h；槽内宽：1 000 mm；链速：1.68 m/s，ϕ48 mm×152 mm 双中链；装机总功率：3×855 kW；电压：3 300 V
转载机	375 kW	输送能力：3 500 t/h；长度：25.8 m；槽宽：1 350 mm；链速：2.18 m/s，ϕ38 mm×126 mm，双中链；功率：375 kW；电压：1 140 V

续表 4-1

设备名称	型号或规格	主要技术参数
破碎机	375 kW	破碎能力:3 500 t/h;输出粒度:小于 300 mm;功率:375 kW;电压:1 140 V
液压支架	2×4 319 kN	支护高度:2.55～5.5 m;支架中心距:1.75 m;工作阻力:8 638 kN;移架速度:8 s/架;推移行程:960 mm
带式输送机	3×375 kW	运输能力:3 000 t/h;运输长度:3 000 m;带宽:1 400 mm;带速:4 m/s;提升高度:30 m;带强:1 800 kN/m;功率:3×375 kW;驱动装置:3×CST420KS
乳化液泵站	S300	额定流量:4×318 L/min;额定压力:37.5 MPa;功率:4×224 kW;电压:1 140 V
喷雾泵	S200	额定流量:3×423 L/min;额定压力:14.3 MPa;电机功率:3×112 kW;电压:1 140 V
移动变电站	3 150 kV·A	额定容量:3 150 kV·A,10 kV/3.3 kV;频率:50 Hz

③ 工作面有效支护

通过第 3 章的分析可知,浅埋煤层条件下覆岩移动特征取决于关键层的破断特征,而工作面提供的支撑力在一定程度上决定了关键层破断结构的稳定性。尽管提高采场支护强度虽然不可能改变该区顶板全厚度切落这一基本特征[131,139],但合理的支护可以控制顶板破断运动过程,至少不发生沿煤壁全厚切落,不仅使开采安全可靠,同时也为保水开采提供了便利。

神东矿区常用五种两柱掩护式液压支架的工作阻力为 6 715～8 638 kN,可满足工作面的有效支护。

(2) 支撑技术

① 加大工作面尺寸

工作面的尺寸不仅影响了覆岩的破断步距,而且对覆岩的采动破坏有着极其明显的影响。根据文献[186]对神东矿区 20604,12205,12610,31302 和 31401 等 5 个工作面的观测,随着工作面尺寸的加大,导水裂隙的发育程度和数量都大大降低;根据神东矿区的实践证实,采用长度在 200 m 以上的大尺寸长壁工作面开采时,覆岩运动整体协调性增加,可有效地限制裂隙通道的发育[186]。

从理论上分析,工作面采动后,煤层采空区上覆岩层离层破断,岩层在运移过程中,具有垂直向下和沿工作四周向中心水平运移两个方向运动力的分量,其合力与分量可形成环工作面采空区四周和与其走向近于垂直的两组微细裂隙,以环工作面采空区四周的裂隙为主[131]。工作面的倾斜长度越大,采动覆岩受工作面四周影响的边界效应越小,岩层总体上越偏向于以整体运移为主,阻水作用越好。从这种观点来说，工作面的倾斜长度和走向推进长度越大，越有利于控制导水通道的发育。

② 加快工作面推进速度

工作面的推进速度对覆岩移动特征和裂隙发育程度有显著影响。工作面推进速度越快，覆岩下沉越平缓，其整体性越强，导水裂隙发育程度越小，越有利于保水开采。一方面，工作面的快速推进，使得煤层上覆各岩层下沉速度加快，造成相对悬空的时间减少，故向两侧传递负载的时间相对缩短，且传递负载的距离亦减小，使得移动变形相对集中；同时，覆岩由下而上传递变形的时间也相对缩短，因此，推进速度越快，上覆岩层越近整体连续变形，动态变形过程相对缩短，压实效果愈好[131]。另一方面，根据图 4-18 的分析结果，工作面的快速推进还可使破断岩块间的裂隙快速发生结构性闭合，从而在一定程度上减少了导水通道形成的可能性，有利于保水开采。

从关键层角度分析，在关键层破断前，受采动影响，工作面前方顶板岩体的整体性遭到减弱，岩体的抗拉强度降低，由于顶板的周期破断，覆岩向采空区发生倾斜，在拉应力的作用下产生张开型裂隙。加快工作面推进速度，可减少对顶板岩体的破坏，顶板难以形成一次直达含水层底部的贯通裂隙，可使工作面在覆岩破断裂隙未发育完全时推过强富水区，含水层水难以短时大量突入工作面；反之，如果推进速度慢，覆岩破断裂隙发育充分，不仅会造成上覆水资源的大量流失，甚至造成突水溃砂事故[131]。

根据神东矿区开采工程实践，当工作面开采速度大于 15 m/d 时，工作面的涌水量很小，甚至无涌水。以补连塔煤矿二盘区 32201 工作面的开采过程为例[129]，某月 3 日工作面停止生产，该月 4 日出现 20 m^3/h 左右的涌水量；该月 7 日推进 5 m，该月 8 日出现 6.7 m^3/h 的涌水量；推进度在 15～30 m/d 时，可以达到保水的效果，工作面无涌水的现象；若推进速度较小，工作面涌水随之增大。

③ 合理调整采高

无论是覆岩移动特征或裂隙发育规律，都与采高密切相关。对于神东矿区浅埋煤层条件，采高越大，越容易发生台阶下沉，下沉量也越大，采动裂隙密度也越大，裂隙也越容易导通，越不利于保水开采。因此，可在特殊地段适当地降低采高，使关键层形成稳定的结构，覆岩的破坏程度减弱，裂缝带高度减小，上部隔水层的采动隔水能力得以充分发挥，最终实现保水开采。如在开切眼至基本顶初次来压期间，即可实施逐步增加采高的方法，减小覆岩下沉量，降低隔水层的采动损害程度。

④ 局部充填采空区

当工作面推进至基岩较薄或隔水层厚度较小等特殊区域时，可通过充填采空区的方法，控制导水裂缝带的发育高度，降低含水层和隔水层的采动损害程度，避免下位裂缝带或中位裂缝带穿过含水层或隔水层，实现保水开采。

基于神东矿区的条件，可采用的充填材料大致有地面松散砂、土及煤矸石等。

⑤ 局部注浆加固

根据地质条件在适当区间进行注浆加固，可降低含沙层的流动性和含水层的渗透性，也可以改善关键层或隔水层的性状满足保水开采的需要。一般情况下，当隔水层的采动隔水能力不足以满足保水开采需要时，需对薄隔水层进行注浆改造；对两端头、开切眼及停采线等端部裂隙发育区内的导水通道需进行注浆封闭，阻隔地下水水流，避免造成水资源流失。对关键层局部区域的注浆加固可控制关键层的短时移动，以利于保水开采的实现。

4.5.3 浅埋煤层保水开采设计

基于上述分析及论述，提出了浅埋煤层保水开采设计流程，如图 4-19 所示。共分为五个模块：矿井开采技术设计模块、覆岩移动型式预测模块、保水开采设计模块、保水开采可行性反馈模块和工业性应用模块。

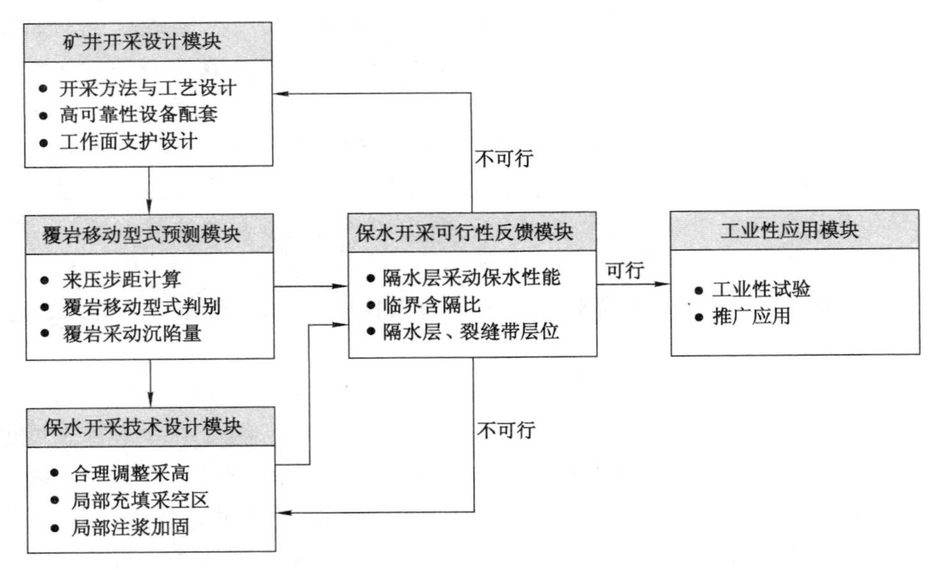

图 4-19 浅埋煤层保水开采设计流程

(1) 矿井开采设计模块。本模块要求从保水开采角度出发，合理设计矿井的开采方法及工艺，在保证矿井安全生产的基础上，最大限度地降低矿区生态环境成本。主要包括以下内容：

① 在保水开采有利区域或无须保水区域，可重点考虑矿井的安全高效生产，选用如长壁式、整层、大采高综采等开采方法和工艺。在保水开采不利区域或保水要求严格区域，则需严格控制覆岩采动损害程度，选用诸如房柱式、条带式等部分开采方法或充填式开采方法等。

② 选用高可靠性设备配套以满足大尺寸工作面快速推进要求。在保证矿井安全生产的基础上，合理增大工作面长度及推进距离，以减弱覆岩采动裂隙切割程度，一定程度上有利于保水开采的实现。

③ 工作面支护设计。工作面的有效支护是控制顶板移动的主要手段，特别是防止顶板沿煤壁切落，防止造成突水溃砂事故。工作面的支护除按常规支护设计来计算外，还必须满足不使顶板发生沿煤壁发生滑落失稳的条件。

(2) 覆岩移动型式预测模块。本模块根据矿井基础条件，基于浅埋煤层覆岩移动特点——上覆岩层与关键层同步移动，通过理论计算、模拟仿真等方式预测采动覆岩移动方式，得出采动沉陷相关参数，为保水开采技术设计提供基础支撑。

① 计算关键层破断来压步距。关键层破断步距是覆岩移动型式预判的主要参数之一，也是反映工作面来压强度的主要依据。初次来压步距计算公式见式(3-26)；周期来压步距计算公式见式(3-27)、式(3-28)和式(3-29)。

② 覆岩移动型式判别。通过分析基础条件——地质条件和开采技术条件，计算得出中间变量——破断块度、回转角和支撑力，以此为判别指标，对比四种判别模式，分析得出关键层结构稳定性和覆岩移动型式，判别流程如图 3-43 所示。

③ 确定覆岩采动沉陷量。覆岩采动沉陷量是保水开采技术设计的重要参数之一，主要通过经验公式、数值模拟及物理模拟等方法来进行预测。

(3) 保水开采技术设计模块。本模块以上述分析、计算结果为依据，确定出相应的保水开采技术。可采用的技术主要包括：

① 合理地调整采高。调整采高是改变覆岩移动规律最直接的方式。在局部区域，如开切眼至初次来压期间、分层开采初采、基岩或隔水层变薄区域等，合理地调整采高，是行之有效的手段。

② 局部充填采空区。在保水开采不利区域，如上述局部区域，对采空区进行部分或全部充填，减弱覆岩采动损害程度。

③ 局部注浆加固。对于采动裂隙难以愈合的端部裂隙发育区或隔水层采动隔水能力较差区域，可通过局部注浆，填堵采动裂隙或改善隔水层采动隔水能力，以达到保水的目的；也可对关键层局部区域进行注浆加固，改良关键层性状，

控制关键层破断特征以控制整体覆岩移动。

(4) 保水开采可行性反馈模块。本模块主要用于在覆岩移动型式预判和保水开采技术设计之后，对保水开采可行性进行及时分析，并及时反馈调整。如保水开采可行，可继续下一流程，如不可行，需进一步调整开采设计或技术设计等，直至可行。保水开采可行性分析的主要指标和根据如下：

① 隔水层采动保水性。隔水层的采动保水性是保水开采成功的关键。因此，在分析保水开采可行性之前，必须对隔水层的采动保水性即裂隙愈合能力进行研究。如通过测试黏土矿物成分、实验室试验或现场实测等手段，研究隔水层在采动后的行为，了解隔水层的采动保水性演化规律。

② 临界含隔比。隔水层的临界含隔比，是衡量隔水层发生台阶下沉后是否发生采动渗漏的主要指标，其计算公式见式(4-21)。

③ 隔水层、裂缝带层位关系。隔水层与裂缝带的层位关系可以反映出隔水层在采动后的破坏程度。隔水层位于下位裂缝带则采动裂隙难以闭合，位于上位裂缝带内或之上则采动裂隙愈合能力较强，具有较好的采动保水能力。裂缝带高度计算可参照式(3-1)。

(5) 工业性应用模块。首先基于保水开采设计，选取某一工作面作为工业性试验基地，同时反馈出各参数，并适时地调整开采参数及保水开采技术；将成熟的保水开采技术在类似工作面条件进行推广应用。

5 冲沟下浅埋煤层开采覆岩移动特征及其保水机理

由于煤层埋藏较浅，地表的起伏状况特别是基岩的冲刷对采动覆岩活动的影响尤为明显，从而导致井下矿压显现异常，甚至造成矿井安全事故，给矿井的安全高效生产带来不利影响。

根据工作面推进方向与冲沟坡体之间的关系，将冲沟下开采分为向沟开采和背沟开采。向沟开采即工作面朝向冲沟坡体开采，背沟开采即工作面背离冲沟坡体开采。不同开采方向引起的覆岩移动特征也明显不同，本章通过物理模拟分析冲沟下浅埋煤层坡体活动特征，构建坡体结构力学模型，推导出冲沟下浅埋煤层开采来压步距及坡体结构稳定性条件；基于冲沟下开采水力影响规律，分析冲沟下浅埋煤层保水开采机理及其技术。

5.1 冲沟下浅埋煤层开采覆岩移动特征及裂隙发育规律

课题组以东胜矿区纳林庙煤矿二号井后哈业乌苏沟为实验原型，采用相似材料模型对冲沟下浅埋煤层开采进行模拟[70-71,187]。根据钻孔柱状图岩层赋存状况，基岩厚度为 74.5 m，上覆黄土层厚 10 m。后哈业乌苏沟坡体角度约为 30°，垂深 73.5 m。研究区覆岩物理力学参数如表 5-1 所示。

表 5-1　覆岩物理力学参数

序号	岩性	厚度/m	密度/(kg/m³)	弹性模量/GPa	内聚力/MPa	内摩擦角/(°)	泊松比	抗压强度/MPa
1	土层	10	1810		0.033	13		
2	泥岩	3.5	2 500	15	1.5	30	0.3	13
3	细粒砂岩	8	2 600	35	2.2	33	0.2	25
4	砂质泥岩、泥岩互层	11	2 510	16	1.8	32	0.25	14

续表 5-1

序号	岩性	厚度/m	密度/(kg/m³)	弹性模量/GPa	内聚力/MPa	内摩擦角/(°)	泊松比	抗压强度/MPa
5	砂质泥岩、细粒砂岩互层	12	2 545	23	2.1	34	0.22	19
6	砂质泥岩	9	2 510	16	1.6	32	0.25	15
7	细粒砂岩	20	2 600	38	2.6	35	0.2	35
8	砂质泥岩	2.5	2 510	16	1.6	32	0.25	15
9	细粒砂岩	8	2 600	38	2.6	35	0.2	35
10	砂质泥岩	0.5	2 510	16	1.6	32	0.25	15
11	煤层	6.5	1 370	12	1.34	30	0.23	14
12	粉砂岩	4	2 580	42	2.6	36	0.22	36

(1) 模型建立

为清晰地对比不同推进方向时采动坡体破断运动规律，模型采用V形冲沟且对称布置，依次从左至右推进。模型铺设规格为5 m × 0.3 m×0.95 m。根据相似三定理，确定主要相似系数为：模型几何相似比 $\alpha_l=100$；重度相似比 $\alpha_\gamma=1.67$；时间相似比 $\alpha_t=10$；强度相似比为 $\alpha_\sigma=\alpha_l\times\alpha_\gamma=167$[70-71,187]。

相似材料以细河沙为骨料，碳酸钙和石膏为胶结材料，土层为控制其强度采用锯末为添加料。开采煤层及顶、底板岩层以单向抗压强度为主要指标。

模型中，煤层采高为6.5 cm，开挖步距为5 cm。模型回采时，考虑边界效应，在两端各留40 cm煤柱，模型回采长度为420 cm。在模型框架表面设置尺寸为5 cm × 5 cm的正方形方格网。实验原始模型如图5-1所示。

图 5-1　实验原始模型

(2) 向沟开采

工作面距离冲沟较远时，冲沟的影响较小，呈现常规浅埋煤层开采时覆岩垮落特征；工作面推进至冲沟坡体下方时，覆岩移动规律开始有所变化。当工作面推进 160 m 时[图 5-2(a)],由于工作面覆岩一侧临空,在坡体段上部出现了一条较大的拉伸裂缝,并随着开采空间的增大不断向下发展;当工作面推进 190 m 时[图 5-2(b)],拉伸裂缝与覆岩纵向裂隙贯通。在此过程中,地表不断出现偏向冲沟方向的沉陷,且不同岩性层面之间会突然出现滑移错动,坡体有向采空区一侧转动的趋势;而当工作面推进至冲沟底部附近时,覆岩垮落角增大,顶板出现整体切落现象[70-71,187]。

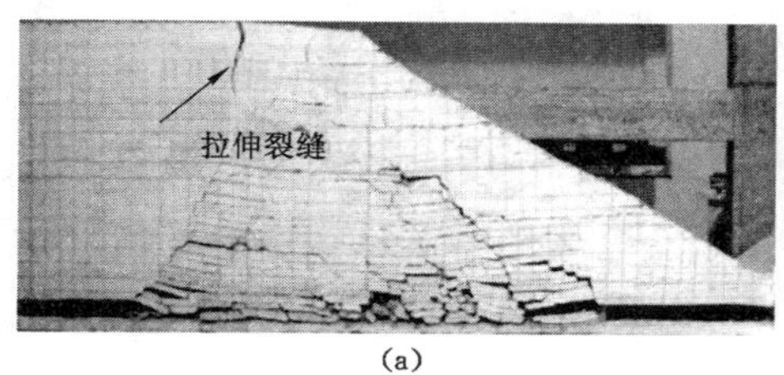

(a)

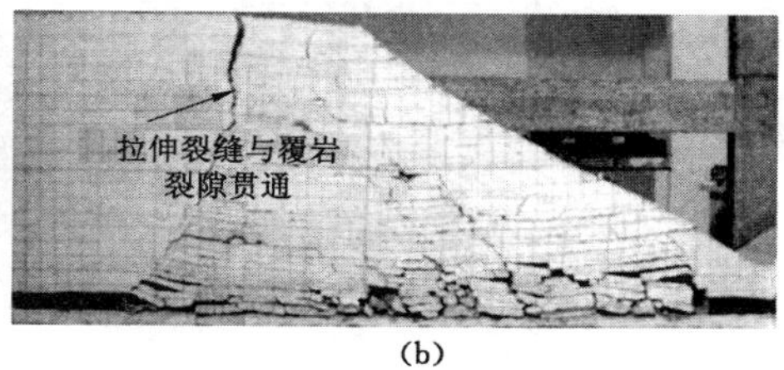

(b)

图 5-2　向沟开采

(a) 工作面推进 160 m;(b) 工作面推进 190 m

(3) 背沟开采

当工作面背沟开采时,采动坡体活动特征与向沟推进时存在明显的不同。随工作面推进,直接顶破断垮落,但基本顶并未产生明显的离层破断,而是产生与冲沟坡体相逆倾的拉伸裂缝(图 5-3),裂缝从坡体向工作面方向延伸,被裂缝与坡体切割的岩块向采空区方向倾倒,并在下伏已稳定的倾倒岩块的支撑作用下,形成“多边块”铰接结构。随着工作面的继续推进,因多边块结构传递水平力的能力相对变小,导致结构易在支点处形成滑落失稳[70-71,187]。

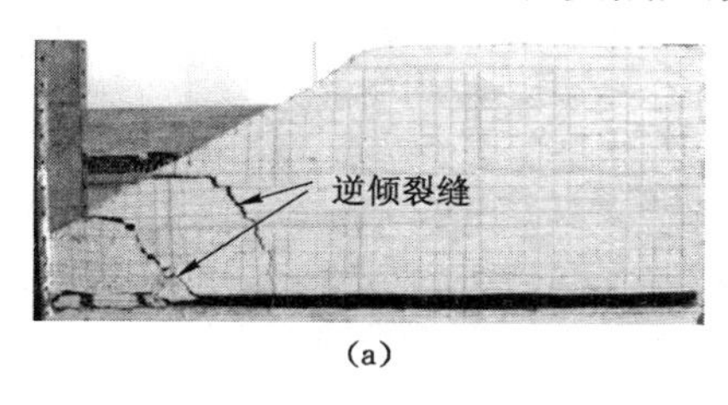

(a)

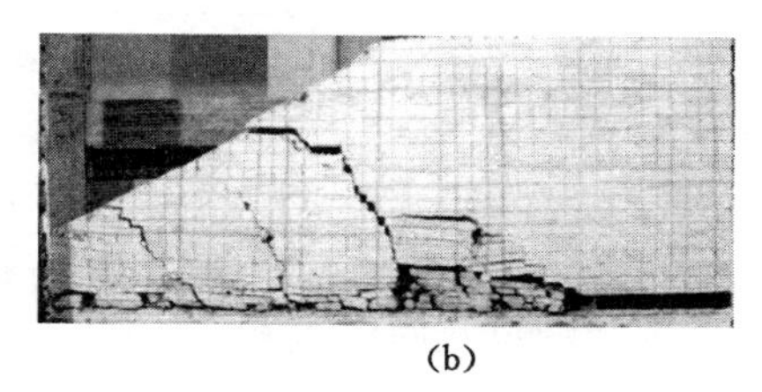
(b)

图 5-3　背沟开采

(a) 工作面推进 315 m;(b) 工作面推进 410 m

(4) 冲沟下浅埋煤层开采坡体活动特征

工作面在距离冲沟坡体较远时,不同推进方向对工作面矿压的影响并不大,覆岩移动规律与常规条件下基本相同;向沟开采距离坡体较近时坡体段由深变浅,顶板首先发生层状垮落;工作面向沟开采一定距离后,地表产生拉伸裂缝,由于冲沟侧临空面的存在，离冲沟越近，坡体一侧的运动约束就越小，当坡体段岩层所受水平应力超过层理间的抗剪强度时，坡体将产生一定的水平滑移，并整体向采空区方向偏转。工作面背沟开采时，特别是坡体段处于覆岩的裂缝带之内时，坡体段岩层产生逆倾裂缝并发生块状倾倒。在已稳定的倾倒岩块的支撑作用下，形成多边块铰接结构，该结构随工作面推进易发生滑落失稳[70-71,187]。

5.2 冲沟下浅埋煤层开采来压步距计算

为进行采场顶板来压预测预报，根据向沟开采"顺坡滑移"和背沟开采"反坡倒转"的典型坡体活动特征，建立周期来压时力学分析模型。周期来压时，可按照悬臂梁来进行分析。

5.2.1 向沟开采周期来压步距计算

向沟开采时，坡体以层状滑移和层状垮落为特征，因此，研究对象应选取单一岩层进行分析。若选取基本顶为研究对象，上覆载荷简化为梯形载荷，向沟开采周期来压悬臂梁简化模型如图 5-4 所示。

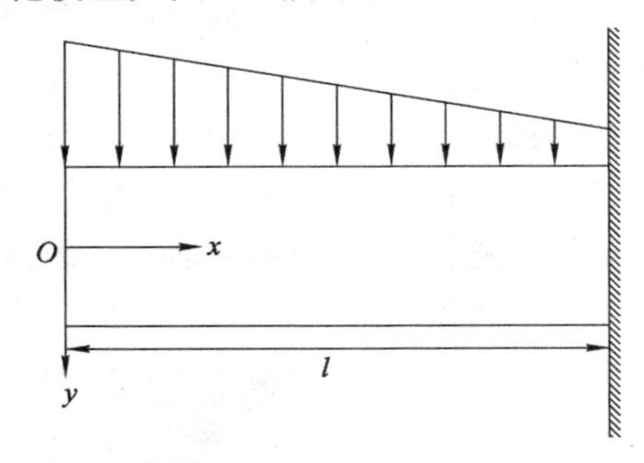

图 5-4 向沟开采周期来压悬臂梁简化模型

定义左端覆岩高度为 h_0，则基本顶岩梁所承受的载荷为：

$$G = \int_0^x \rho g (h_0 - x\tan\alpha)\mathrm{d}x \tag{5-1}$$

式中 G——梯形载荷简化后的集中载荷，N；

α——坡角，(°)；

ρ——岩石密度，$\mathrm{kg/m^3}$；

g——重力加速度，$\mathrm{m/s^2}$。

梯形载荷的形心坐标为：

$$x_0 = \frac{\int_0^x x(h_0 - x\tan\alpha)\mathrm{d}x}{\frac{(h_0 + h_0 - x\tan\alpha)x}{2}} = \frac{x(3h_0 - 2x\tan\alpha)}{3(2h_0 - x\tan\alpha)} \tag{5-2}$$

则基本顶岩梁内的弯矩为：

$$M = \frac{\rho g x^2(3h_0 - x\tan\alpha)}{6} \tag{5-3}$$

若取基本顶厚度为 10 m，冲沟坡角为 30°，则根据材料力学和式(5-3)，基本顶岩梁中正应力分布状况如图 5-5 所示。

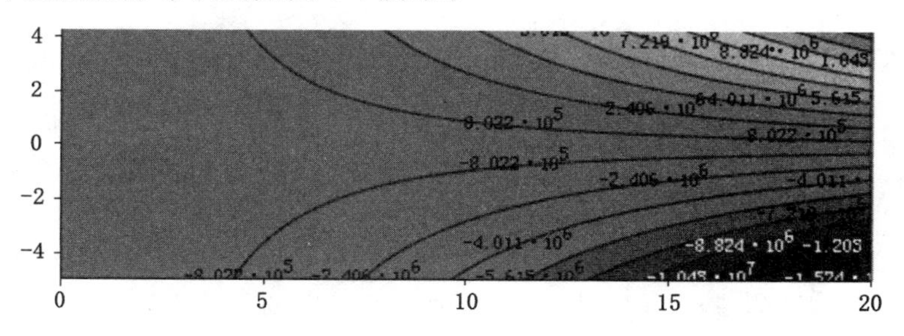

图 5-5　基本顶岩梁中正应力分布

则根据悬臂梁力学分析，在右端 $y = \pm \frac{h}{2}$ 处正应力最大，其最大值为：

$$\sigma_{\max} = \frac{6M_{\max}}{h^2} = \frac{\rho g l^2(3h_0 - l\tan\alpha)}{h^2} \tag{5-4}$$

当正应力达到抗拉强度后，岩层将在该处断裂，即令 $\sigma_{\max} = \sigma_t$，即可得出向沟开采周期来压步距。若取岩石抗拉强度 σ_t 为 6 MPa，$\rho = 2\ 500\ \mathrm{kg/m^3}$，$h = 10$ m，则向沟开采周期来压步距对应于不同覆岩厚度和不同坡角的计算结果如表 5-2(周期来压步距单位为 m)所示。覆岩厚度越大，周期来压步距越小；而冲沟坡角越大，周期来压步距也越大。

表 5-2　向沟开采周期来压步距计算结果

	覆岩厚度为 30 m	覆岩厚度为 50 m	覆岩厚度为 70 m	覆岩厚度为 90 m	覆岩厚度为 110 m
坡角为 10°	16.602	12.745	10.739	9.457	8.547
坡角为 20°	16.919	12.851	10.792	9.489	8.569
坡角为 30°	17.320	12.977	10.856	9.526	8.593
坡角为 40°	17.888	13.141	10.932	9.571	8.623
坡角为 50°	18.848	13.380	11.042	9.635	8.665

5.2.2 背沟开采周期来压步距计算

背沟开采时，覆岩随基本顶岩层以逆倾破断角垮落，多边块破断距与基本顶破断距相等，以基本顶岩层为研究对象，将上覆岩层简化为梯形分布载荷，则背沟开采基本顶岩层悬臂梁简化模型如图 5-6 所示。

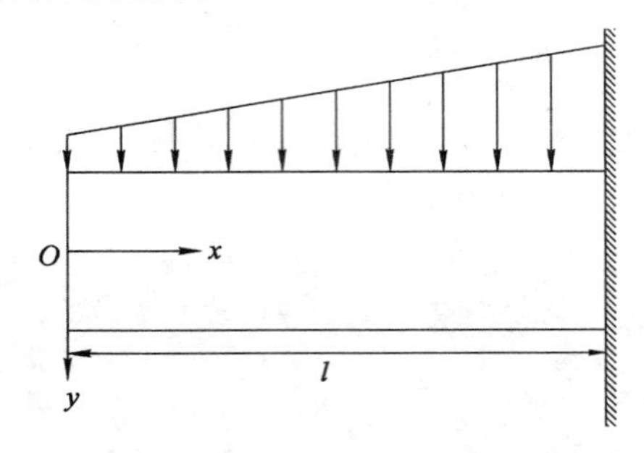

图 5-6　背沟开采周期来压悬臂梁简化模型

定义左端覆岩高度为 h_0，则基本顶岩梁所承受的载荷为：

$$G=\int_{x}^{l}\rho g\,(h_0+x\tan\alpha)\,\mathrm{d}x \tag{5-5}$$

式中　G——梯形载荷简化后的集中载荷，N；

α——坡角，(°)；

ρ——岩石密度，$\mathrm{kg/m^3}$；

g——重力加速度，$\mathrm{m/s^2}$。

梯形载荷的形心坐标为：

$$x_0=\frac{x(3h_0+2x\tan\alpha)}{3(2h_0+x\tan\alpha)} \tag{5-6}$$

则基本顶岩梁内的弯矩为：

$$M=\frac{\rho g x^2(3h_0+x\tan\alpha)}{6} \tag{5-7}$$

若取基本顶厚度为 10 m，冲沟坡角为 30°，则根据材料力学和式(5-7)，基本顶岩梁中正应力分布状况如图 5-7 所示。

则根据悬臂梁力学分析，在右端 $y=\pm\dfrac{h}{2}$ 处正应力最大，其最大值为：

$$\sigma_{\max}=\frac{6M_{\max}}{h^2}=\frac{\rho g l^2(3h_0+l\tan\alpha)}{h^2} \tag{5-8}$$

当正应力达到抗拉强度后，岩层将在该处断裂，即令 $\sigma_{\max}=\sigma_t$，即可得出背沟

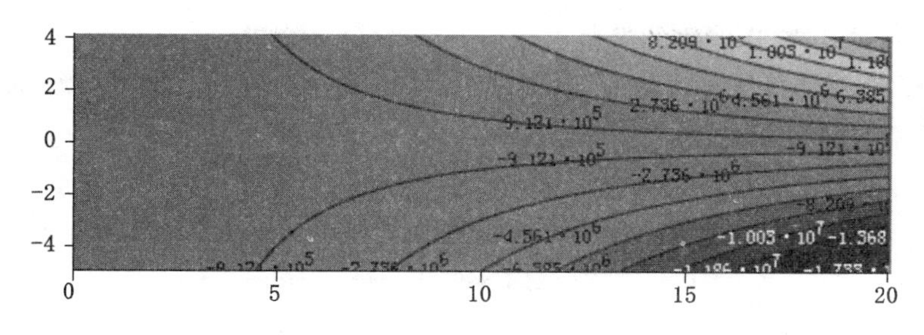

图 5-7　基本顶岩梁中正应力分布

开采周期来压步距。若取岩石抗拉强度 σ_t 为 6 MPa，ρ=2 500 kg/m^3，h=10 m，则背沟开采周期来压步距对应于不同覆岩厚度和不同坡角的计算结果如表 5-3（周期来压步距单位为 m）所示。覆岩厚度越大，周期来压步距越小；而冲沟坡角越大，周期来压步距就越小。

表 5-3　　　　背沟开采周期来压步距计算结果

	覆岩厚度为30 m	覆岩厚度为50 m	覆岩厚度为70 m	覆岩厚度为90 m	覆岩厚度为110 m
坡角为 10°	16.079	12.557	10.643	9.399	8.509
坡角为 20°	15.831	12.462	10.593	9.369	8.488
坡角为 30°	15.571	12.359	10.539	9.335	8.466
坡角为 40°	15.279	12.237	10.474	9.294	8.438
坡角为 50°	14.923	12.083	10.389	9.241	8.401

5.3　冲沟下浅埋煤层开采坡体结构稳定性力学分析

为了解冲沟下浅埋煤层坡体活动的力学机制，建立了向沟开采和背沟开采时的结构力学模型，分析坡体结构的稳定性。

5.3.1　向沟开采坡体结构稳定性

向沟开采时坡体活动的主要特征是坡体内出现全厚顺层滑移，且越靠近冲沟，越易出现整体切落。为此，选取滑移段中某一裂缝带岩层为研究对象，如图 5-8所示。图中，A 岩块为坡体滑移块；B、C 为破断岩块。A、B 岩块间的水平挤压推力可能保证 B 岩块不发生滑落失稳，同时，也可能由于水平推力大于 A 岩块与上覆岩层和下伏岩层间的层理的剪切强度，造成岩块 A 产生顺层的滑移，进而可能引起 B 岩块的滑落失稳。

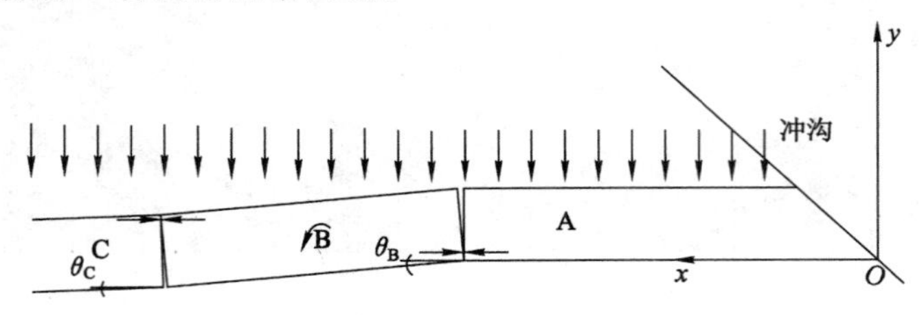

图 5-8　研究对象示意

根据图 5-8，选取 B、C 岩块构建力学模型，并进行受力分析，如图 5-9 所示。将作用在 B、C 岩块上的非均布载荷简化为图示中的力，P_B 和 P_C，其作用点距右边界长度分别为 l_B 和 l_C。图中，A 岩块的长度为 L，m；R_C 为冒落矸石对 C 岩块的支撑力，N；T 为 A、B 岩块接触铰间的水平推力，N；θ_B、θ_C 分别为 B、C 岩块的回转角，(°)；a 为 A、B 岩块端面接触高度，m。

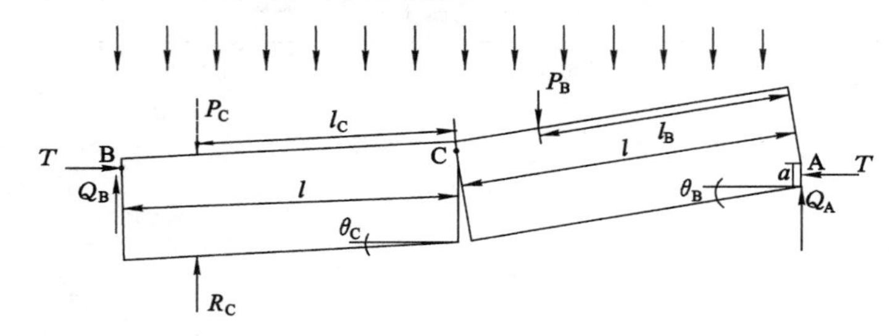

图 5-9　力学分析

根据冲沟下岩层上分布载荷的特点，可简单地认为是线性分布载荷，因此，可以得出(采用图 5-8 中的坐标体系)：

$$P_B = \int_{L}^{l+L} \rho g x \tan \alpha = \rho g l(l + 2L) \tan \alpha \tag{5-9}$$

$$P_C = \int_{l+L}^{2l+L} \rho g x \tan \alpha = \rho g l(3l + 2L) \tan \alpha \tag{5-10}$$

$$l_B = l_C = \frac{(3L + 2l)l}{3(2L + l)} \tag{5-11}$$

式中　α——冲沟坡角，(°)；

ρ——岩石密度，kg/m³；

g——重力加速度，m/s²。

根据受力分析，取 $\sum M_A = 0$，$\sum F_y = 0$，且由砌体梁理论可知，$P_C \approx R_C$，

故有：

$$Q_B[l\cos(\theta_B-\theta_C)+h\sin(\theta_B-\theta_C)+l]+T[h-a-l(\sin\theta_B+\sin\theta_C)]$$

$$=P_B\left[l_B\cos\theta_B+(h-\frac{a}{2})\sin\theta_B\right] \tag{5-12}$$

$$Q_A+Q_B=P_B \tag{5-13}$$

对于岩块 C，取 $\sum M_C=0$，可得：

$$Tl\sin\theta_C=Q_B l \tag{5-14}$$

联合式(5-9)至式(5-14)，并略去如 $\sin^2\frac{\theta_B}{8}$ 等近似为零项，取破断岩块的块度 $i=\frac{h}{l}$，可得：

$$Q_A=P_B\left(1-\frac{3L+2l}{6L+3l}\frac{2\sin\frac{\theta_B}{4}}{i+2\sin\frac{\theta_B}{4}-\sin\theta_B}\right) \tag{5-15}$$

$$Q_B=P_B\frac{3L+2l}{6L+3l}\frac{2\sin\frac{\theta_B}{4}}{i+2\sin\frac{\theta_B}{4}-\sin\theta_B} \tag{5-16}$$

$$T=P_B\frac{3L+2l}{6L+3l}\frac{2}{i+2\sin\frac{\theta_B}{4}-\sin\theta_B} \tag{5-17}$$

(1) 结构滑落失稳分析

根据结构滑落失稳的条件可知，不发生滑落失稳的条件为：

$$Q_A\leqslant T\tan\varphi \tag{5-18}$$

将式(5-15)和式(5-17)代入上式可得：

$$i\leqslant\frac{2(3L+2l)(\tan\varphi+\sin\frac{\theta_B}{4})}{6L+3l}+\sin\theta_B-2\sin\frac{\theta_B}{4} \tag{5-19}$$

为分析回转角和块度之间的关系，取参数 $L=30$ m，$l=20$ m，$\tan\varphi=0.5$，将其代入式(5-19)可得回转角与块度之间的关系如图 5-10 所示。由图可知，对于一定的块度，回转角越大，越容易发生滑落失稳；块度越大，越容易发生失稳。

(2) 结构回转失稳分析

根据结构回转失稳的条件可知，不发生回转失稳的条件为：

$$T\leqslant a\eta\sigma_c \tag{5-20}$$

式中，$\eta\sigma_c$ 为岩块在端角处的挤压强度，Pa。可取 $\eta=0.4$，将式(5-9)和式(5-17)

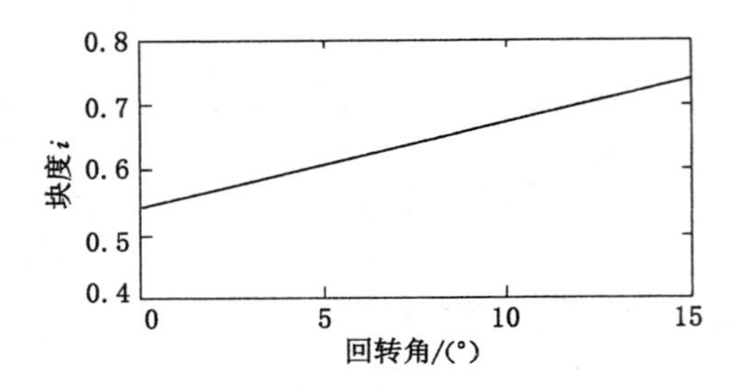

图 5-10　回转角与块度之间的关系

代入上式可得：

$$\tan \alpha \leqslant \frac{\eta\sigma_c(i-\sin\theta_B)(i+2\sin\dfrac{\theta_B}{4}-\sin\theta_B)}{4\rho g(3L+2l)} \tag{5-21}$$

即只要冲沟坡角小于一定值，结构发生回转失稳的可能性就较小。为定量分析坡体结构回转失稳的条件，取 $L=30$ m，$l=20$ m，$\eta=0.4$，$\sigma_c=40$ MPa，$\rho=2\ 500$ kg/m^3，$g=10$ m/s^2，则不同块度条件下回转角与坡角之间的关系如图 5-11所示。由图可知，块度越大，结构越不容易发生回转失稳；如果坡角一定，块度越大，结构不发生滑落失稳的最大回转角也越大。

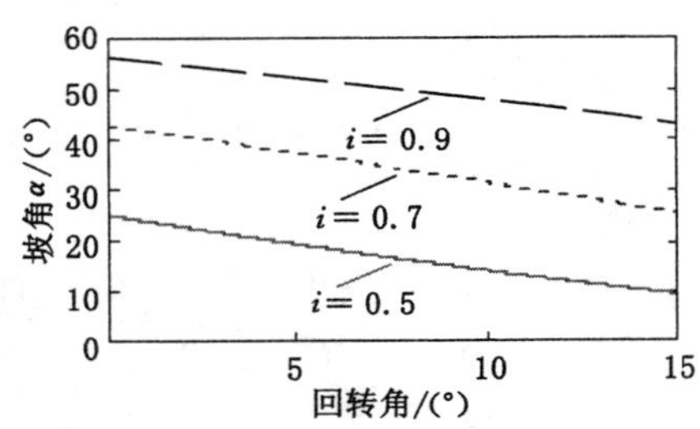

图 5-11　不同块度条件下回转角与坡角之间的关系

(3) 全厚顺层滑移分析

临近冲沟坡体发生全厚顺层滑移时，水平推力大于层理间摩擦力。根据莫尔-库仑准则，层理面剪切强度可表示为：

$$\tau = C+\sigma\tan\varphi \tag{5-22}$$

式中　σ——层理面上的正应力，Pa；

φ——内摩擦角，(°)。

对滑移块 A 作临界力学分析，如图 5-12 所示。处于临界状态时，层理面上的剪应力等于剪切强度，取微单元体 dx，则有：

$$\mathrm{d}F = \tau\mathrm{d}x = (C+\sigma\tan\varphi)\mathrm{d}x = (C+\rho g x\tan\alpha\tan\varphi)\mathrm{d}x \tag{5-23}$$

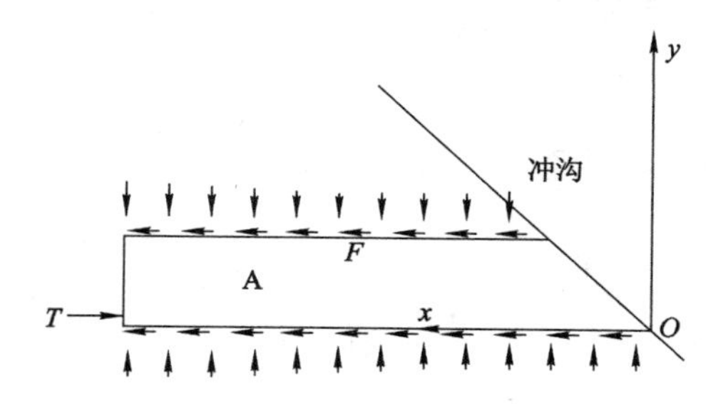

图 5-12 滑移块受力分析

因此岩块 A 在层理面上所受的剪力为：

$$F = CL + \frac{1}{2}\rho g L^2 \tan\alpha \tan\varphi \tag{5-24}$$

考虑岩块 A 的临界平衡状态，岩块 A 不发生滑移的条件为 $T \leqslant 2F$。将式(5-17)、式(5-24)代入得：

$$\tan\alpha \leqslant \frac{2CL}{\dfrac{2\rho g l(3L+2l)}{3\left(i + 2\sin\dfrac{\theta_B}{4} - \sin\theta_B\right)} - \rho g L^2 \tan\varphi} \tag{5-25}$$

式中 i——破断岩块 B 的块度。

从上式可以看出，冲沟坡体的坡角越小，越不容易发生全厚整层滑移。为定量分析坡体发生顺层滑移的条件，取 $L=10$ m，$l=20$ m，$\eta=0.4$，$C=2$ MPa，$\rho=2\ 500$ kg/m^3，$g=10$ m/s^2，$\tan\varphi=0.5$，临界坡角与 B 岩块回转角在不同块度条件下的变化规律如图 5-13 所示。由图可知，坡体的块度越大，临界坡角就越大，顺层滑移条件就越不容易满足；块体 B 的回转角越大，临界坡角越小，坡体越容易发生顺层滑移。因此，控制顺层滑移的出现，可以通过控制岩块 B 的回转角来实现。岩块 B 的最大回转角可以通过式(5-26)进行计算。根据式(5-26)，通过减小采高可以显著降低 B 岩块的最大回转角，从而控制向沟开采深层滑移的出现。

$$\sin\theta_{B\max} = \frac{\delta}{l} = \frac{M - (K_p - 1)\sum h}{l} \tag{5-26}$$

式中 δ——岩块 B 的最大下沉量，m；

K_p——岩石的碎胀系数。

处于临界滑移状态时，可以反演出滑移块 A 的长度为：

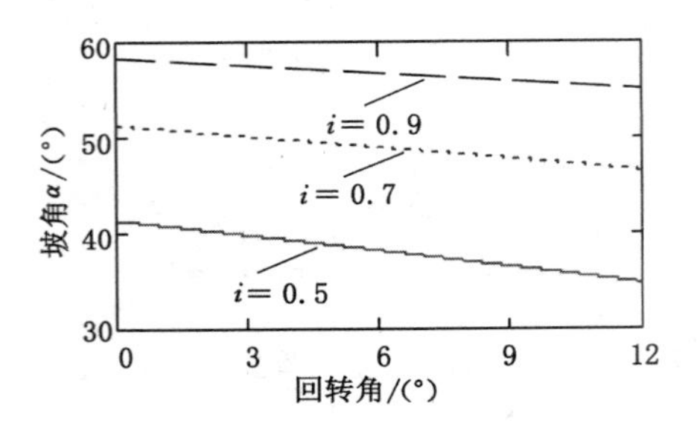

图 5-13 临界坡角与 B 岩块回转角在不同块度条件下的关系

$$L=\frac{\sqrt{3}\left[\begin{array}{l}(\rho gl\tan\alpha)^2\tan\varphi\left(4i+8\sin\dfrac{\theta_B}{4}-4\sin\theta_B+\dfrac{3}{\tan\varphi}\right)-\\ 6\rho glC\tan\alpha\left(\sin\theta-i-2\sin\dfrac{\theta_B}{4}\right)+3C^2(i-\sin\theta_B)^2+\\ 12C^2\sin\dfrac{\theta_B}{4}\left(i+\sin\dfrac{\theta_B}{4}-\sin\theta_B\right)\end{array}\right]^{\frac{1}{2}}}{3\rho g\tan\alpha\tan\varphi\left(2\sin\dfrac{\theta_B}{4}-\sin\theta+i\right)}+\frac{3\left(\rho gl\tan\alpha+C\sin\theta-2c\sin\dfrac{\theta_B}{4}-Ci\right)}{3\rho g\tan\alpha\tan\varphi\left(2\sin\dfrac{\theta_B}{4}-\sin\theta+i\right)} \tag{5-27}$$

为分析滑移块 A 的长度 L 与坡角之间的关系，取坡体岩石力学参数：$\rho=2\ 500\ \text{kg/m}^3$，$C=2.0$ MPa，$\varphi=20°$；B 岩块的块度取为 0.4，最大回转角取为 12°。在 B 岩块不同长度，或不同周期破断步距下，A 岩块的长度随坡角的变化规律如图 5-14 所示。当冲沟坡角小于 20°时，坡角和周期破断距对滑移块长度的影响不显著。坡角从 0°增加到 20°，以周期破断距为 20 m 计，引起滑移块变化的长度仅为 5 m；当坡角大于 30°时，滑移块长度随坡角的变化速度开始增加；当坡角大于 50°时，滑移块长度与坡角几乎呈线性增加，而且周期破断步距对滑移块长度的影响也更加显著。

5.3.2 背沟开采坡体结构稳定性

背沟开采时，坡体呈现多边块结构，且易发生滑落失稳。根据物理模拟结果，“多边块”铰接结构块体的受力情况如图 5-15 所示。

模型中，块体 2 完全落在冒落矸石上，已基本处于压实状态，可认为 $R_2=G_2$，且其下沉量为：

$$w=m-(K_p-1)h \tag{5-28}$$

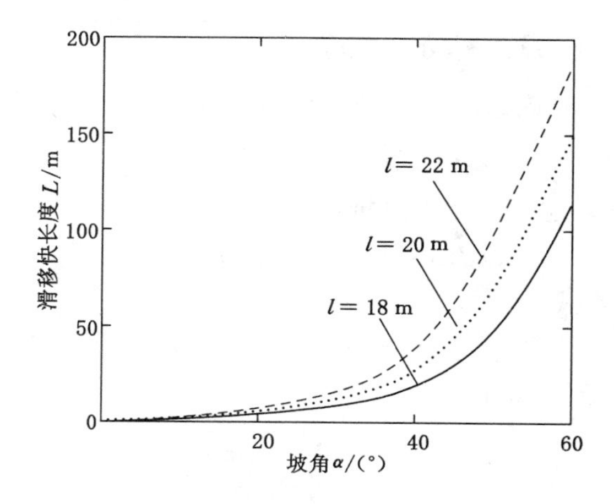

图 5-14　不同周期破断步距情况下滑移块长度与坡角间关系

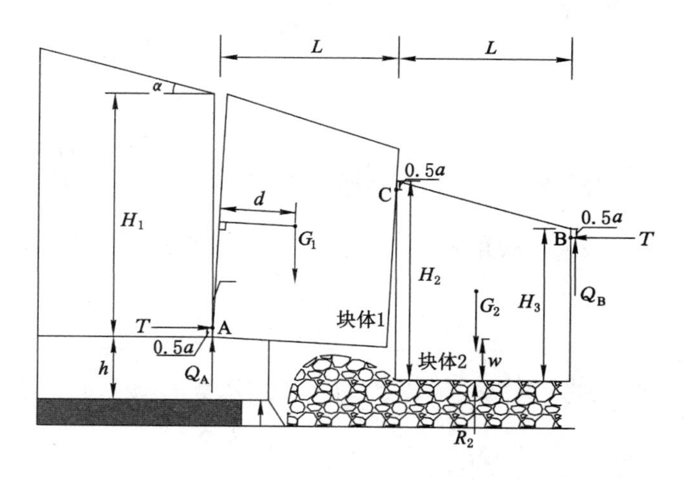

图 5-15　“多边块”铰接结构块体的受力情况

G_1,G_2——块体的重力；R_2——块体 2 的支撑反力；θ——块体 1 的回转角；
a——块体接触面高度；Q_A,Q_B——块体接触铰上的剪力；w——块体 2 的下沉量；
α——坡角；H_1,H_2,H_3——块体不同边的高度；L——块体长度

式中　h——直接顶厚度,m；

m——采高,m；

K_p——岩石碎胀系数。

鉴于岩块间是塑性铰接关系，图中水平力 T 的作用点取 $0.5a$ 处。根据岩块回转的几何接触关系，岩块端角挤压接触高度可近似为：

$$a = 1/2(H_2 - H_2 \sin \theta) \tag{5-29}$$

取 $\sum M_A = 0, \sum F_y = 0$，可得：

$$Q_B(L\cos\theta + H_2\sin\theta + L) + T(H_3 - w - a) = G_1 d \tag{5-30}$$

$$Q_A + Q_B = G_1 \tag{5-31}$$

对于岩块 2，取 $\sum M_C = 0$，可得：

$$Q_B L\cos\theta - T(H_2 - H_3) = 0 \tag{5-32}$$

另有几何关系式：

$$H_3 = H_2 - H_2\tan\alpha \tag{5-33}$$

综合以上式子，可得出：

$$\frac{T}{G_1} = \frac{\dfrac{3\dfrac{H_2}{L} + \tan\alpha}{6\dfrac{H_2}{L} + 3\tan\alpha}}{\dfrac{H_2}{L}(\dfrac{1}{2} + \tan\alpha\tan\theta) + (\dfrac{1}{\cos\theta} + \dfrac{1}{2}\sin\theta) - \dfrac{w}{L}} \tag{5-34}$$

定义多边块的块度 $i = \dfrac{\text{块体平均厚度}}{\text{块体长度}}$，在此模型中 $i = \dfrac{H_2}{L} + \dfrac{1}{2}\tan\alpha$；另外，当岩块 1 达到最大回转角时，$\sin\theta_{max} = \dfrac{w}{L}$。将此式代入式(5-34)，可得出：

$$\frac{T}{G_1} = \frac{\dfrac{1}{2} - \dfrac{\tan\alpha}{12i}}{(i - \tan\alpha)(\dfrac{1}{2} + \tan\alpha\tan\theta) + (\dfrac{1}{\cos\theta} + \dfrac{\sin\theta}{2}) - \sin\theta_{max}} \tag{5-35}$$

$$\frac{Q_A}{G_1} = 1 - \frac{\tan\alpha}{\cos\theta} \cdot \frac{T}{G_1} \tag{5-36}$$

按照浅埋煤层工作面一般条件，θ_{max} 为 8°～12°。若取 θ_{max}＝12°，则铰接点的水平推力和剪力在不同块度时随回转角的变化规律如图 5-16 所示。由图可见，水平推力 T 随回转角 θ 的增大而减小，且随块度 i 的增大而减小。剪切力随回转角 θ 的增大而增大，而随块度 i 的增大而增大，但是总体变化不大。剪切力与块体重力相差不大，即工作面上方块体的重力几乎全部由位于煤壁之上的前支撑点承担。

(1) 滑落失稳分析

对于“多边块”铰接结构，不发生滑落失稳的条件为：

$$T\tan\varphi \geqslant Q_A \tag{5-37}$$

式中　$\tan\varphi$——岩块间的摩擦系数，一般取为 0.5。

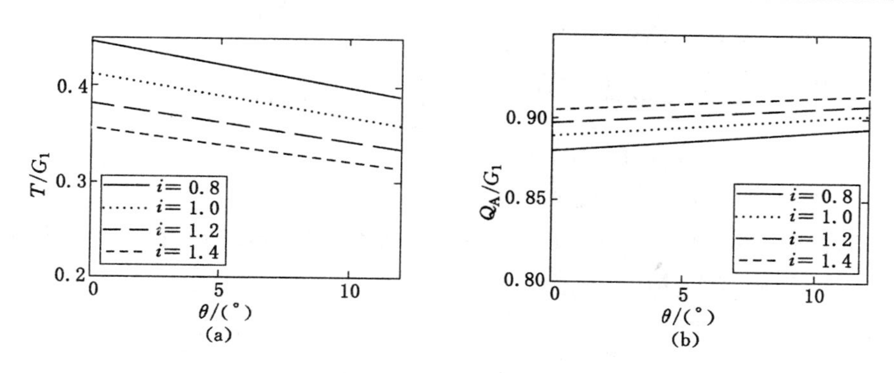

图 5-16　水平推力和剪力随回转角的变化规律

(a) 水平推力与回转角间的关系；(b) 剪力与回转角间的关系

将式(5-35)、式(5-36)代入，可得：

$$\frac{Q_A}{T}=\frac{(i-\tan\alpha)(\dfrac{1}{2}+\tan\alpha\tan\theta)+(\dfrac{1}{\cos\theta}+\dfrac{\sin\theta}{2})-\sin\theta_{\max}}{\dfrac{1}{2}-\dfrac{\tan\alpha}{12i}}-\frac{\tan\alpha}{\cos\theta}$$

$$\leqslant\tan\varphi \tag{5-38}$$

在不同冲沟坡角、不同块度情况下 Q_A/T 与回转角之间的关系，如图 5-17 所示。从图中可以看出，Q_A/T 的值，随坡角的增大而减小；随最大回转角的增大而减小；随块度的增大而增大。因此，坡角越小，最大回转角越小，块度越大，多边块发生滑落失稳的可能性也就越大。由于在图示条件下，Q_A/T 的值均大于 0.5，因此在此条件下，多边块将发生滑落失稳。

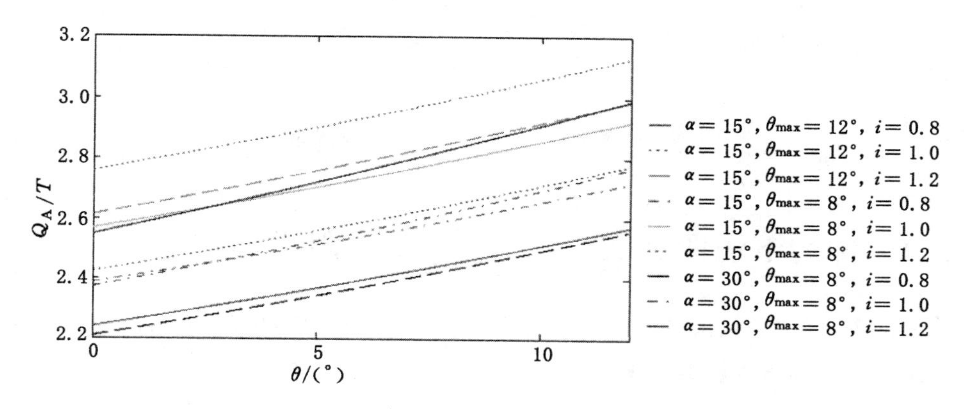

图 5-17　Q_A/T 与回转角之间的关系

(2) 回转失稳分析

不发生回转变形失稳的条件为：

$$T \leqslant a\eta\sigma_c \tag{5-39}$$

式中 $\eta\sigma_c$——岩块端角挤压强度；

T/a——接触面上的平均挤压应力。

通常取 $\eta=0.4$，$\sigma_c=40$ MPa，即保证多边块不发生回转失稳的平均挤压应力 T/a 不应超过 16 MPa。

结合式(5-35)和式(5-29)，可得出：

$$\frac{T}{a}=\frac{\gamma Li\left(\frac{1}{2}-\frac{\tan\alpha}{12i}\right)}{\left[(i-\tan\alpha)\left(\frac{1}{2}+\tan\alpha\tan\theta\right)+\left(\frac{1}{\cos\theta}+\frac{\sin\theta}{2}\right)-\sin\theta_{\max}\right]\left(\frac{1}{2}-\frac{\sin\theta}{2}-\tan\alpha\right)} \leqslant a\eta\sigma_c \tag{5-40}$$

在不同坡角和不同块度条件下，T/a 值随回转角的变化规律如图 5-18 所示。由图可知，在图示条件下，T/a 值均小于 16 MPa，不会发生回转失稳；另外，T/a 值随坡角的增大而增大，随块度的增大而增大，故坡角越大，块度越大，发生回转失稳的可能性就越大。

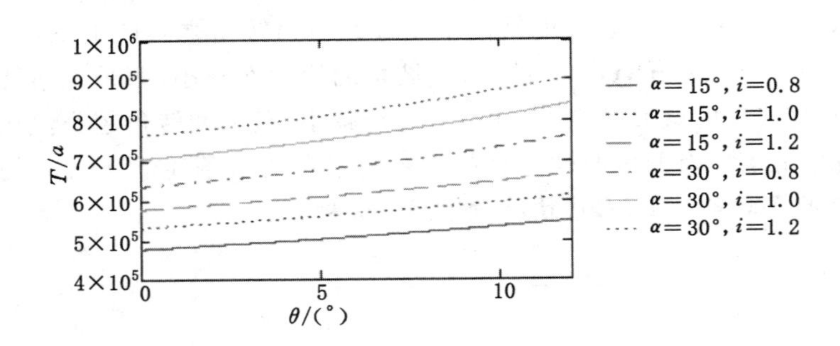

图 5-18　T/a 值随回转角的变化规律

5.4　冲沟下浅埋煤层开采工作面支护阻力确定

冲沟下开采时，由于坡体活动造成矿压显现规律呈现出新的特征，对工作面支架阻力也提出了新的要求。

5.4.1　向沟开采工作面支护阻力确定

向沟开采时，应该通过顶板控制来避免结构的滑落失稳。维持顶板结构稳定的合理支护力应满足条件：

$$T\tan\varphi + R \geqslant Q_A \tag{5-41}$$

将式(5-15)和式(5-17)代入上式得：

$$R \geqslant P_B\left[1-\frac{3L+2l}{6L+3l}\frac{2\left(\sin\dfrac{\theta_B}{4}+\tan\varphi\right)}{i+2\sin\dfrac{\theta_B}{4}-\sin\theta_B}\right] \tag{5-42}$$

为定量分析向沟开采控制顶板滑落失稳的支护力，取 $L=30$ m，$l=20$ m，$\eta=0.4$，$\tan\varphi=0.5$，则支护力与回转角在不同块度条件下的关系如图 5-19 所示。由图可知，块体的回转角越大，所需的支护力就越小；而块度越大，所需的支护力则越大。

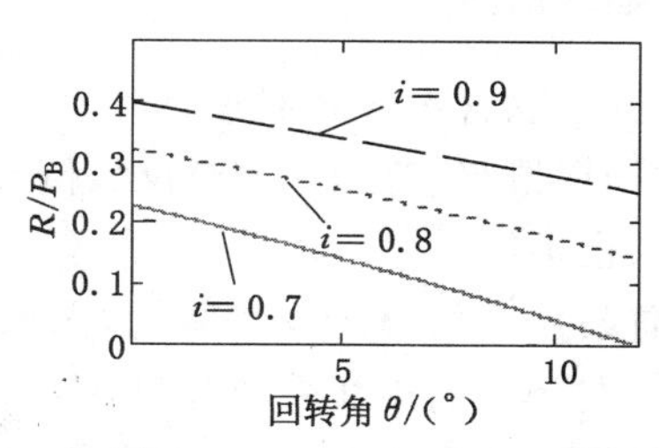

图 5-19　支护力与回转角在不同块度条件下的关系

5.4.2　背沟开采工作面支护阻力确定

背沟开采时，应以控制多边块结构的滑落失稳为目的进行支架选型，支护阻力应满足式(5-41)。将式(5-35)、式(5-36)代入可得：

$$R \geqslant \left[1-\frac{\left(\dfrac{1}{2}-\dfrac{\tan\alpha}{12i}\right)\left(\tan\varphi+\dfrac{\tan\alpha}{\cos\theta}\right)}{(i-\tan\alpha)\left(\dfrac{1}{2}+\tan\alpha\tan\theta\right)+\left(\dfrac{1}{\cos\theta}+\dfrac{\sin\theta}{2}\right)-\sin\theta_{max}}\right]G_1 \tag{5-43}$$

为定量分析背沟开采工作面支护力，取 $\tan\varphi=0.5$，$\theta_{max}=12°$，则不同块度、坡角条件下，支护力与回转角之间的关系如图 5-20 所示。由图可知，多边块的块度越大，控制结构不发生滑落失稳所需的支护力就越大；坡角越大，所需的支护力越小。

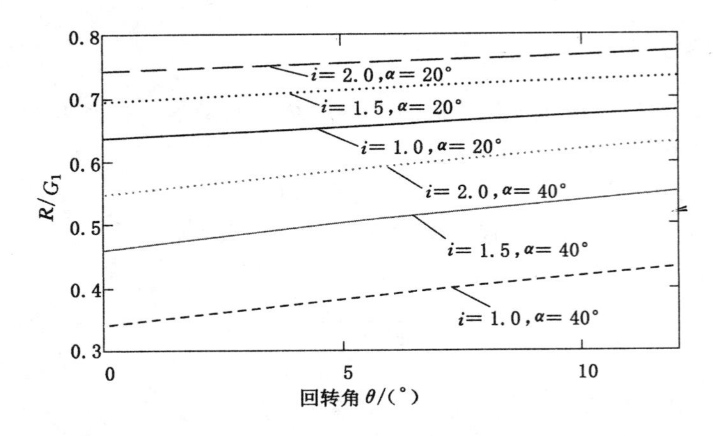

图 5-20　支护力与回转角在不同块度条件下的关系

5.4.3　推进方向对矿压显现的影响分析

根据上述分析，向沟开采和背沟开采时坡体活动特征与常规浅埋煤层开采时不同，向沟开采时坡体顺层滑移，背沟开采时反坡倒转；维持坡体结构的稳定，对工作面支护阻力的要求也不同。

为对比不同推进方向条件下的合理支护阻力，选取坡角为 20°的冲沟条件。则在此条件下，不同块度条件下的向沟开采和背沟开采所需支护力的对比关系如图 5-21 所示。根据模拟结果可以看出，向沟开采时，覆岩破断块度一般都小于 1，而背沟开采时，覆岩破断块度一般都远大于 1；无论向沟开采或背沟开采，维持坡体结构稳定所需的支护力都随块度的增加而增大，因此，块度为 1 时的背沟开采支护力为背沟开采时的较小值，块度为 0.9 时的向沟开采支护力为向沟开采时的较大值。但根据图 5-21，向沟开采的较大值仍小于背沟开采的较小值，因此，可以认为，同一坡度、同一埋深下，背沟开采时所需的支护阻力应大于向沟开采。

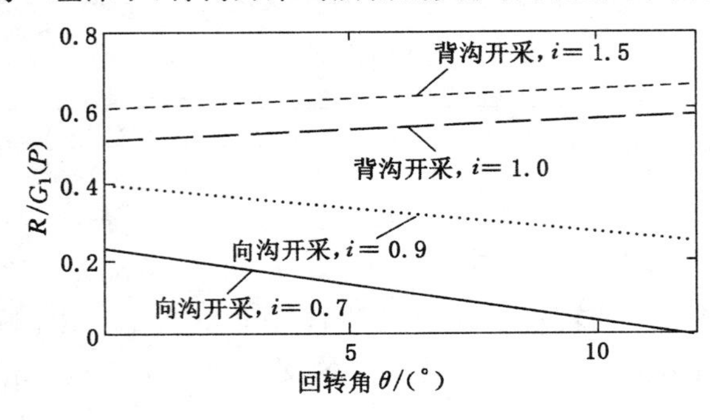

图 5-21　向沟开采与背沟开采支护力对比

5.5 向沟浅埋煤层保水开采机理

5.5.1 向沟浅埋煤层开采水力影响规律

(1) 向沟开采坡体破坏及水力裂隙发育规律

为分析向沟开采时水力影响规律，建立如图 5-22 所示的数值计算模型，利用有限差分通用软件 FLAC 来研究向沟开采时覆岩破坏及裂隙发育规律。模型中覆岩物理力学参数如表 5-4 所示。冲沟垂深 54.0 m，冲沟坡角为 30°。

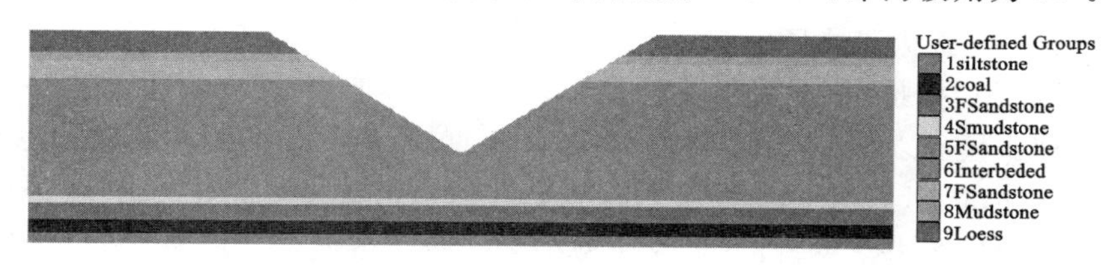

图 5-22 数值计算原始模型

表 5-4 覆岩物理力学参数

岩性	厚度/m	弹性模量/GPa	泊松比	内聚力/MPa	内摩擦角/(°)
松散层	10	1	0.35	—	—
风化泥岩	4	6.89	0.21	2.5	30
细砂岩	8	27.6	0.16	10	41
砂质泥岩、砂岩互层	32	6.89	0.21	2.5	30
细砂岩	20	27.6	0.16	10	41
砂质泥岩	3	6.89	0.21	2.5	30
细砂岩	8	27.6	0.16	10	41
煤	6	2	0.27	1.499	28
粉砂岩	4	27.6	0.16	10	41

采空区垮落带的压实特性对于覆岩移动特征有重要影响，尤其对于冲沟下浅埋煤层开采时，因此，有必要选用合适的采空区模型来研究采动坡体破坏特征。M. D. G. Salamon 对采空区冒落矸石的力学行为进行了系统研究，并建立了 Salamon 模型[188]，能较好地描述采空区冒落矸石的压实特性，并得到了其他学者的认可[189]。根据 Salamon 模型，有：

$$\sigma = \frac{E_0 \varepsilon}{1 - \dfrac{\varepsilon}{\varepsilon_m}} \tag{5-44}$$

$$\varepsilon_m = \frac{K - 1}{K} \tag{5-45}$$

$$E_0 = \frac{10.39\sigma_c^{1.042}}{K^{7.7}} \tag{5-46}$$

式中 K——碎胀系数；

ε——压应变；

E_0——初始弹性模量，Pa；

ε_m——最大可能压应变。

在 FLAC 模拟中，选用双屈服模型来模拟采空区垮落带特性。因此，需要通过双屈服模型来拟合 Salamon 模型——根据双屈服模型，对单位尺寸试件进行单轴压缩试验，当两个模型的力学行为相近时，可认为参数合适；否则，调整双屈服模型中岩石力学参数，直至两模型结果一致。依此选定的双屈服模型中的输入参数见表 5-5 和表 5-6。

表 5-5　　双屈服模型中输入参数

属性	密度/(kg/m³)	剪切模量/GPa	体积模量/GPa	内摩擦角/(°)	剪胀角/(°)
值	2 410	11.9	13.5	10	5

表 5-6　　采空区材料体应变与静水压力之间的关系

体应变	静水压力/Pa	体应变	静水压力/Pa
0	0	0.12	17 725 587.81
0.01	711 498.289	0.13	21 284 942.79
0.02	1 493 364.541	0.14	25 710 086.82
0.03	2 356 581.038	0.15	31 360 655.35
0.04	3 314 540.81	0.16	38 827 478.06
0.05	4 383 747.523	0.17	49 153 934.99
0.06	5 584 774.241	0.18	64 371 871.52
0.07	6 943 600.091	0.19	89 035 423.82
0.08	8 493 510.825	0.20	135 896 173.2
0.09	10 277 861.84	0.21	259 438 148.8
0.10	10 277 861.84	0.22	1 494 857 905
0.11	14 800 573.32		

采用 FLAC 中的双屈服模型计算出的结果与 Salamon 模型计算出的结果对比如图 5-23 所示。由图可知，采用表 5-5 和表 5-6 中的参数可以较好地拟合出 Salamon 模型。

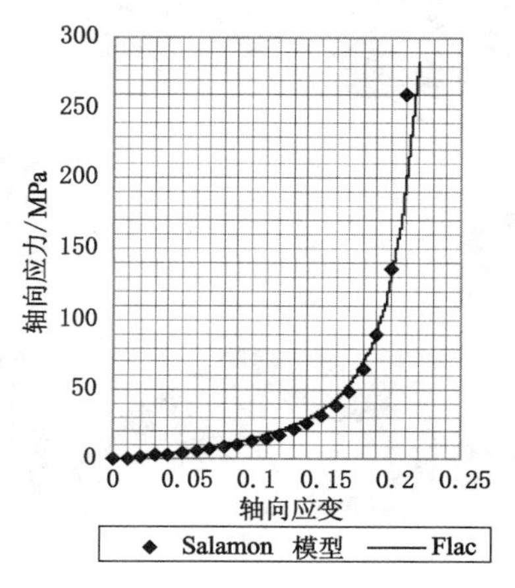

图 5-23　采空区模型应力-应变曲线

采用上述的采空区模型，设置开挖步距为 6.0 m。向沟开采阶段，覆岩破坏及裂隙发育规律如图 5-24 所示。工作面推进初期，采动裂隙自下而上发展，位于开切眼上方和工作面上方受拉伸作用，发育张开裂隙，且受冲沟影响，工作面上方裂隙发育程度相对较轻，主要因为工作面朝向沟推进时，由于冲沟的临空性，坡体出现向沟的滑移，不仅会使已有垂直拉伸裂隙开度增大，而且也增强了坡体岩层的整体性；采空区上方岩层裂隙压实性较好；当地表下行裂隙与上行裂隙相连时，坡体岩层层理破坏程度加重，坡体更易产生顺层滑移。

（2）向沟开采水力影响特征

向沟开采时，坡体出现顺层滑移，且易形成自地表至采空区的贯通裂缝，见图 5-2。受这种特殊覆岩移动及裂隙发育特征的影响，地表潜水资源可能向井下采空区渗漏或顺层流向沟，造成水资源的严重流失。

对于冲沟岸坡上的潜水资源，水流失机理主要有两种：

① 水资源下向流失入采空区。如图 5-25 所示，当地表下行裂隙穿透隔水层时，可能形成导水通道，造成含水层中的水资源下渗、水位下降；而当采动上行裂隙与下行裂隙贯通时，含水层中的水可能直接流入采空区，造成水资源的大规模流失甚至疏干含水层。

② 水资源顺层汇流入冲沟。如图 5-25 所示，向沟开采时，坡体顺坡滑移，岩层间层理结构遭到破坏，充填物失去隔水作用，可能造成水资源的顺层渗流，

并汇流入冲沟内。

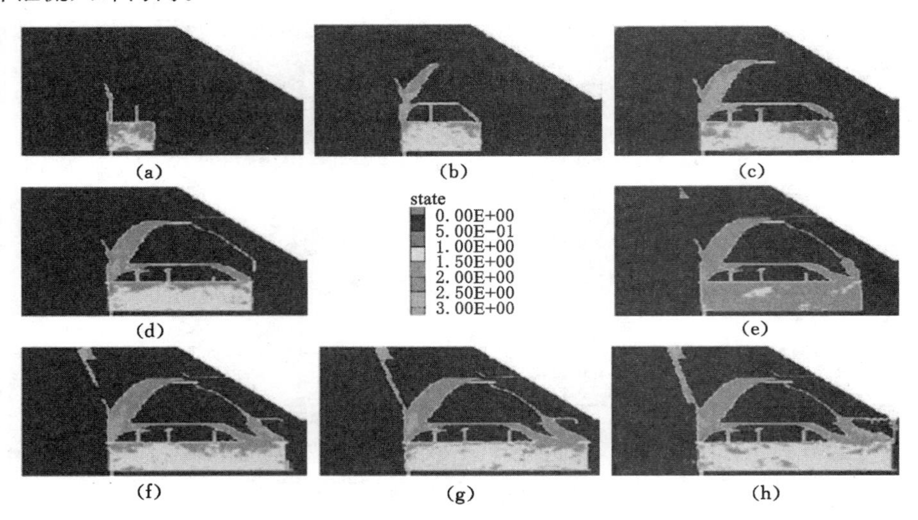

图 5-24 向沟开采覆岩破坏特征

(a) 推进 36 m;(b) 推进 60 m;(c) 推进 102 m;(d) 推进 108 m;
(e) 推进 120 m;(f) 推进 132 m;(g) 推进 138 m;(h)推进 144 m

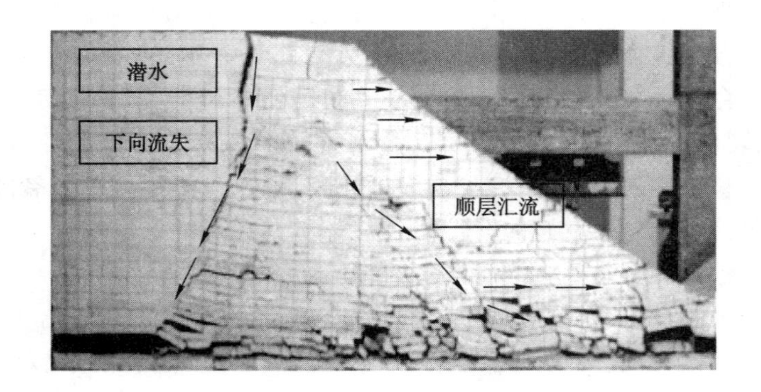

图 5-25 向沟开采时岸坡潜水流失特征示意

对于冲沟沟底的水资源,水流失的主要机理如图 5-26 所示。即使工作面距离沟底尚远,但由于顺层裂隙与采空区贯通,沟底水资源,包括坡体潜水及冲沟积水,可能沿顺层裂隙渗流入采空区,造成水资源流失。

5.5.2 向沟浅埋煤层开采保水开采机理及技术

基于上述向沟浅埋煤层开采坡体活动特征及水流失规律,可采用的保水开

图 5-26　向沟开采时沟底水流失特征示意

采技术及其机理如下：

(1) 留取适当冲沟保安煤(岩)柱

留取保安煤柱是保护冲沟下含水层最直接、最有效的方法，但是煤柱损失较大。一般适用于冲沟切割较深且倾角较大的地方，即采动敏感性较强的冲沟。煤柱宽度计算方法可由图 5-27 来确定。图中，H 为煤层埋深，m；h_0 为冲沟垂深，m；L_{xd}为向沟沟底长度，m；L_x为向沟保安煤柱长度，m；α_p为向沟开采岩层破断角，(°)；α 为冲沟坡角，(°)。

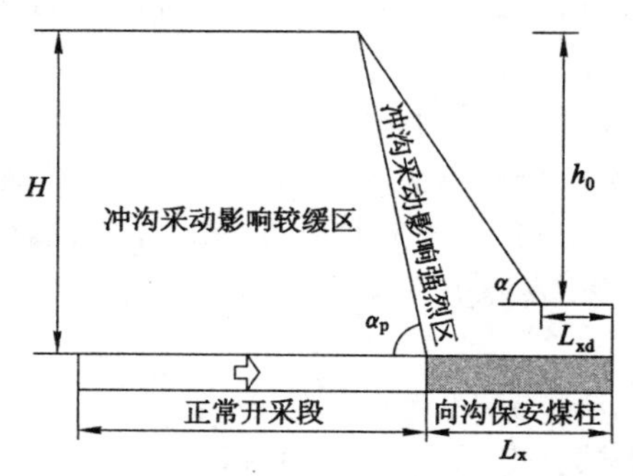

图 5-27　向沟开采保安煤柱确定

根据图 5-27 可得，向沟开采保安煤柱长度计算公式为：

$$L_x = (k\cot\alpha - \cot\alpha_p)H + L_{xd} \tag{5-47}$$

式中　k——冲沟切割系数。

(2) 合理调整采高以减轻裂隙发育程度

采高是对采动裂隙发育程度影响最敏感的因子之一，且为人工主要可控因素之一。通过合理调整采高,可以显著控制裂隙发育程度。这种方法主要适用于采动敏感缓和型的冲沟。

在向沟开采阶段,可实施逐步降低采高的方法,避免上行裂隙与下行裂隙相贯通,且保证坡体不发生顺层滑移。特别对于关键层破断时,应显著降低采高,减小关键层回转空间,缓和矿压显现,减轻覆岩裂隙发育程度,如图 5-28 所示。

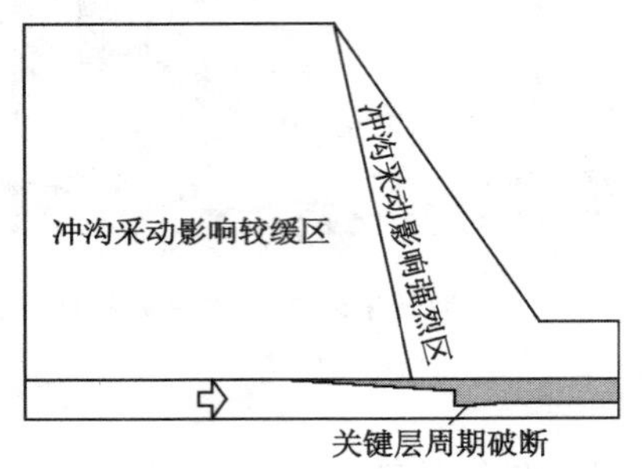

图 5-28　向沟开采合理调整采高

(3) 注浆加固以改善隔水岩层组

采动裂隙是造成水资源流失的直接原因。因此,通过注浆加固来改善隔水岩层组,堵塞导水裂隙,是冲沟下开采时保证水资源不流失的主要手段之一,可与合理降低采高配合使用。主要适用在局部裂隙较发育区、基岩较薄或隔水层较薄区域。

(4) 调整开采方法为部分开采或充填开采以控制覆岩移动及裂隙发育

当长壁开采全部垮落法难以实现保水开采时,应尝试调整开采方法,如采用房柱式、条带式等部分开采方法或充填开采等。通过调整开采方法也可显著地改善覆岩裂隙发育状况,减轻上覆采动损害,有效地保护隔水层,避免水资源流失。

5.6　背沟浅埋煤层保水开采机理

5.6.1　背沟浅埋煤层开采水力影响规律

(1) 背沟开采坡体破坏及水力裂隙发育规律

为分析背沟开采坡体破坏特征及水力裂隙发育规律,采用图 5-22 的模型进行模拟研究。模拟结果如图 5-29 所示。随工作面推进,坡体出现逆倾的拉伸裂隙,开采初期,逆倾角(逆倾裂隙与开采水平间的夹角)较小,如图5-29(a)

所示，工作面推进 36 m 时，逆倾角约为 20°；而工作面推进 60 m 时，逆倾角达到 90°；相邻逆倾裂缝切割的块体呈多边形，坡体中的逆倾裂缝构成了背沟下开采时水流失的主要导水通道；当工作面大致推过冲沟时，地表开始出现超前拉伸裂缝，并随工作面的推进，逐步向下发展，甚至与覆岩采动上行裂隙相贯通。

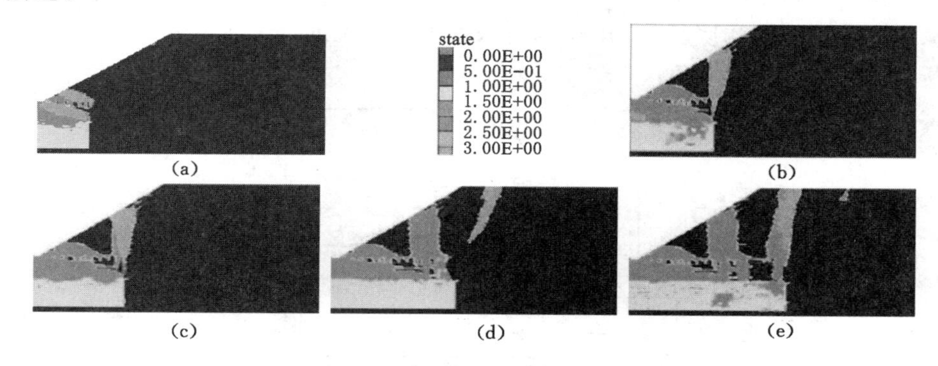

图 5-29　背沟开采覆岩破坏特征

(a) 推进 36 m；(b) 推进 60 m；(c) 推进 66 m；
(d) 推进 80 m；(e) 推进 104 m

(2) 背沟开采水力影响特征

背沟开采时，坡体出现逆倾裂缝。当逆倾裂缝贯穿隔水层时，由于裂隙十分发育且难以自行愈合，而形成的多边块结构又容易发生滑落失稳，极易导致含水层中的水资源直接流失入采空区，造成水资源的大量流失，甚至造成突水溃砂事故，如图 5-30 所示。

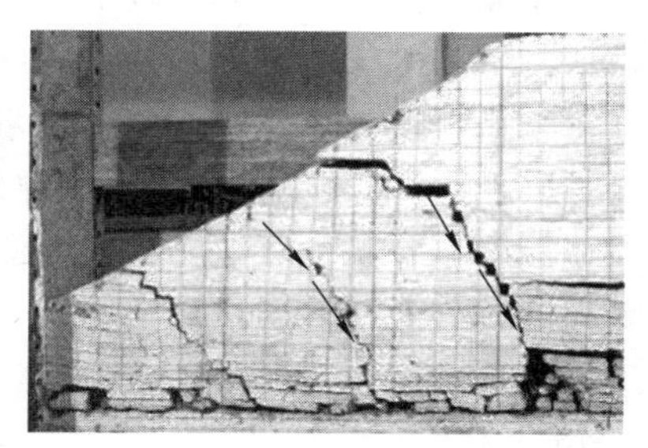

图 5-30　背沟开采时水流失特征

5.6.2　背沟浅埋煤层开采保水开采机理及技术

基于上述背沟浅埋煤层开采坡体活动特征及水流失规律，可采用的保水开采技术及其机理如下：

(1) 留取适当冲沟保安煤(岩)柱

留取保安煤柱是保护冲沟下含水层最直接、最有效的方法，但是煤柱损伤较大。一般适用于冲沟切割较深且倾角较大的地方，即采动敏感性较强的冲沟。煤柱宽度计算方法可由图 5-31 来确定。图中，H 为煤层埋深，m；h_0 为冲沟垂深，m；L_{bd} 为背沟沟底长度，m；L_b 为背沟保安煤柱长度，m；α_p 为背沟开采岩层破断角，(°)；α 为冲沟坡角，(°)。

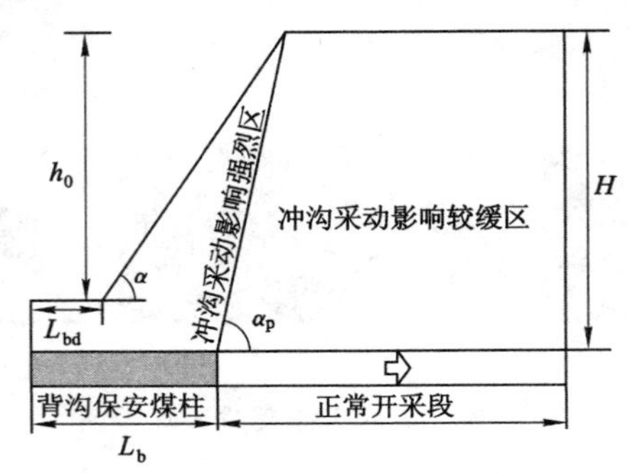

图 5-31 背沟开采保安煤柱确定

根据图 5-27 可得，背沟保安煤柱长度计算公式为：

$$L_b = (k\cot\alpha - \cot\alpha_p)H + L_{bd} \tag{5-48}$$

式中 k——冲沟切割系数。

(2) 合理调整采高以避免贯通逆倾裂缝

通过合理调整采高，可以显著控制覆岩垮落特征及裂隙发育程度。这种方法主要适用于采动缓和型的冲沟。

在背沟开采阶段，应将采高降低到一定的程度，使坡体呈现层状垮落的特征，不允许贯通逆倾裂缝的出现，且应避免采动导水裂隙发育至隔水层或上覆水体。特别对于关键层破断时，应显著降低采高，减小关键层回转空间，缓和矿压显现，减轻覆岩裂隙发育程度，如图 5-32 所示。当推过冲沟采动影响强烈区之后，可逐步增加至正常采高。

(3) 注浆加固以改善隔水岩层组

通过注浆加固来改善隔水岩层组，堵塞导水裂隙，是背沟开采时保证水资源不流失的主要手段之一，可与合理降低采高配合使用。主要适用在局部裂隙较发育区、基岩较薄或隔水层较薄区域。

(4) 调整开采方法为部分开采或充填开采以控制覆岩移动及裂隙发育

当长壁开采全部垮落法难以实现保水开采时，应尝试调整开采方法，如采

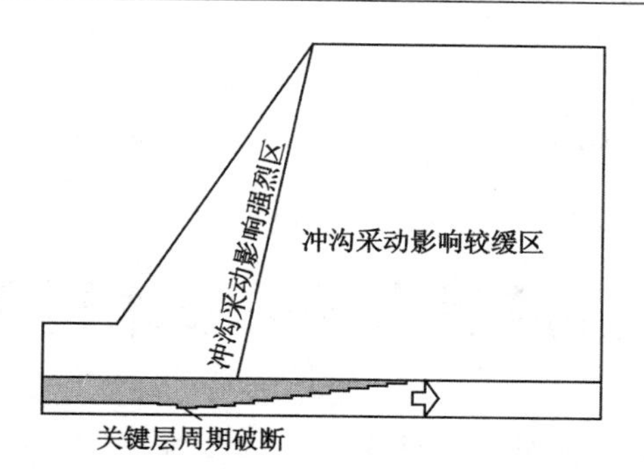

图 5-32　背沟开采合理调整采高

用房柱式、条带式等部分开采方法或充填开采等。通过调整开采方法，避免多边块及导通逆倾裂缝的出现，缓和矿压显现，有效地保护隔水层，避免水资源流失。

6 浅埋煤层保水开采技术适用性分类

不同的条件应采取不同的对策来实现水资源保护，因此有必要对保水开采技术适用性进行分类。而影响保水开采的因素很多，且关系复杂，须提出合理的分类指标对保水开采进行分类。基于上述常规浅埋煤层保水开采机理及冲沟下浅埋煤层保水开采机理，提出相应的分类指标，对保水开采进行分类，并提出相应类别之下适用的保水开采技术对策。

6.1 浅埋煤层保水开采影响因素

6.1.1 常规浅埋煤层保水开采影响因素

影响保水开采的主要基础因素有三大类：水文地质条件（包括含水层及隔水层的赋存条件及其性质等）、岩层赋存情况（包括关键层、直接顶、载荷层的赋存结构及其物理力学特征等）、开采技术条件（包括开采高度、工作面尺寸、支架选型和开采速度等）。

（1）水文地质因素

① 含水层。主要包括含水层的水头、渗透性和补给条件等。

对于隔水层采动台阶下沉型条件，含水层的水头越高，隔水层不发生采动渗漏的所需有效隔水厚度就越大，允许的台阶下沉量就越小，实施保水开采的难度就越大；对于隔水层采动连续下沉型条件，含水层水头越高，要求隔水层的采动保水性越好。含水层的渗透性越好，特别是水平渗透性越好，对水资源渗漏区或采动水位下降区的含水层内补给能力越强，水位下降就越少，对地表生态的负面影响就越小。特别当补给速度大于渗漏速度时，水位将逐步回升，有利于保水开采的实施。另外，含水层的渗透性越好，富水性越强，水资源的漏失量就越大；外部补给能力越强，水位下降也就越慢，越有利于保水开采。

② 隔水层。主要包括隔水层的渗透性、厚度、强度和裂隙愈合能力等。

对于隔水层采动台阶下沉型的条件，隔水层的渗透性越差，发生采动渗漏所需的有效隔水厚度就越小，允许的台阶下沉量就越大，发生采动渗漏的可能性就越小，有利于实现保水开采；隔水层的厚度越大，发生采动渗漏的可能性就越小，越有利于保水开采；隔水层的强度越大，发生采动渗漏的临界含隔比就越大，发生采动渗漏的可能性就越小，越有利于保水开采；隔水层的裂隙愈合能力越强，隔水层的隔水性恢复就越快，水资源渗漏量越小，越易实现保水开采。而对于隔水层采动连续下沉型的条件，隔水层的厚度越大，裂隙愈合能力越强，越容易实现保水开采。

(2) 岩层赋存因素

① 基岩厚度。一般来说，基岩厚度越大，隔水层发生台阶下沉的条件越难以满足；即使出现台阶下沉，台阶下沉量也相对小，同时，隔水层的层位可能也越高，隔水层的采动保水特性就越好，也就越有利于保水开采。

② 关键层。关键层厚度越大，强度越高，对上覆岩层的控制能力就越强；采动后关键层的结构越稳定，越有利于保水开采的实现。

③ 直接顶。直接顶厚度越大，碎胀系数越大，冒落充填效果越好，关键层越易形成稳定的结构，覆岩移动平缓，矿压显现也更平和，对隔水层及地表的采动损害程度就越小，越有利于保水开采的实施。

④ 岩体完整性。在岩体结构中，可能存在冗生繁杂的原生裂隙或断层等地质构造切割覆岩，采动作用使原生裂隙活化，甚至形成导水通道。因此，覆岩越完整，越有利于保水开采。

(3) 开采技术因素

开采技术因素是实施保水开采的主要可控因素。

① 开采方法设计。不同的开采方法与开采工艺对覆岩移动、裂隙发育规律有直接的影响。如对于厚及特厚煤层，采用分层开采相比采用一次采全厚的开采方法，裂缝带高度较小，采动损害程度较轻；采用条带开采、房柱式开采等部分开采方法相比采用长壁全部开采方法，采动程度较轻。

② 开采高度。对于同一地质条件，开采高度的调整可引起覆岩移动、裂隙发育的变化，开采高度越大，采动损害程度就越大，越不利于保水开采。开采高度是实现保水开采的主要可控因素之一。

③ 工作面尺寸。对于大规模的井田开采，在保证安全的基础上，工作面尺寸越大，采动裂隙对覆岩的切割程度就相对越小，地表的采动损害程度就越小，越有利于保水开采和生态保护。

④ 开采速度。开采速度越快，不仅覆岩的裂隙发育程度越小，而且裂隙闭合的也就相对越快，水资源流失量就越小，越有利于保水开采。在课题组早期针对神东矿区保水开采工业性试验[6,129,131]中，得出工作面推进速度与水位变化之间关系的如图 6-1 所示。当工作面推进速度大于 15 m/d 时，基岩层中裂隙发育

相对不够充分，贯通程度较弱，水位下降幅度小；而当工作面推进速度小于10 m/d时，基岩层中裂隙发育充分，贯通程度较强，水位下降幅度较大。因此，神东矿区浅埋条件下，工作面推进速度应稳定在15 m/d以上，以利于保水开采的实施。

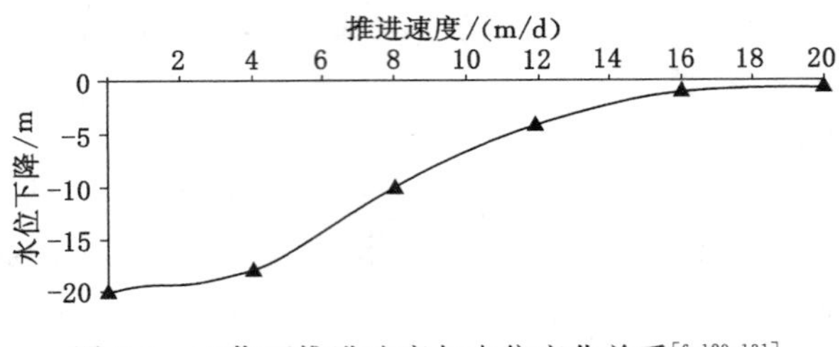

图 6-1　工作面推进速度与水位变化关系[6,129,131]

6.1.2　冲沟下浅埋煤层保水开采影响因素

对于冲沟下浅埋煤层开采，影响保水开采的因素除了上述因素之外，还有两个重要因素：冲沟切割程度及冲沟坡角。

（1）冲沟切割程度。冲沟切割覆岩的程度越深，冲沟的存在对井下采动的影响越严重，而坡体自身的采动敏感性也越强烈，坡体出现顺层滑移或反坡倒转的可能性就越大，水流失的概率就越大。

（2）冲沟坡角。与冲沟切割程度对保水开采的影响规律相同，冲沟坡角越大，坡体的采动敏感性就越强，越容易呈现冲沟下浅埋煤层开采的典型特点，水资源越易流失，保水开采也就越难实现。

6.2　常规浅埋煤层保水开采技术适用性分类

6.2.1　常规浅埋煤层保水开采技术适用性分类方法及指标

浅埋煤层保水开采涉及的范围甚广，基础条件错综复杂，且保水开采的影响因素众多，很难采用某一物理量作为单一指标对其进行分类。因此，采用多因素综合指标分类方法进行分类。尽管综合指标是单一的，但可表现出多因素综合作用的结果[139,155]。

根据对保水开采机理的分析，对于黏土质隔水层，隔水层与裂缝带的层位关系可以直观地反映出保水开采实施的难度。因此，选取隔水层与裂缝带的层位关系作为分类的综合指标。

隔水层位于上位裂缝带或之上时，隔水层采动保水性能好，保水开采较容易；隔水层位于中位裂缝带时，隔水层采动保水性能一般，需采取一定的措施方能实现保水开采；隔水层位于下位裂缝带或之下时，隔水层采动保水性能较差，需采取严格的技术措施才能实现保水开采，甚至难以实现。因此，引入隔裂位态系数 R_{af} 来表征隔水层与裂缝带之间的关系，并以此为指标来衡量保水开采的难易程度，即

$$R_{afn} = \frac{H_{aq}}{H_{fn}} \quad (n = 0,1,2,3) \tag{6-1}$$

式中，H_{aq} 为隔水层高度，m；H_{fn} 为上（中、下）位裂缝带高度，m，$n=0$ 时 H_{fn} 为裂缝带底板高度，即垮落带高度，$n=1$ 时 H_{fn} 为下位裂缝带高度，$n=2$ 时 H_{fn} 为中位裂缝带高度，$n=3$ 时 H_{fn} 为高位裂缝带高度，即裂缝带总高度。相应地，R_{af0} 表征隔水层与垮落带之间的关系，R_{af1} 表征隔水层与下位裂缝带之间的关系，R_{af2} 表征隔水层与中位裂缝带之间的关系，R_{af3} 表征隔水层与高位裂缝带之间的关系。$R_{af0}>1$，表示隔水层位于垮落带之上；$R_{af1}>1$，表示隔水层位于下位裂缝带之上；$R_{af2}>1$ 表示隔水层位于中位裂缝带之上；$R_{af3}>1$，表示隔水层位于裂缝带之上。

裂缝带高度 H_{fr} 以如下公式进行计算[139,155]：

$$H_{fr} = \frac{100MK_{d}k_{i}}{aM + b} \tag{6-2}$$

式中，M 为采高，m；K_{d} 为采动影响系数，其计算方法为：

$$k_{d} = \frac{H_{i} + M}{H_{i} \cdot K_{p}} \tag{6-3}$$

式中，H_{i} 为直接顶厚度，m；K_{p} 为直接顶的碎胀系数。

k_{i} 为岩体完整性系数，依据工作面所处位置的区域地质构造条件来确定。神东矿区地质构造较为简单，完整性系数取为 1.1；a，b 为岩体综合强度系数，用下式计算：

$$a = 10.75 - 2.4\ln(R_{c} \cdot \eta) \tag{6-4}$$

$$b = 15.5 - 2.99\ln(R_{c} \cdot \eta) \tag{6-5}$$

式中，R_{c} 为上覆岩层的综合强度，MPa；η 为浅埋岩层载荷影响系数（时间效应及地下水影响等），根据神东矿区条件，η 可取为 0.8。

垮落带的高度可通过下式计算：

$$H_{c} = \frac{M}{(K_{p} - 1)\cos\alpha} \tag{6-6}$$

式中，α 为煤层倾角。

结合式(3-3)、式(6-1)、式(6-2)和式(6-6)，得出：

$$R_{afn} = \frac{H_{aq}}{\frac{M}{3}\left[\frac{100nk_{d}k_{i}}{aM+b} + \frac{3-n}{(K_{p}-1)\cos\alpha}\right]} \quad (n=0,1,2,3) \tag{6-7}$$

对于神东矿区，k_i取值为1.1，α取值为0，K_p取值为1.25。因此式(6-7)可简化为：

$$R_{afn} = \frac{H_{aq}}{\frac{M}{3}\left(\frac{110nk_{d}}{aM+b} + 12 - 4n\right)} \quad (n=0,1,2,3) \tag{6-8}$$

6.2.2 常规浅埋煤层保水开采分区

隔裂位态系数法可直接反映出隔水层与裂缝带之间的层位关系，也就揭示了此种条件下保水开采的难易程度。根据隔裂位态系数，常规浅埋煤层保水开采区域可以分为五类：保水开采自然区、保水开采容易区、保水开采中等区、保水开采困难区和保水开采极难区，分类方法如表6-1所示。

表6-1　常规浅埋煤层保水开采分区

类　别	指　标	内　涵
保水开采自然区	$R_{af3}>1$	隔水层位于弯曲下沉带内
保水开采容易区	$R_{af3}\leqslant 1<R_{af2}$	隔水层位于上位裂缝带内
保水开采中等区	$R_{af2}\leqslant 1<R_{af1}$	隔水层位于中位裂缝带内
保水开采困难区	$R_{af1}\leqslant 1<R_{af0}$	隔水层位于下位裂缝带内
保水开采极难区	$R_{af0}\leqslant 1$	隔水层位于垮落带内

根据神东矿区现有开采条件，直接顶厚度一般为3～12 m，上覆松散含水层的直接隔水层高度一般为30～130 m，上覆岩体综合强度为40～60 MPa，煤层采厚为3～8 m。

为反映出不同采高、不同直接顶厚度及隔水层所在不同高度对保水开采分区的影响，根据式(6-8)进行三个因素变化情况下的隔裂位态系数分析。

若取隔水层高度为50 m，得出不同采高和不同直接顶厚度条件下的隔裂位态系数值如表6-2所示。依据表6-1得出的分类结果如表6-3所示。根据计算和分类结果可以看出，在隔水层高度为50 m时，如果采高在3～5 m时，保水开采难度在中等以上，可通过一定的措施甚至在自然条件下，就可以实现保水开采；如果采高超过7 m，保水开采难度相对较大，可能需要以大量的煤炭资源来换取水资源的保护。

如果取直接顶厚度为5 m，不同采高条件下隔裂位态系数变化规律如图6-2

所示。在采高 3～8 m 范围内，根据表 6-1 可分为四类：保水开采自然区、保水开采容易区、保水开采中等区和保水开采困难区。从图中可以看出，采高越大，保水开采难度就越大；减小采高，可使保水开采困难地区变为保水开采容易地区，乃至保水开采自然区。

表 6-2　　不同采高和直接顶厚度条件下隔裂位态系数

	采高为 3 m				采高为 4 m				采高为 5 m			
	R_{af0}	R_{af1}	R_{af2}	R_{af3}	R_{af0}	R_{af1}	R_{af2}	R_{af3}	R_{af0}	R_{af1}	R_{af2}	R_{af3}
直接顶厚度为 3 m	4.17	1.97	1.29	0.96	3.13	1.50	0.99	0.73	2.50	1.21	0.80	0.59
直接顶厚度为 5 m	4.17	2.29	1.58	1.20	3.13	1.77	1.24	0.95	2.50	1.46	1.03	0.79
直接顶厚度为 7 m	4.17	2.45	1.74	1.35	3.13	1.93	1.39	1.09	2.50	1.59	1.17	0.92
直接顶厚度为 8 m	4.17	2.56	1.85	1.44	3.13	2.02	1.49	1.19	2.50	1.68	1.27	1.02
直接顶厚度为 11 m	4.17	2.63	1.92	1.51	3.13	2.09	1.57	1.26	2.50	1.75	1.34	1.09
	采高为 6 m				采高为 7 m				采高为 8 m			
	R_{af0}	R_{af1}	R_{af2}	R_{af3}	R_{af0}	R_{af1}	R_{af2}	R_{af3}	R_{af0}	R_{af1}	R_{af2}	R_{af3}
直接顶厚度为 3 m	2.08	1.01	0.67	0.50	1.79	0.58	0.58	0.43	1.56	0.51	0.51	0.38
直接顶厚度为 5 m	2.08	1.24	0.88	0.68	1.79	0.77	0.77	0.60	1.56	0.69	0.69	0.54
直接顶厚度为 7 m	2.08	1.37	1.02	0.81	1.79	0.90	0.90	0.72	1.56	0.81	0.81	0.65
直接顶厚度为 8 m	2.08	1.45	1.11	0.90	1.79	0.99	0.99	0.81	1.56	0.90	0.90	0.74
直接顶厚度为 11 m	2.08	1.51	1.18	0.97	1.79	1.06	1.06	0.88	1.56	0.96	0.96	0.81

表 6-3　　不同采高和直接顶厚度条件下保水开采分区

	采高为 3 m	采高为 4 m	采高为 5 m	采高为 6 m	采高为 7 m	采高为 8 m
直接顶厚度为 3 m	容易区	中等区	中等区	中等区	困难区	困难区
直接顶厚度为 5 m	自然区	容易区	容易区	中等区	困难区	困难区
直接顶厚度为 7 m	自然区	自然区	容易区	容易区	困难区	困难区
直接顶厚度为 9 m	自然区	自然区	自然区	容易区	困难区	困难区
直接顶厚度为 11 m	自然区	自然区	自然区	容易区	容易区	困难区

如果取采高为 5 m，不同直接顶厚度条件下，隔裂位态系数变化曲线如图 6-3所示。除 R_{af0} 不随直接顶厚度变化外，R_{af1}、R_{af2}、R_{af3} 在采高一定的情况下，直接顶的厚度越大，隔裂位态系数就越大，保水开采越容易。

若以直接顶厚度为定值，取为 8 m，不同采高和不同隔水层高度条件下的

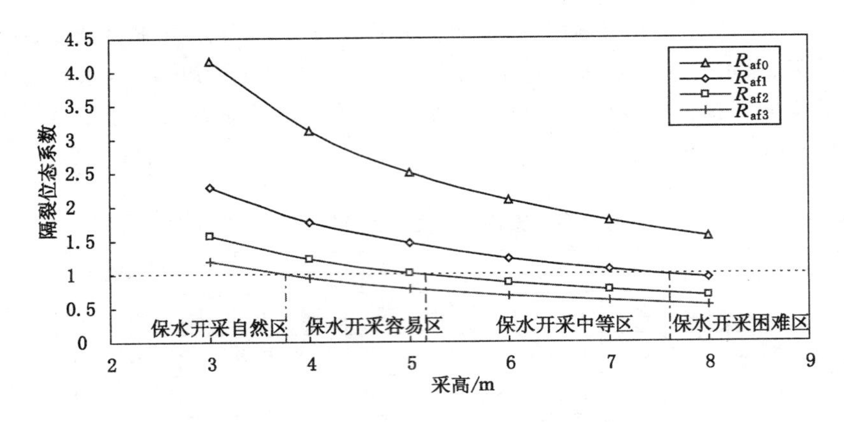

图 6-2　不同采高条件下隔裂位态系数变化

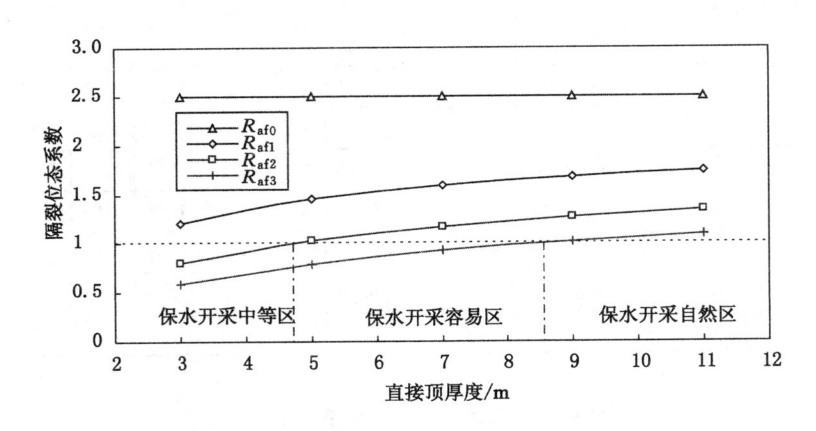

图 6-3　不同直接顶厚度条件下隔裂位态系数变化

隔裂位态系数计算结果如表 6-4 所示。依据表 6-1 得出的分类结果如表 6-5 所示。根据计算和分类结果，在基本顶厚度为 8 m 情况下，当隔水层高度在 60 m 以上时，保水开采困难程度在中等以上，可通过一定的技术措施实现保水开采；隔水层高度小于 40 m 时，保水开采难度较大，特别是当采高大于 5 m 时。

6.2.3　常规浅埋煤层保水开采技术适用性分类

对于保水开采自然区，由于隔水层位于弯曲下沉带内，隔水层在采动后仅出现整体弯曲下沉，且隔水层一般为软岩层，采动后并不丧失其隔水性，因此，只要能保证工作面的安全支护，不需采取特殊措施即可实现保水开采。

表 6-4 不同采高和隔水层高度条件下隔裂位态系数

	采高为 3 m				采高为 4 m				采高为 5 m			
	R_{af0}	R_{af1}	R_{af2}	R_{af3}	R_{af0}	R_{af1}	R_{af2}	R_{af3}	R_{af0}	R_{af1}	R_{af2}	R_{af3}
直接顶厚度为 3 m	2.50	1.51	1.08	0.84	1.88	1.19	0.87	0.69	1.50	0.99	0.73	0.59
直接顶厚度为 5 m	3.33	2.01	1.44	1.12	2.50	1.58	1.16	0.91	2.00	1.32	0.98	0.78
直接顶厚度为 7 m	4.17	2.51	1.80	1.40	3.13	1.98	1.45	1.14	2.50	1.64	1.22	0.98
直接顶厚度为 8 m	5.00	3.01	2.16	1.68	3.75	2.37	1.74	1.37	3.00	1.97	1.47	1.17
直接顶厚度为 11 m	5.83	3.52	2.52	1.96	4.38	2.77	2.03	1.60	3.50	2.30	1.71	1.37
	采高为 6 m				采高为 7 m				采高为 8 m			
	R_{af0}	R_{af1}	R_{af2}	R_{af3}	R_{af0}	R_{af1}	R_{af2}	R_{af3}	R_{af0}	R_{af1}	R_{af2}	R_{af3}
直接顶厚度为 3 m	1.25	0.85	0.64	0.51	1.07	0.74	0.57	0.46	0.94	0.66	0.51	0.42
直接顶厚度为 5 m	1.67	1.13	0.85	0.69	1.43	0.99	0.76	0.61	1.25	0.88	0.68	0.56
直接顶厚度为 7 m	2.08	1.41	1.07	0.86	1.79	1.24	0.95	0.77	1.56	1.11	0.86	0.70
直接顶厚度为 8 m	2.50	1.69	1.28	1.03	2.14	1.49	1.14	0.92	1.88	1.33	1.03	0.84
直接顶厚度为 11 m	2.92	1.98	1.49	1.20	2.50	1.73	1.33	1.08	2.19	1.55	1.20	0.98

表 6-5 不同采高和隔水层高度条件下保水开采分区

	采高为 3 m	采高为 4 m	采高为 5 m	采高为 6 m	采高为 7 m	采高为 8 m
隔水层高度为 30 m	容易区	中等区	困难区	困难区	困难区	极难区
隔水层高度为 40 m	自然区	容易区	中等区	中等区	困难区	困难区
隔水层高度为 50 m	自然区	自然区	容易区	容易区	中等区	中等区
隔水层高度为 60 m	自然区	自然区	自然区	自然区	容易区	容易区
隔水层高度为 70 m	自然区	自然区	自然区	自然区	自然区	容易区
隔水层高度为 80 m	自然区	自然区	自然区	自然区	自然区	自然区
隔水层高度为 90 m	自然区	自然区	自然区	自然区	自然区	自然区

对于保水开采容易区，由于隔水层位于上位裂缝带内，采动之后，如果隔水层的裂隙愈合性较好，即采动保水能力强，只需使采动裂隙能尽快愈合；一旦隔水层出现台阶下沉，需考虑隔水层采动渗漏，如发生采动渗漏，除加快工作面推进速度之外，还应采取一定措施，如局部注浆加固、局部降低采高或局部充填等。

对于保水开采一般区，由于隔水层位于中位裂缝带内，采动之后，隔水层内将发育大量的裂隙，隔水层的裂隙愈合性一般，甚至可能仍存在贯通裂隙。因此，对于此类条件，除加快工作面推进速度以使采动裂隙尽快闭合外，还应对局部区域进行注浆加固以堵塞采动裂隙、局部降低采高或充填开采等；如果隔水层可能出现台阶下沉，就必须采取降低采高或实施充填开采措施，甚至需改全部开采方法为部分开采或充填开采方法。

对于保水开采困难区，由于隔水层位于下位裂缝带内，采动之后，隔水层内采动裂隙一般很难完全愈合，仍保持一定的导水能力，难以有效隔水。因此，对于此类条件，就必须采取降低采高使隔水层位于上位裂缝带或之上，或将全部开采改为部分开采或充填开采法。

对于保水开采极难区，由于隔水层位于垮落带内，采动之后，隔水层将完全垮落，具有较强的导水能力，长壁保水开采很难实现。因此，应采用开采率较低的部分开采体系，以保证采动后隔水层采动裂隙能及时愈合，保持其隔水能力。

根据上述分析，常规浅埋煤层保水开采技术适用性分类体系如表 6-6 所示。对于不同的保水开采分区应采用不同的技术，设计方法如图 4-19 所示。

表 6-6　　常规浅埋煤层保水开采技术适用性分类

类别	适用的保水开采技术
保水开采自然区	合理控制顶板
保水开采容易区	加快工作面推进速度、合理控制顶板； 局部注浆加固、局部降低采高、局部充填（必要时）
保水开采中等区	加快工作面推进速度、合理控制顶板； 局部注浆加固、局部降低采高、局部充填； 部分开采或全部充填开采法（必要时）
保水开采困难区	加快工作面推进速度、合理控制顶板； 局部注浆加固、局部降低采高、局部充填； 部分开采或全部充填开采法
保水开采极难区	加快工作面推进速度、合理控制顶板； 房柱式开采、巷式开采等部分开采方法

6.3　冲沟下浅埋煤层保水开采技术适用性分类

6.3.1　分类方法及指标

在埋深一定的条件下，冲沟坡体下开采工作面矿压显现与冲沟垂深 h_0 和

坡角 α 关系密切。对于冲沟下开采，h_0 较大时，采动坡体呈现出以整体移动为主，随着 h_0 的减小，其垮落方式则逐步趋向层状垮落；坡角越大，基岩整体移动现象就越明显，裂隙发育速度增大，坡角变小时，其整体移动趋势减弱[71]。

选取冲沟切割系数 k（冲沟垂深 h_0 与煤层埋深之比）和坡角 α 为主要分类指标，对冲沟的采动敏感性进行分类。初步将冲沟采动坡体分为采动敏感型冲沟、采动不敏感型冲沟和采动缓和型冲沟[71]，分类结果如表 6-7 所示。

表 6-7　冲沟坡体采动敏感性分类[71]

类别	标准	
	k	α/(°)
采动敏感型坡体	$k>0.5$	>20
采动缓和型坡体	$0.3<k<0.5$	>15
	$k>0.5$	$10<\alpha<20$
采动不敏感型坡体	$k<0.3$	
	$k>0.5$	<10
	$0.3<k<0.5$	<15

6.3.2 冲沟下浅埋煤层保水开采技术适用性分类

采动敏感型坡体，冲沟切割覆岩严重且冲沟坡角较大。向沟开采时坡体顺层滑移现象严重，甚至造成坡体滑塌，导致水资源顺层汇流入冲沟；背沟开采时坡体反坡倒转现象严重，多边块结构易滑落失稳，导致水资源沿逆倾裂缝下向流失入采空区。因此，对于采动敏感型坡体，应以避免出现冲沟下开采典型现象为主。适用于采动敏感型的主要保水开采技术是留设冲沟下保安煤柱，适当条件下可进行巷采等。

采动缓和型坡体，冲沟切割覆岩严重而坡角不大，或冲沟切割覆岩程度不大而坡角较大。冲沟下开采时，典型特点明显——向沟顺层滑移，背沟反坡倒转。因此，对于采动缓和型坡体，可通过及时调整采高的方法，配合注浆加固的方法；或采用部分开采方法或充填开采方法，减弱采动损害。

而对于采动不敏感型坡体，则可按照常规浅埋煤层保水开采技术来实施。

因此，依据坡体的采动敏感性，冲沟下浅埋煤层保水开采技术适用性分类结果如表 6-8 所示。

表 6-8　冲沟下浅埋煤层保水开采技术适用性分类

类别	保水开采技术
采动敏感型	留设保安煤柱;巷采等
采动缓和型	加快工作面推进速度,合理控制顶板; 及时调整采高,配合局部注浆加固; 部分开采或充填开采
采动不敏感型	按常规浅埋煤层保水开采技术设计

7　地表生态环境采动适应性规律

大规模采动下，地表产生沉陷，对地表生态造成不同程度的影响，而不同的地表植被对开采沉陷的适应性也不同。了解不同植被的采动适应性，为选取合适的植物种实现主动、超前改造地表生态以适应开采扰动提供基本依据。

地表植被对开采沉陷的适应性主要取决于植被对井下采动引起的土壤质量变化、裂缝切割等负面影响的适应性。为此，对神东矿区范围内典型植被的根系进行调查，对比采空区与未采区的植被覆盖度，研究沉陷区对地表植被的影响特征，从而优选出采动适应性好的物种以构建抗采动干扰强的环境防治技术体系。

7.1　井下采动对土壤质量的影响规律

土壤中水分是植物生长发育的首要限制因子。当水分条件达到一定程度，对植物的生长发育不构成明显威胁时，土壤养分则会成为植物生长发育的首要限制因子[190-193]。

由于土壤的变异性较大，在研究井下采动对土壤质量的影响时，采用大小对照法，如图 7-1 所示。大对照即沉陷区与非沉陷区的对比；小对照为同一沉陷区内裂缝两侧，高处的区域为相对非沉陷样本，低处的区域为相对沉陷样本。

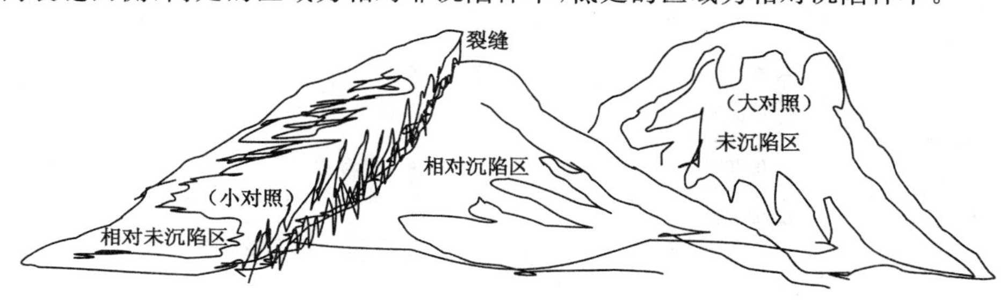

图 7-1　大小对照区示意

7.1.1 井下采动对土壤含水量的影响规律

神东矿区范围内分布的土壤类型主要有两种：黄土硬梁区和沙土。为分析井下采动对土壤含水量的影响规律，对大柳塔黄土硬梁区和补连塔风沙区采动后土壤田间持水量和饱和导水率进行了对比分析。

土壤田间持水量是指在地下水较深和排水良好的情况下，降水或灌溉水等地面水进入土壤，借助毛管力保持在上层土壤毛管孔隙中，土壤剖面所能维持的较稳定的含水量称为田间持水量。它是反映土壤持水能力的指标之一。土壤饱和导水率是反映土壤透水性的指标之一[194-197]。

对大柳塔黄土硬梁区 2002—2005 年采空区和未采区进行观测，持水量和导水率情况如图 7-2 所示。从沉陷区与对照区的比较来看，在采动干扰下，田间持水量比对照区更大；从沉陷年限上来看，沉陷区的土壤随着沉陷年限的增加，土壤田间持水量和饱和导水率都有增加的趋势，这是由于黄土硬梁区的土壤本身结构紧密，透水、透气性差，通过采动沉陷的扰动，使土壤结构趋于松散，从而增大了土壤的毛管空隙的数量，土壤持水量增加；而随着年限的增加，土壤结构趋于稳定，植被覆盖度也随之增大，土壤有机质含量增多，导致土壤持水量和饱和导水率随年限的增加而增加[190-191,194-195,198-199]。

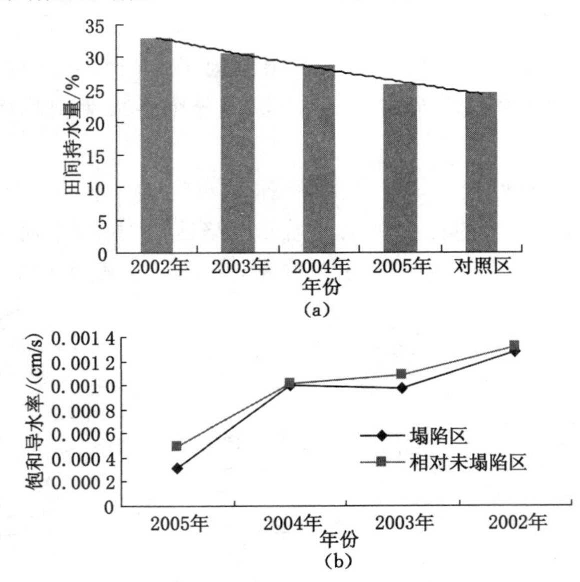

图 7-2 黄土硬梁区土壤含水量变化规律

(a) 田间持水量；(b) 饱和导水率

对补连塔风沙区的观测结果如图 7-3 所示。从沉陷区与对照区的田间持水量比较来看，采动沉陷造成土壤的田间持水量减小。这是由于风沙区的土壤本身结构松散，透水、透气性高，受开采沉陷的扰动，土壤结构更趋于松散，从而增大了土壤的通气空隙的数量，使得土壤田间持水量减少。对于饱和导水率来说，其值远远大于黄土硬梁区。从沉陷区与对照区的饱和导水率比较来看，沉陷后土壤的饱和导水率虽有增加的趋势，但两者之间的差异并不明显[196-197]。

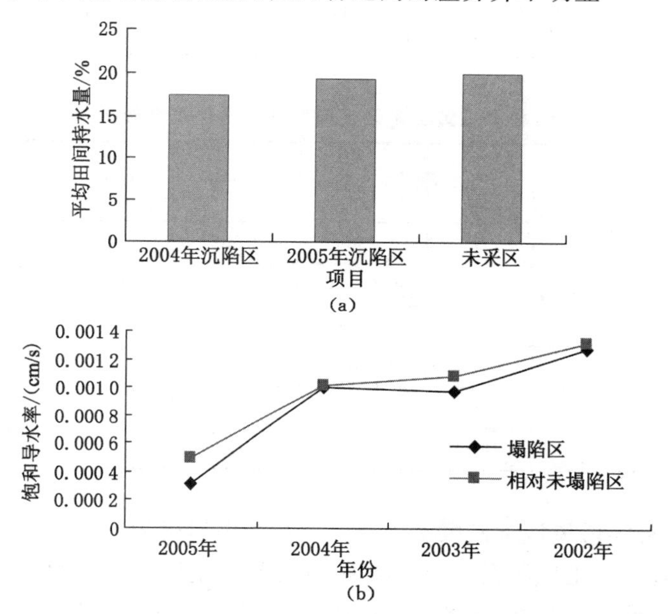

图 7-3 风沙区土壤含水量变化规律

(a) 田间持水量；(b) 饱和导水率

7.1.2 井下采动对土壤养分的影响规律

为分析开采沉陷扰动下土壤养分的变化规律，针对榆家梁黄土矿区和补连塔风沙土矿区土壤主要养分 N、P、K 进行调查[190]。

对于榆家梁黄土矿区土壤养分调查结果如表 7-1 所示。沉陷区土壤中全氮、全磷含量随土层深度增加而减少，而全钾含量则分布平均。根据统计学中的 t 分布检验，取显著性水平为 0.05，针对沉陷区和对照区的养分含量差异显著性分析计算如表 7-2 所示。计算结果表明，沉陷区和对照区的全氮、全磷、全钾含量没有显著性差异，亦即表明采动沉陷对土壤养分含量的影响并不显著[190,200-201]。

表 7-1　　榆家梁黄土矿区土壤养分调查结果[6]

沉陷状况	编号	土层深度/cm	全氮/(g/kg)	全磷/(g/kg)	全钾/(g/kg)
沉陷区	2	0～50	0.233 6	0.356 6	18.37
		50～90	0.190 7	0.256 0	18.38
		90～150	0.171 9	0.261 4	16.90
对照	6	0～15	0.164 3	0.281 9	17.24
		15～115	0.117 3	0.356 1	18.49

表 7-2　　榆家梁黄土矿区土壤养分差异显著性分析[6]

沉陷程度	编号	养分	平均值	标准差	养分	差异显著性	
						t 值	显著性
沉陷区	6	N	0.198 7	0.032	N	0.14	不显著
		P	0.291 3	0.056 6			
		K	17.88	0.851 6	P	0.069	不显著
对照	2	N	0.1408	0.033 2			
		P	0.322 1	0.048	K	0.21	不显著
		K	17.87	0.883 9			

对于补连塔风沙土矿区土壤养分调查结果如表 7-3 所示。沉陷区土壤中全氮、全磷含量随土层深度增加而增加，而全钾含量则分布平均。仍采用 t 分布检验，取显著性水平为 0.05，针对沉陷区和对照区的养分含量差异显著性分析计算如表 7-4 所示。计算结果表明，沉陷区和对照区的全氮、全磷、全钾含量没有显著性差异，亦即表明采动沉陷对土壤养分含量的影响并不显著[190]。

表 7-3　　补连塔风沙土矿区土壤养分调查结果[6]

沉陷状况	编号	土层深度/cm	全氮/(g/kg)	全磷/(g/kg)	全钾/(g/kg)
沉陷区	1	0～30	0.045 7	0.121 4	21.5
		30～90	0.068 3	0.226 1	23.67
		90～130	0.194 7	0.272 0	16.76
对照	5	0～30	0.099 9	0.195 4	20.89
		30～90	0.100 6	0.195 4	23.26
		90～130	0.047 3	0.219 1	19.54

表 7-4 补连塔风沙土矿区土壤养分差异显著性分析[6]

沉陷程度	编号	养分	平均值	标准差	养分	差异显著性	
						t 值	显著性
沉陷区	1	N	0.102 4	0.080 3	N	0.5	不显著
		P	0.206 5	0.077 2			
		K	20.64	3.533 7	P	0.13	不显著
对照	5	N	0.082 6	0.030 6			
		P	0.203 3	0.013 7	K	0.312	不显著
		K	21.23	1.883 1			

7.1.3 井下采动对土壤质量的影响

通过以上井下采动对土壤水分和土壤养分的影响分析得出：受开采沉陷的松动作用，黄土硬梁区土壤持水量和饱和导水率有所增加，但增加幅度不大；风沙区土壤持水量相对减小，饱和导水率有所增加，但差异并不明显。因此可总结出，在实施井下保护性开采后井下采动对土壤质量的影响并不大。

7.2 井下采动对地表植被根系的影响

受井下采动作用，在地表移动盆地内，存在水平拉伸区和水平压缩区，其中，对植物根系影响最大的为水平变形拉伸区。水平拉伸区主要位于工作面前上方和开切眼前上方，及倾向上工作面的上、下端头。随工作面的推进，工作面前上方不断成为水平拉伸区，而工作面之后则演变为水平压缩区。

神东浅埋煤层开采条件下，地表与关键层同步下沉，整体移动对地表土壤和植被的破坏程度较小，特别是采空区中部，有利于植物的生长；而端部裂隙发育区由于发育大量拉伸裂隙，将破坏部分植被根系，特别是对垂直根系发达的植物影响较大；工作面尺寸越大，端部裂隙发育区面积相对就越小，拉伸裂隙密度就越小，越有利地表植被的生存。

在水平拉伸区，植物根系的影响状况如图 7-4 所示。受水平拉伸作用，植物的垂直根系大都被拉断，植物难以通过垂直根系吸收深部土壤水分或营养；而水平根系由于和作用方向平行，很少被拉断，即地表的水平拉伸变形对水平根系的影响较小。因此，如果某种植物过多依靠垂直根系来吸收水分和营养，那么受采动影响，植物可能在采动过程中因为垂直根系被拉断而整株死亡；如果植物主要依靠水平根系来吸收水分和营养，水平根系发达，那么这种植物受水平拉伸的影响不大，采动适应性更好。

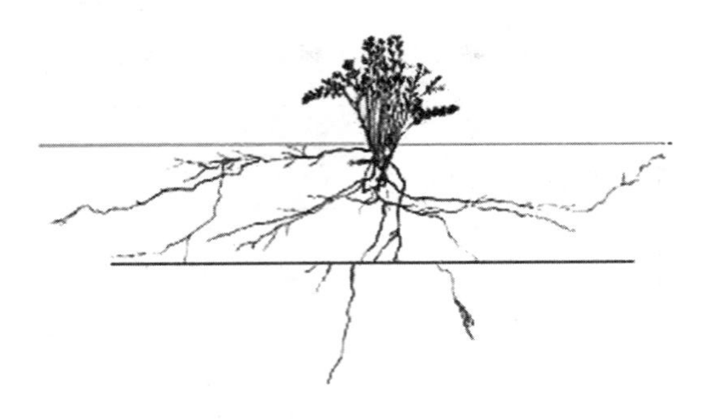

图 7-4　植物根系受水平拉伸作用的影响

对水平根系影响较大的地表下沉方式为台阶下沉，当地表出现台阶下沉时，可能使水平根系裸露于地表甚至被切断。但是，受台阶下沉影响的水平根系仅是局部的，只要水平根系发达，就不会造成植物的整株死亡。图 7-5 为补连塔矿区发生台阶下沉后地表植被根系裸露后植物的生长状况。通过现场调查，很少见到有整株枯死的情况，只发现少数枯梢。枯梢的原因是植被正好处于塌陷的裂缝处或台阶处，塌陷过程造成了植被根系的部分折断，在短时间内根系不能再生出新根，水分供应不足，造成枯梢。

图 7-5　根系裸露后植物生长状况[6]

因此，可以认为水平根系发达的植被对井下采动适应性好，抗采动干扰能力强；而以垂直根系为主的植被则受采动影响较大，抗采动干扰能力较弱。

7.3　矿区地表典型植被根系特征

为分析矿区典型植被对采动沉陷的适应性，选取李家塔煤矿塌陷区为试验基地。矿区地处毛乌素沙地的边缘，覆沙较厚。选择本区代表植物杨树、沙柳、油蒿、柠条锦鸡儿、羊柴、沙竹、沙米、虫实、牛心朴子九种植物，对其根系分布状况进行了调查[6]。

(1) 沙柳

沙柳是毛乌素沙地的常见灌木，高 2～4 m，生于流动、半流动沙地及丘间低地，常形成柳湾林。沙柳较耐旱，生长快，抗沙埋，是优良固沙树种，在神东矿区的沙地及覆沙地分布较多。本研究选择的两个株丛根系分布如图 7-6 所示，属中等大小的株丛，株高平均 2 m，丛幅平均 2.58 m。沙柳的根系分布在水平方向和垂直方向基本一致，水平分布平均为 6.11 m，最长的侧根可达 13 m，垂直分布平均 6.61 m，最深的根长可达 8.7 m[6]。

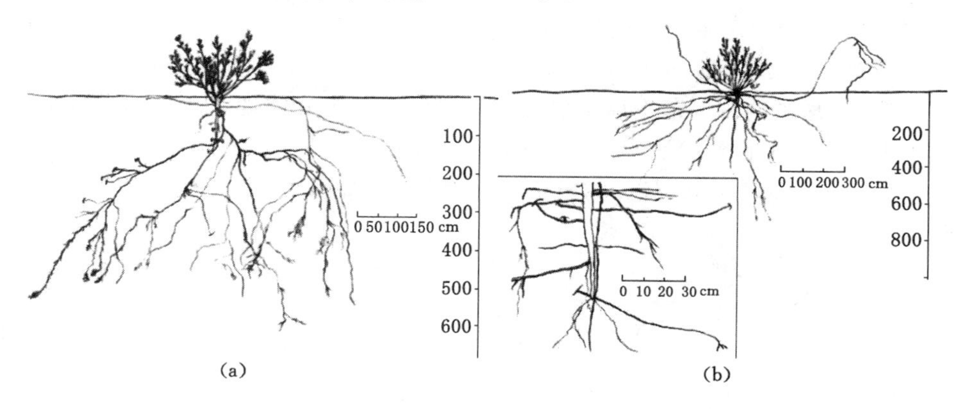

图 7-6　沙柳根系分布

(a) 个体 1；(b) 个体 2

(2) 柠条锦鸡儿

此植物为灌木，高 1.5～3 m，分布广泛，散生于荒漠、半荒漠地带的流动及半固定沙地，是优良的固沙和保土植物。在补连塔矿区少量分布，在大柳塔矿区分布较多。

本项研究选择的两个株丛属中等大小的株丛，株高平均 1.95 m，丛幅平均 3.14 m。柠条锦鸡儿的根系分布在水平方向和垂直方向均很发达，且基本一致，水平分布平均为 7.84 m，最长的侧根可达 13.30 m，垂直分布平均为 8.10 m，最深的根长可达 13.10 m，如图 7-7 所示[6]。

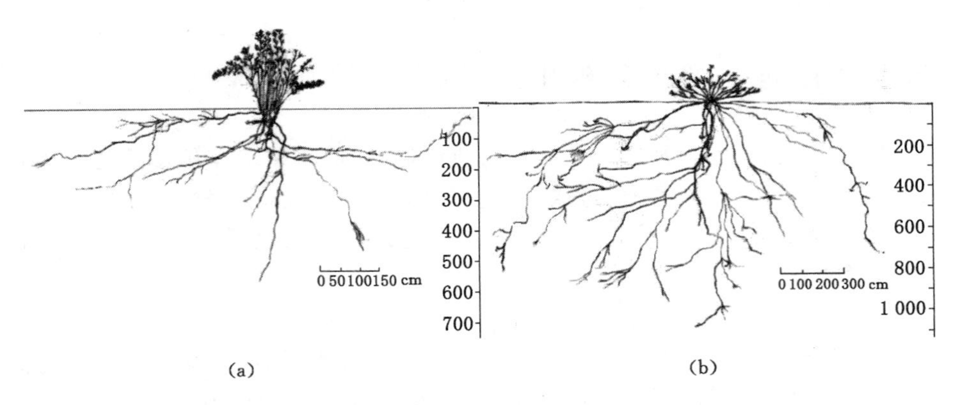

图 7-7 柠条锦鸡儿根系分布

(a) 个体 1；(b) 个体 2

(3) 油蒿

油蒿为旱生沙生半灌木，高 50～100 cm，分布于暖温型干旱草原和荒漠草原带，喜生长于固定半固定沙丘、沙地和覆沙地上，是草原区沙地的重要建群种。

本项研究选择的两个株丛属较大的株丛，株高平均 0.77 m，丛幅平均 1.44 m。其根系的分布范围以主根及两侧侧根的分布来体现。油蒿的根系分布在水平方向较垂直方向发达，水平分布平均为 2.33 m，最长的侧根可达4.78 m，垂直分布平均为 1.0 m，最深的根长可达 1.37 m，如图 7-8 所示[6]。

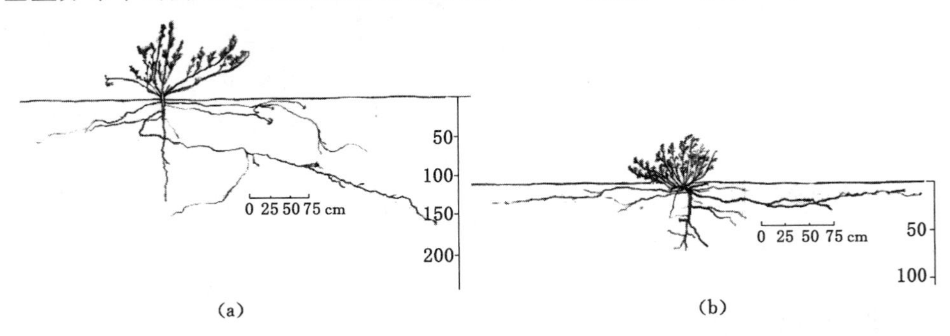

图 7-8 油蒿根系分布

(a) 个体 1；(b) 个体 2

(4) 羊柴

羊柴为半灌木，株高 1～2 m，是草原区沙生旱生植物。生长于草原及荒漠草原的半固定、流动沙丘或黄土丘陵浅覆沙地，在矿区分布较多。

本项研究选择的两个株丛属中等大小的株丛，株高平均 0.89 m，丛幅平均

1.74 m。羊柴的根系分布在垂直方向较水平方向发达，垂直分布平均为5.75 m，最深的根长可达10.45 m；水平分布平均为2.19 m，最长的侧根可达3.20 m，如图7-9所示[6]。

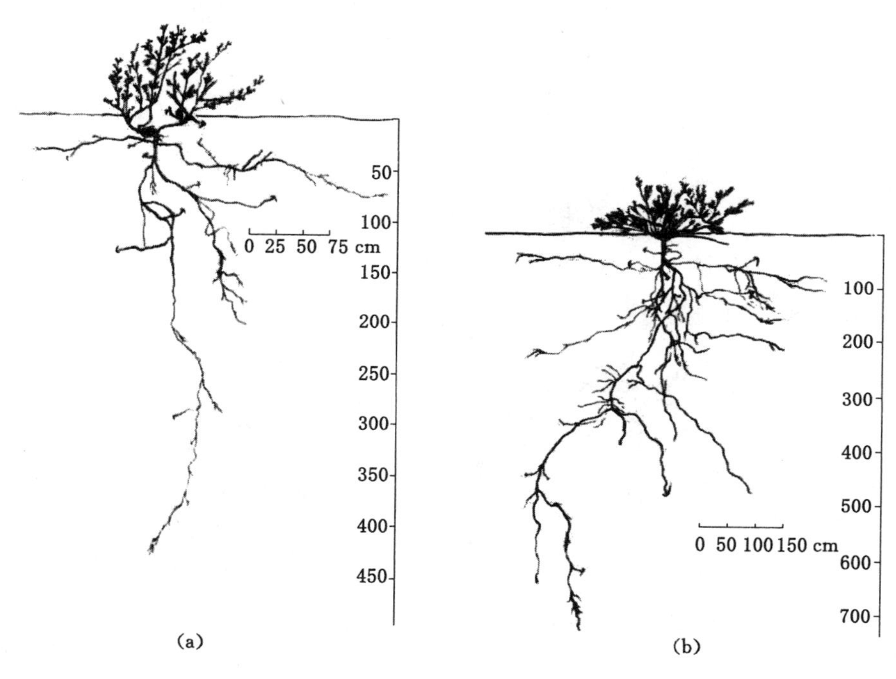

图7-9　羊柴根系分布

(a) 个体1；(b)个体2

(5) 虫实

虫实为一年生沙生草本植物，株高10～50 cm，生于草原或荒漠草原的沙质土壤上，为沙地的先锋植物。

本项研究选择的两株个体属中等大小，株高平均17.7 cm，冠幅平均43.7 cm。虫实的根系分布在水平方向较垂直方向发达，水平分布平均为83 cm，侧根最长可达170 cm；垂直分布平均为72 cm，垂直根最长可达94 cm，如图7-10所示[6]。

(6) 沙米

沙米为一年生沙生草本，株高15～50 cm，为沙地先锋植物，生于流动、半流动沙地和沙丘，在神东矿区的沙地和覆沙地上广泛分布。

本项研究选择的两株个体属中等大小，株高平均20.7 cm，冠幅平均32.5 cm。沙米的根系分布在水平方向较垂直方向发达，水平分布平均为71.8 cm，侧根最长可达154 cm；垂直分布平均为67.5 cm，垂直根最长可达

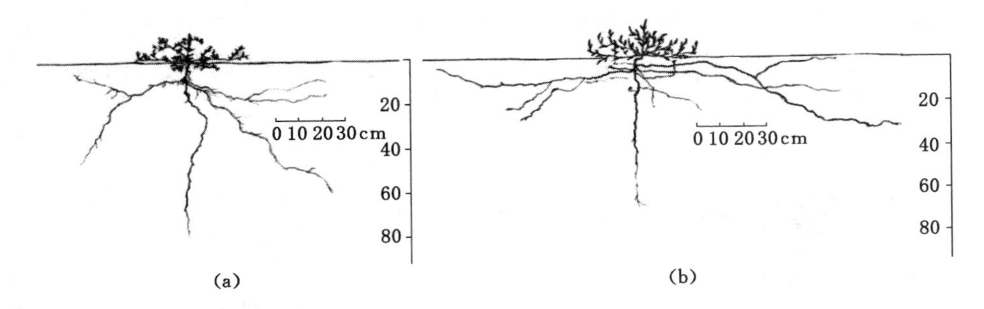

图 7-10　虫实根系分布

(a) 个体 1;(b) 个体 2

85 cm,如图 7-11 所示[6]。

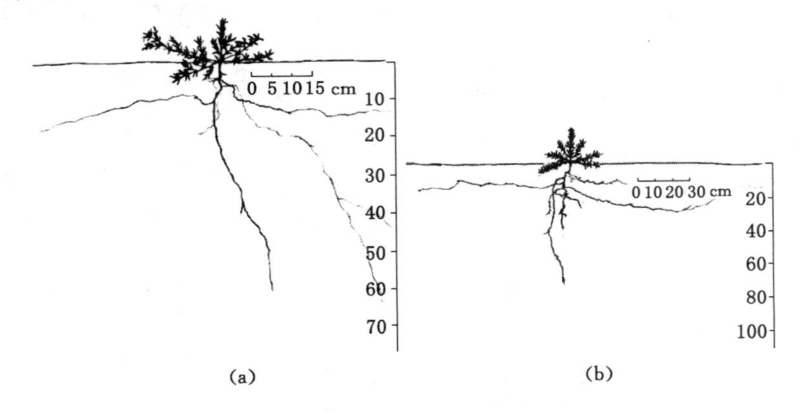

图 7-11　沙米根系分布

(a) 个体 1;(b) 个体 2

(7) 牛心朴子

此植物为多年生草本,旱生沙生植物,株高 30～50 cm,生于荒漠草原或荒漠带的半固定沙丘及沙地,在神东矿区的沙地上常见。

本项研究选择的两株个体偏小,株高平均 28.7 cm,冠幅平均 15 cm。牛心朴子的根系分布在垂直方向较水平方向发达,水平分布平均为 36 cm,但个别根可生长到 136 cm,可能与微环境有关;垂直分布平均为 74 cm,最深可分布到 110 cm,如图 7-12 所示[6]。

(8) 沙竹

沙竹为多年生根茎型禾草,典型的沙生旱生植物,对流动沙地有很强的适应性,是沙地先锋植物群聚的优势种;株高 1.5～30 m。

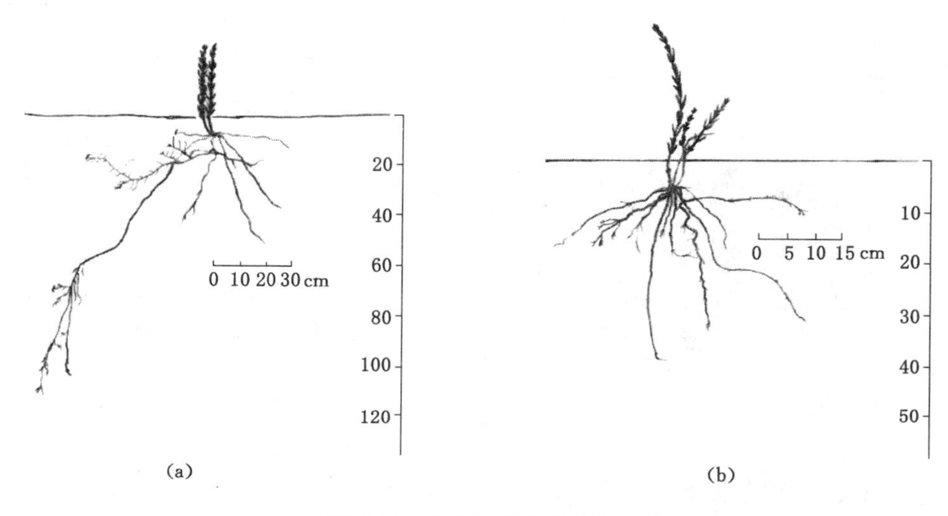

图 7-12　牛心朴子根系分布
(a) 个体 1;(b) 个体 2

本项研究选择了两个株系进行了调查。一个株系植株高 34.5～44.4 cm,水平横走茎长 23.28 m,另一个株系植株高 48.5～205.4 cm,水平横走茎长 26.97 m;在横走茎上的每一分株基部生有须根,须根长度多在 1 m 左右[6]。

(9) 杨树

杨树为乔木,在我国华北、西北地区大量种植,是干旱半干旱地区水土保持和防风固沙的主要乔木树种。

本项研究选择了一株生于沙丘顶部的杨树,此树株高 4.82 m、丛幅1.41 m。左侧根长 7.74 m,右侧根长 9.70 m,主根长 12 m[6]。

图 7-13 对不同植被的根系特点进行了对比分析,表明油蒿的水平根系与垂直根系的比值最大,水平根系发达;沙柳、柠条锦鸡儿、虫实、沙米的根系分布相对一致;而羊柴、杨树、牛心朴子的垂直根系相对发达。

7.4　矿区地表植被采动适应性

为了进一步了解并验证矿区地表植被的采动适应性,以补连塔矿和乌兰木伦矿地表植被调查为依据,分析采动前后地表植被的生长态势[6,202-203]。分别针对未采区和塌陷区进行调查。采样方法为在调查区域内设置 5 个 10 m×10 m 的样方,在每一样方内再随机设置 3 个 1 m×1 m 的小样方,对所设置样方内的植物种类、植株高度、密度、频度和盖度等进行调查,从而计算出每一调查区的物

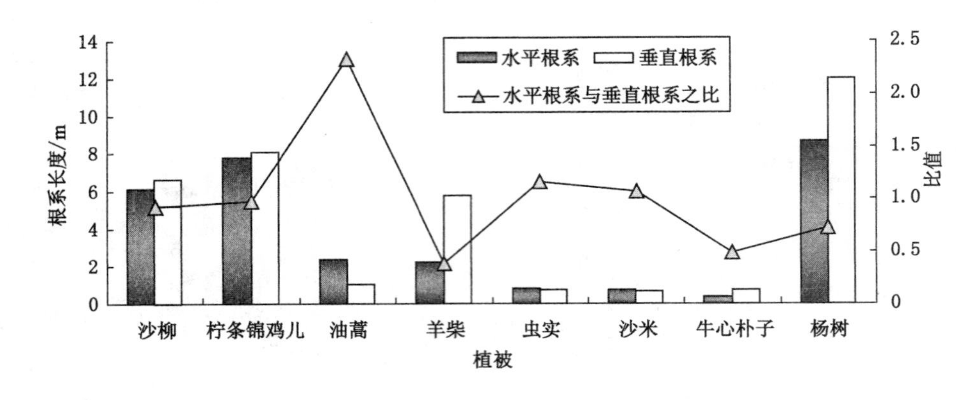

图 7-13　根系分布对比

种丰富度、植被总盖度、主要建群种的自然高度等指标，并根据调查区的相关植被指标来判定塌陷区与未采区的植被是否存在差异[6,202-203]。

（1）补连塔矿采空区地表植被态势

选取补连塔矿 2004 年、2005 年采空区及相邻的未采区进行了样方调查[6,202-203]。对补连塔矿 2004 年采空区 15 个样方的调查结果表明：在样方内共出现 28 种植物，植被总盖度为 32.8%。补连塔矿 2004 年采空区群落的组成及数量特征见表 7-5。根据调查结果，该群落的主要建群种是油蒿和胡枝子，主要伴生种有沙柳、沙竹、虫实、画眉草、牛心朴子等[6,202-203]。

表 7-5　　2004 年采空区植物群落组成及数量特征[6]

植物名称	盖度/%	密度/%	频度/%	相对密度/%	相对盖度/%	相对频度/%	重要值/%
油蒿	17.20	266.43	100	78.09	53.00	15.31	48.80
胡枝子	4.07	18.27	33.33	5.35	12.54	5.10	7.67
杨树	7.57	8.67	86.67	2.54	23.33	13.27	13.04
草木樨状黄芪	0.15	1.27	26.67	0.37	0.46	4.08	1.64
列当	0.07	0.27	20.00	0.08	0.22	3.06	1.12
雾冰藜	0.01	1.53	33.33	0.45	0.02	5.10	1.86
虫实	0.02	3.60	40.00	1.06	0.06	6.12	2.41
地稍瓜		0.20	6.67	0.06	0	1.02	0.36
棘豆	0.02	0.40	20.00	0.12	0.06	3.06	1.08
牛心朴子	0.01	0.73	20.00	0.21	0.03	3.06	1.10
狗尾草	<0.01	1.87	26.67	0.55		4.08	1.54

续表 7-5

植物名称	盖度/%	密度/%	频度/%	相对密度/%	相对盖度/%	相对频度/%	重要值/%
沙兰刺头	<0.01	0.07	6.67	0.02		1.02	0.35
画眉草	<0.01	13.00	33.33	3.81		5.10	2.97
菟丝子		0.40	20.00	0.12	0	3.06	1.06
乳浆大戟	0.08	3.67	20.00	1.07	0.25	3.06	1.46
硬质早熟禾		0.20	6.67	0.06	0	1.02	0.36
丝叶苦荬菜		1.67	6.67	0.49	0	1.02	0.50
鹤虱	0.03	0.47	6.67	0.14	0.09	1.02	0.42
太阳花	0.01	0.20	6.67	0.06	0.03	1.02	0.37
蒺藜	0.01	3.00	6.67	0.88	0.03	1.02	0.64
地锦	<0.01	3.13	13.33	0.92		2.04	0.99
三芒草		3.73	13.33	1.09	0	2.04	1.05
角蒿	<0.01	0.20	6.67	0.06		1.02	0.36
沙竹	0.07	6.60	26.67	1.93	0.22	4.08	2.08
沙柳	2.92	1.13	40.00	0.33	9.00	6.12	5.15
羊柴	<0.01	0.07	6.67	0.02		1.02	0.35
沙米		0.27	6.67	0.08	0	1.02	0.37
紫穗槐	0.21	0.13	13.33	0.04	0.65	2.04	0.91

对补连塔矿未采区 15 个样方的调查结果显示：在调查样方内共出现 9 种植物，植被平均盖度为 19.8%。群落的组成及数量特征见表 7-6。

表 7-6　　未采区植物群落组成及数量特征[6]

植物名称	盖度/%	密度/%	频度/%	相对密度/%	相对盖度/%	相对频度/%	重要值/%
杨树	10.70	4.6	80.00	2.63	38.82	16.00	19.15
沙柳	5.13	3.6	100.00	2.06	18.60	20.00	13.55
羊柴	4.10	17.6	60.00	10.07	14.88	12.00	12.32
沙竹	3.80	118.2	100.00	67.62	13.79	20.00	33.80
糙隐子草	0.03	0.4	20.00	0.23	0.11	4.00	1.45
油蒿	3.80	24.0	80.00	13.73	13.79	16.00	14.51
雾冰藜	<0.01	1.2	20.00	0.69		4.00	1.56
虫实		4.2	20.00	2.40	0	4.00	2.13
狗尾草		1.0	20.00	0.57	0	4.00	1.52

根据调查结果可知，该群落的主要建群种是油蒿和沙竹，主要伴生种有沙柳、羊柴、虫实等。

为对比分析植被根系对采动的适应性，将采动区与未采区间的植被盖度进行对比，对比结果如图 7-14 所示。由图可知，水平根系越发达，对采动的适应性越强。在补连塔矿区，以油蒿为代表的水平根系发达植被，在采动后植被盖度不减反增；而以羊柴为代表的垂直根系发达植被，则不能适应采动干扰，采动后植被盖度几乎为零；以沙柳为代表的水平根系与垂直根系基本一致的植被，对采动的适应性一般，采动后植被盖度有一定的减少。

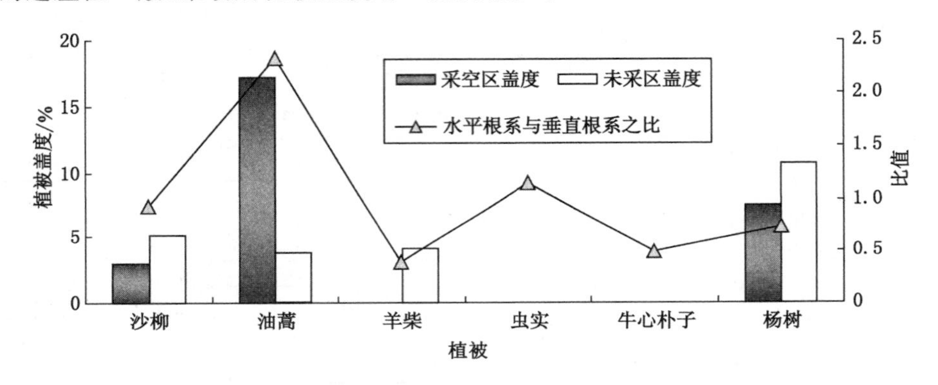

图 7-14　补连塔矿区地表植被盖度对比与根系分布间的关系

(2) 乌兰木伦矿采空区地表植被态势

选取乌兰木伦矿 2004 年、2005 年采空区及相邻的未采区进行地表植被调查。矿区地表为流动及半固定沙地[6,202-203]。

对 2005 年采空区 15 个样方的调查结果表明：在样方内共存在 8 种植物，区域的植被总盖度为 12.1%。该群落的组成及数量特征见表 7-7。

表 7-7　　2005 年采空区植物群落组成及数量特征[6]

植物名称	盖度/%	密度/%	频度/%	相对盖度/%	相对密度/%	相对频度/%	重要值/%
沙竹	0.02	278.40	93.33	0.06	26.51	23.33	16.64
沙米	0.08	67.53	60.00	0.31	6.43	15.00	7.25
沙柳	0.53	6.67	26.67	1.99	0.63	6.67	3.10
油蒿	20.47	188.13	93.33	76.25	17.92	23.33	39.17
虫实	0.33	408.73	93.33	1.24	38.93	23.33	21.17
羊柴	0.08	0.47	20.00	0.29	0.04	5.00	1.78
臭柏	5.33	100.00	6.67	19.87	9.52	1.67	10.35
牛心朴子	<0.01	0.40	0.27		0.06	0.46	0.17
细叶鸢尾	<0.01	0.07	6.67		0.01	1.67	0.56

调查结果表明，该群落的主要建群种为油蒿和虫实，主要伴生种为沙竹、沙柳和沙米等。

根据对未采区 15 个样方的调查，样方内共存在 8 种植物；区域的植被平均盖度为 10.6%。该群落的组成及数量特征见表 7-8。

表 7-8　　未采区植物群落组成及数量特征[6]

植物名称	盖度/%	密度/%	频度/%	相对盖度/%	相对密度/%	相对频度/%	重要值/%
沙竹	2.40	494.13	66.70	24.82	58.71	22.74	35.42
沙米	<0.01	7.60	53.33		0.90	18.18	6.36
沙柳	0.30	2.00	20.00	3.10	0.24	6.82	3.39
油蒿	6.27	302.60	46.67	64.81	35.95	15.91	38.89
虫实	<0.01	28.60	40.00		3.40	13.63	5.68
羊柴	0.04	0.87	26.67	0.42	0.10	9.09	3.21
沙打旺	0.67	5.60	26.67	6.89	0.67	9.09	5.55
丝叶苦荬菜	<0.01	0.33	13.33		0.04	4.54	1.53

调查结果表明，该群落的主要建群种为油蒿和沙竹，主要伴生种有沙米、虫实和沙打旺等。

采动区与未采区间的植被盖度的对比结果如图 7-15 所示。大致规律与补连塔矿区一致，水平根系越发达，对采动的适应性越强。以油蒿为代表的水平根系发达的植被，在采动后植被盖度不减反增；而以羊柴为代表的垂直根系发达的植被，植被盖度几乎为零；以沙柳、虫实、沙米为代表性的水平根系与垂直根系基本一致的植被，对采动的适应性一般，采动后植被盖度影响不大。

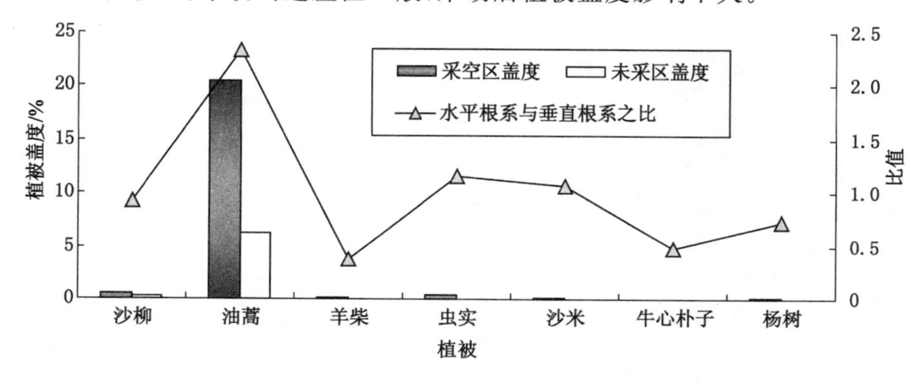

图 7-15　乌兰木伦矿区地表植被盖度对比与根系分布间的关系

(3) 矿区地表植被的采动适应性小结

根据对神东矿区典型植被根系及植被盖度的调查,得出以油蒿为代表的水平根系发达的植被对采动的适应性较强,可作为矿区生态环境保护的顶级群落;以沙柳、虫实、沙米为代表的水平根系与垂直根系基本一致的植被,对采动的适应性一般,可作为先锋植物之用。

8　浅埋煤层开采与脆弱生态保护相互响应工程实践

神东矿区地处毛乌素沙地与黄土沟壑丘陵过渡地带，水土流失、沙漠化发展极其严重，加之进行超大规模煤炭开采，对生态环境构成极大威胁。传统的先破坏后治理的模式已不能消除这种威胁。在这种背景下，依据地表生态环境的采动适应性，遵循生态学原理，结合神东矿区的生态环境与生产建设特点，将建设生态功能圈的理念运用于荒漠化矿区脆弱生态环境防治中，提出构建外围防护圈、周边常绿圈和中心美化圈的主动环境防治模式，以采前生态功能圈构建、采中井下保护性开采和采后生态修复及功能优化为核心，采用主动、积极的方法，围绕“适宜于保护地表生态环境的井下开采”和“适应于开采扰动的地面生态环境防治”的互动关系，使井下保护性开采与地表生态保护相互响应。通过工程实践，证明了浅埋煤层开采与地表生态保护相互响应模式可有效地保护地表生态，实现矿区的可持续发展[204]。

8.1　生态功能圈构建原理及基础技术

基于城市生态功能圈的建设理念[205-209]，将其引入神东矿区荒漠化生态环境治理中，通过构建不同的生态功能圈，以实现井下保护性开采与地面生态系统保护相互响应。

8.1.1　矿区生态功能圈划分

矿区生态功能圈构建理论的核心是：“掌握井工开采对生态系统稳定性影响的重点和难点，以矿区的环境保护和可持续发展为目标，在水资源合理利用的基础上，分层次构建生态防护体系”。从生态功能圈划分依据和原则入手，以生态系统优化、人工调控导向技术、树种选择及抚育管理为根本，基于生态学基本原理，根据神东矿区的自然地形地貌特点，神东矿区由外向内依次划分为外围防护圈、周边常绿圈、中心美化圈[210-211]，如图 8-1 所示，与井下开采区对应关系如图 8-2所示。

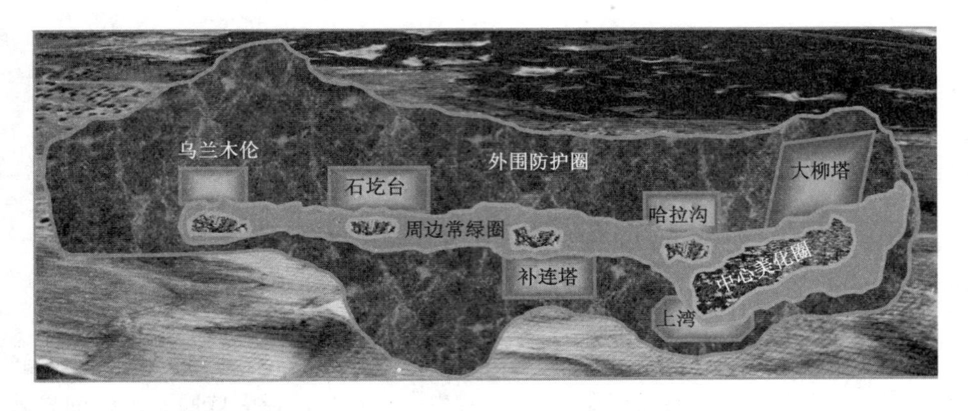

图 8-1　神东矿区生态功能圈划分布局

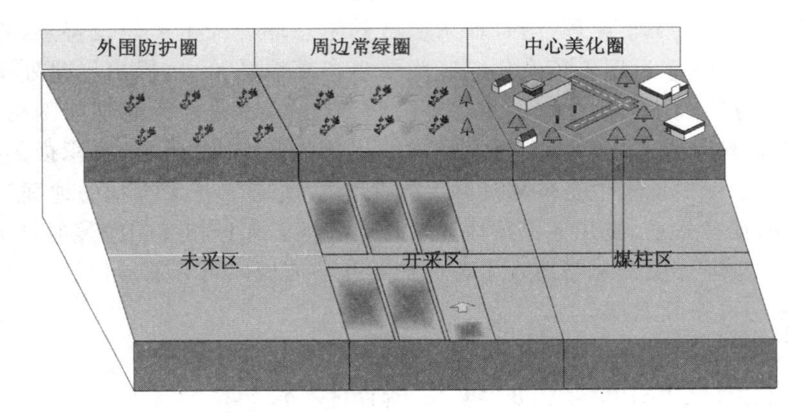

图 8-2　生态功能圈与井下开采区对应关系示意

① 外围防护圈：主要作用为控制矿区外围流动和半流动沙丘，总面积 850 km^2，占矿区总面积的 79%；风蚀沙埋严重，生态环境十分恶劣，在采前生态功能圈构建中起决定性的主体控制作用，是生态功能整体构建的基础内容；同时，外围防护圈是减少风沙影响的控制性林网，也是保护中心区的“绿色外套”[6,211]。

② 周边常绿圈：指环小区与矿井的周边丘陵山体的水土保持常绿林圈，在神东矿区生态功能圈整体构建中起关键性的生态调控作用。周边常绿圈同时是山体水土流失影响矿区开发建设的控制性工程，具有重要的生态景观作用[6,211]。

③ 中心美化圈：指以大柳塔小区与乌兰木伦小区为中心区的园林化建设，在神东矿区生态功能整体构建中处于核心位置。中心美化圈对矿区开发建设中心区进行最优化的生态功能与景观建设，在人类活动最频繁的区域体现了以人

为本的生态理念[6,211]。

8.1.2　矿区生态功能圈构建基础理论与技术

矿区“三圈”构建的基础理论与技术主要包括：植被人工调控与导向演替理论、植物种选择优化理论、林分结构优化配置理论和抗逆生态系统综合建设技术。

（1）植被人工调控与导向演替

深入了解掌握自然界植被演替规律，有利于对生态环境进行人工调控。由于降水量年变幅大，沙生植物只有湿润年才有发芽的可能。风大，沙流动，天然条件下成活的概率较低。沙生系列的植被由于水分的限制，只有半灌木、灌木和草本，才能正常生长。流动沙丘上的先锋植物不是耐旱性很强的植物，往往是依靠发达的水平根系扩张吸水范围，吸收大量水分。因此，当沙丘逐渐固定，水分条件恶化，而必然代之以更耐旱的寿命长的后期植物。在人工营造植被建设进行防风固沙时要把先锋植物与后期植物结合使用[202]。

对自然植被演替规律及生长状况的研究表明：油蒿群落不仅是神东矿区的顶级植物群落，而且具有特别强的抵抗开采沉陷影响的能力。神东矿区植被演替的先锋植物是沙米、虫实；中期出现籽蒿、细枝岩黄芪；最后是油蒿和柠条。籽蒿茎秆较高，固沙作用差，且寿命一般只有 5 年；油蒿寿命长达 14 年，枝条丛生、密集，固沙作用良好。柠条属豆科，有根瘤菌，亦是良好的固沙植物。在籽蒿的保护下，油蒿得到繁殖成为群落。流动沙丘上大部分都是裸露的，只有部分地区在透雨后，才有 1～2 年生植物如沙米、绵蓬、臭蒿能发芽。这些植物在水分充足的条件下生长很快。它们虽是 1～2 年生植物，对固沙作用不大；但却能为其他植物的发芽和幼苗的生长创造较为安定的条件。有些多年生先锋植物如籽蒿和细枝岩黄芪的幼苗被沙埋后，扩展枝叶，对流动沙丘起着一定的固沙作用[6,211]。

油蒿很难出现在流动沙丘上，只有在籽蒿的保护下，油蒿才能繁殖成为群落。为此，充分运用人工调控植被演替理论和技术，其关键就是使地表在开采前尽快形成油蒿群落。首先进行机械方式固定沙地，快速建成植被，形成植被演替的基础；同时，人工撒播籽蒿与油蒿，人工调控植被演替方向（图 8-3），加快演替速度[6]。

（2）植物种选择优化

通过对矿区树种生长状况调查，结合叶面蒸腾速率测定，当地树种成活率高且长势好的造林乔灌木树种有樟子松、杜松、油松、新疆杨、榆叶梅、珍珠梅、羊柴、柠条、紫穗槐等。在野外管理比较粗放的条件下，除尽量选用当地的乡土树种外，针叶树种选择樟子松较好；阔叶树种可选新疆杨、紫穗槐等[6,212]。

图 8-3 植被人工调控与导向演替

(3) 林分结构优化配置

神东矿区绝大部分属风沙区。在沙地营造固沙林，沙丘由流动变为固定的过程中，水分条件逐渐变坏，即沙层含水率随着植被盖度的增加而减少。要维持固沙林的正常生长，必须维持其正常的蒸腾作用耗水。如果造林密度过大，植物就会因水分不足而死亡；造林密度过小，则不能控制风沙危害[6,212]。

通过对树种土壤水分消耗模型研究，得出提高干旱地区沙生植物水分利用率的三种模式：增大植物的蒸发蒸腾量、增大沙生植物蒸腾量占总蒸发蒸腾量的比重(保水措施)、增加沙生植物的水分利用率。由上述三种水分利用模式，根据水分状况优化配置林分结构，具体技术措施为[6]：

在上风方向风口地带，选择水分条件较好的丘间低地营造以乔木为主的团块状片林，削减风力，阻挡风沙。树种主要选择杨、柳、榆、槐。造林密度为 3 m×4 m、4 m×4 m 或 4 m×5 m，隔带配置沙柳，以控制就地起沙。

在半固定沙丘区，补植深根性的柠条，丘间低地补植沙柳，以避免人工植被与天然植被的水分竞争，并形成稳定多样的植物群落。在流动沙丘区，主要采取机械沙障固沙，以 50～90 株/亩的密度栽植适生的灌木沙柳、柠条、紫穗槐等。

矿区生态林结构由原来的乔木为主、乔灌结合调整为草本为主、草灌结合，优化了林分结构，使之能完全符合矿区的地带性环境条件，并能与原有生态系统相融合，共同组成结构复杂、功能齐全、状态稳定的生态系统。

(4) 抗逆生态系统综合建设

神东矿区气候干旱、地形起伏大、土层瘠薄、水资源缺乏，共同构成影响造林成活率和树木生长的逆性因子。该技术可克服逆性因子的负面影响，使生态建设顺利开展，主要包括平衡施肥技术、林木抚育管护技术等内容。

① 平衡施肥技术

神东矿区土壤肥力状况不佳，所有土壤类型的肥力条件都不能满足植物的正常生长，实验研究结果也表明，不论是针叶树还是阔叶树，也不论是山地丘陵区还是河谷平原区，林木施肥后都表现出生长速度加快的特点，说明神东矿区土壤中的养分不足以维持树木的正常生长，所以，人工施肥是保证树木正常生长的必要措施[6,213-214]。

实验表明小剂量的氮肥无明显效果，也表明树木施肥与农作物不同，树木的根系分布范围无论是深度还是广度均远远大于农作物，需肥量自然要远远多于农作物；对比肥料种类及施肥方法，根系施肥从经济角度来看，施有机肥成本小而肥效较长，建议采用；施肥措施应与当年的气候条件结合考虑，以提高肥效；肥效的发挥与树木的表现有一个时间差。为了保证树木的正常生长，建议林木施肥宜及早进行，如果等到树木出现生长不良的状况后再进行人工施肥就会严重影响树木的生长甚至造成树木的死亡[6,215-217]。

② 林木抚育管护技术

林木抚育管护技术是保护生态建设成果的关键。矿区林木保存率一直保持在99%以上，并且长势良好，都是基于一套完善的抚育管护技术。主要包括林木覆膜抗旱造林、夏季日灼诊断与防治技术等。

高温强光日灼造成树干根茎部灼伤，灼伤一旦形成环状，则造成整株死亡。为此，可紧急采取树干绑扎草绳、涂白、覆地遮阴等技术措施，控制日灼危害。覆膜抗旱是一项农业技术措施，造林初期，下覆膜能有效地保存水分，明显提高造林成活率；上覆膜在林木成活后的生长期能有效地降低地表的蒸发，提高林木的保存率和生长量。因此在造林初期，应用下覆膜技术以提高造林成活率；在林木成活后的生长期使用上覆膜技术，以提高林木的保存率和生长量[6,213-214]。

8.2　外围防护圈构建技术及工程实践

8.2.1　外围防护圈构建技术

外围防护圈生态功能构建就是以植物措施为主，机械措施为辅，多手段，快速度、大范围相结合，对占矿区总面积的79%的风沙区进行控制性治理，构成整体生态功能构建的基础。主要包括以下技术：

① 高大流动沙丘治理技术：神东矿区高大流动沙丘主要分布在西北向上风地带。沙丘高度 5～7 m，最高可达 15 m，沙丘以新月形沙丘和沙丘链为主，年前移 5～10 m，湿沙含水率 2%～3%，除在丘间低地有零星分布沙米、沙蒿外，基本无植被覆盖。采取先设沙柳、沙蒿机械沙障，再在沙障中栽植植被的办法[6]。如图 8-4(a)所示。

(a)

(b)

(c)

图 8-4　外围防护圈

(a) 高大流动沙丘；(b) 半固定沙丘；(c) 铁路沿线

② 半固定沙丘植被恢复技术：采取了人工促进天然植物恢复的措施，其技术难点是解决人工植被与天然植被融合并形成稳定的群落结构的植物种配置，以及在不设沙障的情况下保证人工植被成活率。技术措施是加强保护，防止形成新的破坏。对面积较大的裸地进行人工补植，以加快植被恢复的速度，树种以柠条、沙柳等树种为主，形成人工植被与天然植被相结合的防护体系，如图8-4(b)所示[6]。

③ 铁路公路沙害防治技术：技术要点是采取因地制宜，因害设防，草灌乔结合，机械措施与生物措施相结合的方法，构筑沙害防治体系，如图 8-4(c)所示。路基两侧先设 100 m 宽的固沙带，再设 100 m 宽的阻沙带，再向外设 100 m 以上的封育带。固沙带设格状沙障，沙障中栽植乔灌木；阻沙带设高立式带状沙障，带间种植乔灌木[6]。

8.2.2　外围防护圈构建工程实践

外围防护圈在神东矿区生态功能整体构建中起决定性的主体控制作用，是生态功能整体构建的基础内容。外围防护圈以外围的七大沙地治理为基础，控制风沙面积 112 km^2，代表工程是巴图塔沙柳林基地建设工程。

巴图塔沙柳林基地集固沙、造林、沙柳产业化发展为一体，建设面积达到 16.9 km^2，设置沙柳机械沙障 502 万 m，栽植活沙柳 393 万穴，栽植紫穗槐 10 万穴，如图 8-5 所示。沙障的规格为 5 m×2.5 m，垂直于主害风方向作为主障，副障垂直于主障，控制侧向风的干扰与危害。沙障条长 60 cm，埋深一半，为疏透结构。造林树种以当地适生的沙蒿、羊柴、花棒、紫穗槐、沙柳等灌草为主。造林以秋季为佳，春季次之[6]。

图 8-5 巴图塔沙柳林基地

对其进行风速梯度、地表粗糙度、起沙风速、输沙量、风沙流强度的测定，运用多因子综合评判法对沙障防护效果作出最终评价。测试及评价结果表明[6,215]：

① 神东矿区巴图塔沙柳林基地流动沙丘上设沙障后，地表粗糙度提高 260～446 倍，近地表 10 cm 处风速降低值比流沙上高出 20.08%～32.2%，起沙风速提高了 33%～43.3%，输沙量减少 91.2%～96.16%，防风固沙效果极其明显。

② 据对沙障区风蚀强度的测定结合沙丘形态、沙丘运移状况的调查分析，确认现有机械沙障防护体系已经起到了固定沙丘，控制沙害的作用。

8.3 周边常绿圈构建技术及工程实践

周边常绿圈生态功能构建就是营造中心区周边山体水土保持常绿林，使其采动之后依然能在矿区生态功能整体构建中起关键性的生态调控作用，因此，必须采取采前预防、采中保护和采后修复的措施，使井下保护性开采与地面生态环境防治技术相互响应，保障周边常绿圈。

8.3.1 采前生态功能圈构建

(1) 水土保持整地技术

整地技术是水土保持最普遍的和最有效的技术。通过改变小地形，可改变地表径流的形成条件，并形成一定的积水容积，从而改善土壤水分条件、温度条件与养分状况。应用的主要整地方式是鱼鳞坑整地与水平沟整地，如图 8-6 所示。鱼鳞坑为形似半月形的坑穴，规格有大小两种：整地时沿等高线自上而下开挖。大鱼鳞坑长 0.8～1.5 m，宽 0.6～1 m，小鱼鳞坑长 0.7 m，宽 0.5 m。坑内水平或稍向下方，围成弧形土埂，土埂高 0.2～0.3 m，埂应踏实，再将表土放入坑内。坑与坑多排列成品字形，以利保土蓄水。鱼鳞坑整地比坡地减少径流量 74.1%，减少土壤冲刷量 83.7%[6]。

(a)

(b)

图 8-6 水土保持整地技术

(a) 鱼鳞坑整地；(b) 水平沟整地

(2) 针叶树与灌木混交造林技术

选用根系较浅、对土壤具有改良作用的乡土树种(油松、樟子松、侧柏、桧柏、榆树、沙棘、柠条、羊柴等)，进行优化配置，实施管网灌溉，如图 8-7 所示。此技术方法主要应用于“两山一湾”，即神东小区周边的大柳塔东山、大柳塔西山和上湾 C 形山湾[6]。“两山一湾”常绿林建设，共营造大规格常绿林 20 多万株[6]。

图 8-7 针灌混交造林

(3) 小流域综合治理技术

采取工程措施和生物措施相结合的办法，对小流域（白敖包、红石圈渠、饮马泉、沙沟）进行治理。在沟口筑坝拦洪，在沟沿植树，在坡面挖水平沟、鱼鳞坑，坑内植树种草，共完成治理面积 2.56 km^2[6]，如图 8-8 所示。

图 8-8 小流域综合治理

以红石圈渠小流域为例来说明小流域综合治理技术。红石圈渠小流域汇水面积达到 2.07 km^2，90%以上由砒砂岩、砂砾栗钙土和黄土构成的丘陵沟壑所组成，流域内相对高差平均为 98.7 m，最大为 189.6 m，丘陵坡度为 5°～47.7°。治理前的植被覆盖度为 16%。对小流域丘陵坡面沿等高线布置水平沟和鱼鳞坑。小流域内共设置水平沟面积为 0.98 km^2、鱼鳞坑面积为 0.253 km^2，开挖土石方量达到 178.734 m^3。小流域泄洪沟口拦洪土坝施工后库容正常蓄水达到 236 000 m^3（设计蓄水量），最大蓄水可达 314 000 m^3，控制流域面积达 1.48 km^2，控制面积率为 71.5%。并对小流域设置的水平沟、鱼鳞坑内和拦洪坝背水面坡等部位营造乔灌水保林 201.17 ha。共栽种生油松 27.9 万株（1.25 km^2），栽种羊柴、沙柳等灌木 168 098 穴（0.75 km^2）。对小流域乔灌水保林造林成活率进行调查，结果表明乔灌水保林成活率超过了国家林业局颁布的工程造林成活合格标准（乔木 85%，灌木 70%）。通过小流域的综合治理，在保证了人工林正常成活与生长的同时，还促使沙竹和沙蒿等天然植被大量繁殖，流域绿地面积率达到了 97%，植被覆盖度也由 16%提高到了 29.8%，发挥了乔灌林蓄水保土的功能[6]。

8.3.2 采中井下保护性开采

由于潜水资源对矿区地表生态起着至关重要的作用，要实现对地表生态的保护，就必须实现保水开采，即保护潜水含水层采动后不受破坏，或造成少量流失但可短期内恢复，或至少保证地表生态发展的基本需求。

（1）常规浅埋煤层保水开采工程实践

① 工作面概况及地质条件

选取Ⅲ类条件的代表性工作面——补连塔矿 32201 工作面为试验基地。在靠近补连沟区域，距主切眼 2 050～2 550 m 处存在一富水区，富水区位置如图 8-9中方框圈定区域。工作面强富水区含水层厚度 6.0～16.0 m，平均10 m。上覆基岩厚 62.68～91.48 m，平均 78 m。基岩顶部风化岩层厚度为 3.22～10.00 m，平均约 6 m，具体覆岩参数参见表 3-3。

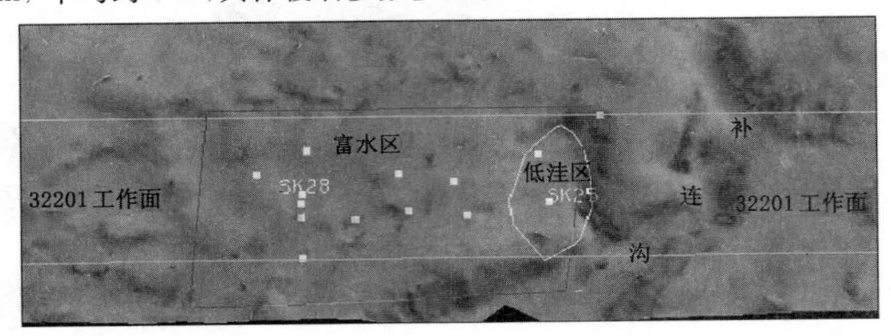

图 8-9　工作面强富水区位置[216-217]

② 保水开采设计

该工作面地下水位初始深度大多位于 29～39 m 之间，平均值为 35.5 m，已远远大于干旱区植被的生态水位，为生态衰惫区。因此，该区的重点应为保证水资源不能再遭受大的损失的基础上，通过采前生态功能圈构建和采后生态修复及功能优化来改善地表生态。根据其地质报告，基岩受冲刷程度较小，为常规浅埋煤层开采条件，可按照图 4-19 流程进行保水开采设计。

a. 工作面开采设计

考虑到基岩厚度较大，且赋存主、亚关键层，因此顶板控制相对容易，可首先考虑长壁开采。工作面设计长度为 240 m，走向推进长度为 3 800 m；工作面采用正规循环作业方式，设计采高 4.6 m，平均日进 25 刀，截深 0.865 m；工作面支架额定工作阻力为 8 638 kN。

b. 覆岩移动型式判别

Ⅰ. 基础条件分析

根据工作面的地质条件和开采技术条件，可得出此例的基础条件为：

关键层层数：主、亚关键层；关键层强度：7.5 MPa(抗拉强度)；主关键层厚度：20 m；上覆载荷：1.725 MPa；直接顶厚度：6 m；工作面长度：240 m；开采高度：5.5 m；支架额定工作阻力：8 638 kN(支架宽度为 1.75 m)。

根据第 3 章的计算可知，主关键层的初次破断距为 127.695 m，周期来压步距为 24.929 m。

Ⅱ. 中间变量计算

对于初次破断，块度 $i=\dfrac{h}{l}=\dfrac{20}{127.695/2}=0.313$；

最大回转角 $\theta_{\max}=\arcsin\dfrac{m-(K_p-1)\sum h_{im}}{l}=2.809°$。

对于周期破断，块度 $i=\dfrac{h}{l}=\dfrac{20}{24.929}=0.802$；

最大回转角 $\theta_{\max}=\arcsin\dfrac{m-(K_p-1)\sum h_{im}}{l}=7.166°$。

Ⅲ. 失稳方式判别

初次破断回转失稳分析：取 $\eta=0.4$，$\sigma_c=50$ MPa，式(3-50)可以满足；

周期破断回转失稳分析：仍取 $\eta=0.4$，$\sigma_c=50$ MPa，式(3-72)可以满足；

因此，可以判断主关键层初次和周期破断时都不发生回转失稳。

因此，滑落失稳分析应根据式(3-43)和式(3-66)进行分析。

初次破断滑落失稳分析：破断块度满足式(3-43)；

周期破断滑落失稳分析：破断块度满足式(3-66)；

因此，可以判断主关键层初次和周期破断时都不发生滑落失稳。

Ⅳ. 覆岩移动型式预测

从失稳方式上分析，主关键层在初次破断及周期破断时，并不发生滑落失稳；而覆岩乃至地表随主关键层同步下沉的特点决定了覆岩移动不出现台阶下沉，呈现连续下沉。

c. 保水开采可行性分析

对于隔水层采动连续下沉型，隔水层与裂缝带之间的层位关系是保水开采可行性分析和保水开采分类的主要判定依据。

根据式(6-2)和式(6-6)，本工作面开采中，预测裂缝带完整高度为 54.2 m，垮落带高度为 18.4 m；而风化砂岩隔水层具有较好的隔水性，其高度为79.5 m。因此，可得出隔裂位态系数：

$$R_{af0}=4.32;R_{af1}=2.62;R_{af2}=1.88;R_{af3}=1.47$$

对照表 6-1 保水开采可行性分区可得，本工作面开采范围为保水开采自然区。根据表 6-6 得出，按照本开采设计，合理地控制顶板，保证合理的推进速度，可以实现自然保水开采，不需采用其他特殊措施。

③ 水位观测

为了分析研究 32201 工作面在过强富水区的开采过程及开采后含水层水位的变化情况，在工作面中部及平巷两侧不同位置分别布置了 21 个观测水井，如

图 8-10 所示。

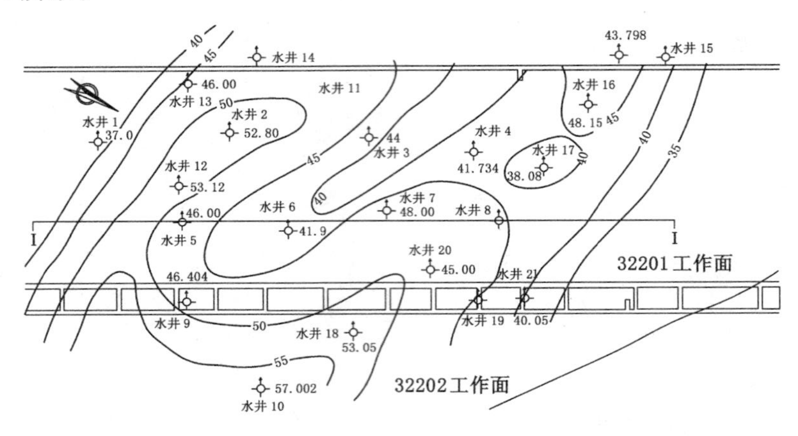

图 8-10　32201 工作面水位观测水井布置

由于观测水井的位置不同，各水井水位的下降幅度与水损失量也不一样。

与工作面平行方向的观测井（8、11、16、17、18 号）水位变化规律如图 8-11 所示。工作面推过以后，其内部的观测井（8、16 号井）水位在前 10 天内下降幅度较大，但很快便趋于稳定。靠近上平巷的 17 号观测井水位下降幅度也较大，20 天后才趋稳定；上平巷煤柱内观测井（11 号井）水位下降幅度较小，速度较均匀，需 30 天后才能趋于稳定。下平巷煤柱外侧的观测井水位，受工作面采动影响较小，水量损失少，20 天后水位便开始缓慢上升。

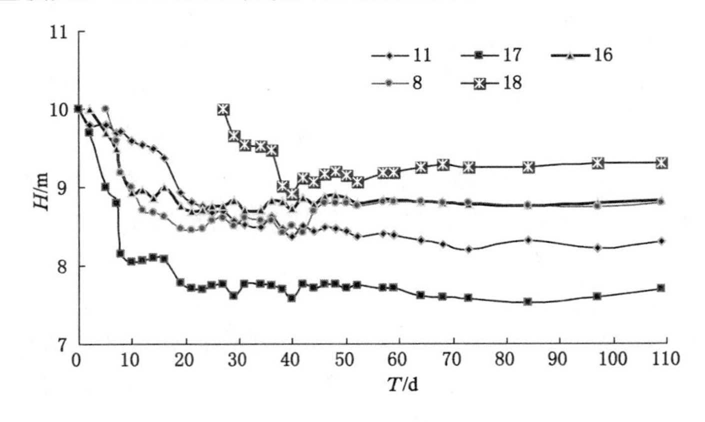

图 8-11　沿工作面方向观测井水位变化

沿工作面推进方向的观测井（1、4、5 号井）水位变化规律如图 8-12 所示。工作面中部观测井水位在工作面推过以后的前 10 天内下降幅度较大，10～

15 天逐渐上升，20 天左右趋于稳定。

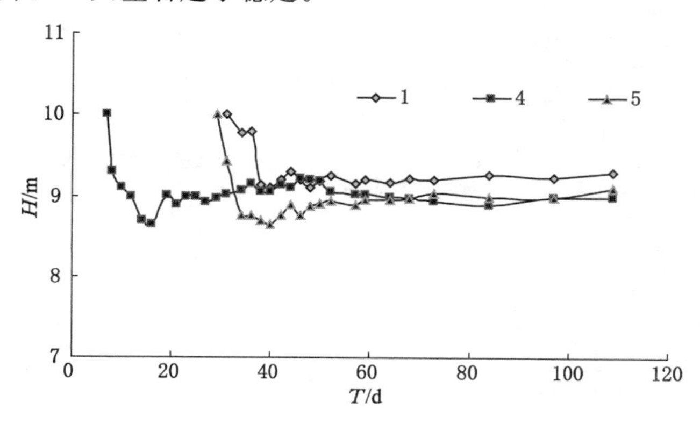

图 8-12 沿工作面推进方向观测井水位变化

在工作面回采巷道内侧(2、17 号井)与外侧(18 号井)观测井水位变化规律如图 8-13 所示。平巷内侧观测井水位下降幅度较大，观测井水位一般需 20～40 天后才趋稳定，且水位上升的幅度较小；平巷外侧观测井水位下降幅度相对较小，水位一般需 15 天左右即可趋于稳定，且 50 天后水位逐渐回升。

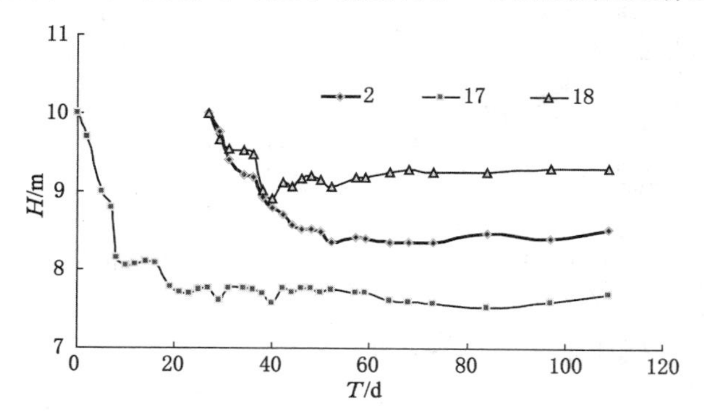

图 8-13 工作面回采巷道内侧、外侧观测井水位变化

工作面回采巷道煤柱内观测井(9、11、21 号井)水位变化规律如图 8-14 所示。工作面回采巷道煤柱内部观测井水位下降幅度与工作面中部观测井、工作面回采巷道内侧观测井水位相近，而比回采巷道外侧观测井水位下降幅度小。

④ 工业性试验结论

通过水位观测表明，工作面中部的水位稳定较快，水量损失较小，缓慢上升较早(50 天后)；平巷附近的水井水位稳定慢，水量损失较大，且缓慢上升开始的时间较长(90 天后)；而平巷外侧的水井水量损失最小，稳定快、恢复上升也快。

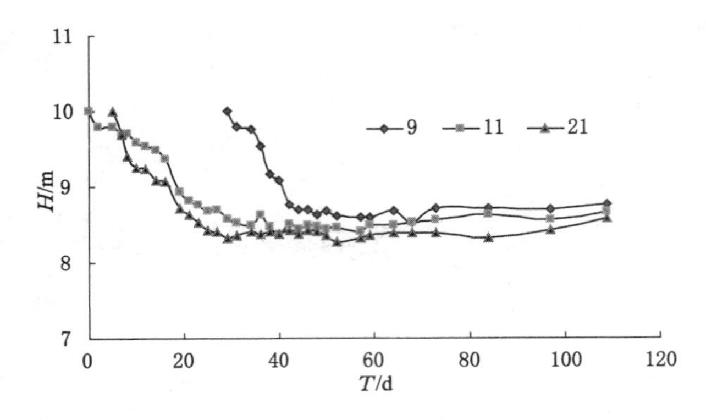

图 8-14　工作面回采巷道煤柱内观测井水位变化

总体上，工作面范围内，水位下降量为 0.05～2.23 m，平均 1.45 m。但大部分地段总体水位下降幅度均小于地面下降幅度，采后采空区上方水位整体呈相对上升趋势，如图 8-15 所示。

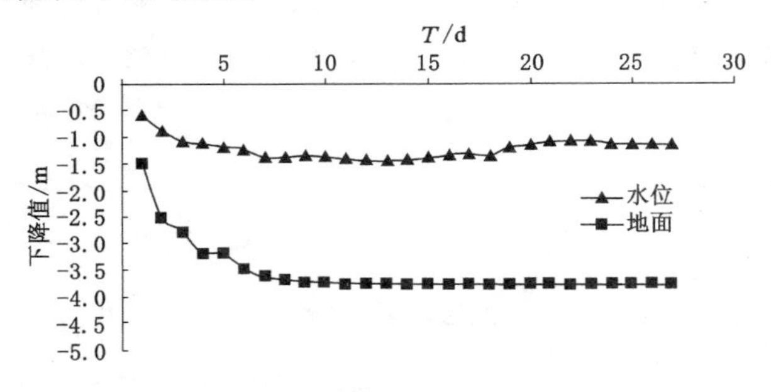

图 8-15　采后地表和观测水井平均水位下降状况

(2) 冲沟下浅埋煤层保水开采工程实践

① 工作面概况及冲沟发育状况

选取大柳塔矿 12404 工作面为实践基地。工作面布置及煤层底板等高线、基岩厚度等值线、松散层厚度等值线及含水层厚度等值线如图 8-16 所示。

在距开切眼 2 000～2 150 m 有母河沟横穿而过，经探测母河沟两侧发育深度不一的古冲沟。沟内地表大部分被第四系冲洪积物、风积沙覆盖；古冲沟基岩受冲刷严重，切割较深。为实现冲沟下保水开采，在一古冲沟下开采时首先进行了工业性试验。

根据图 8-16，沿 A—A 的剖面如图 8-17 所示。冲沟最深处较基岩岸坡标高低 40.4 m，冲沟坡角大约为 14°。且古冲沟内汇集了大量的潜水资源，含水厚度超过 14 m，平均 8.11 m。该段 2^{-2} 煤层厚度 4.0 m 左右，上覆基岩厚度18.24～

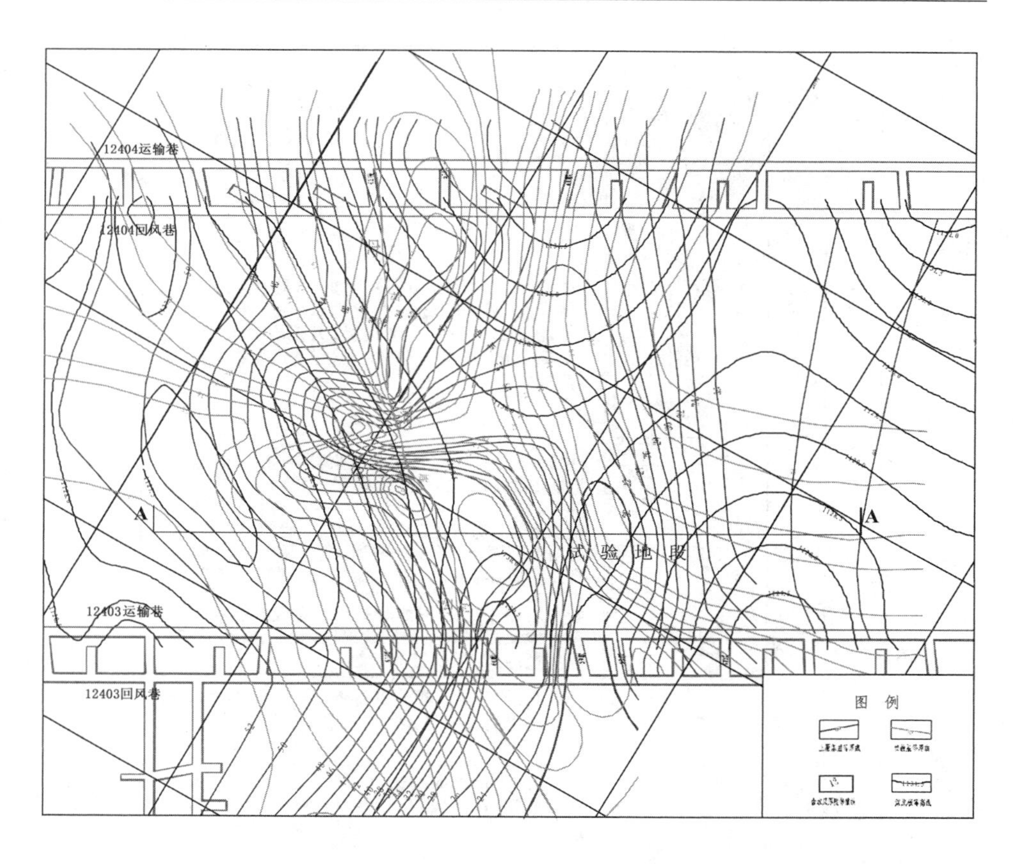

图 8-16 12404 工作面布置及等值线

35.84 m,其中风化岩厚度 0～5.41 m,正常基岩厚度 17.47～31.88 m。该段地质综合柱状图如图 8-18 所示。

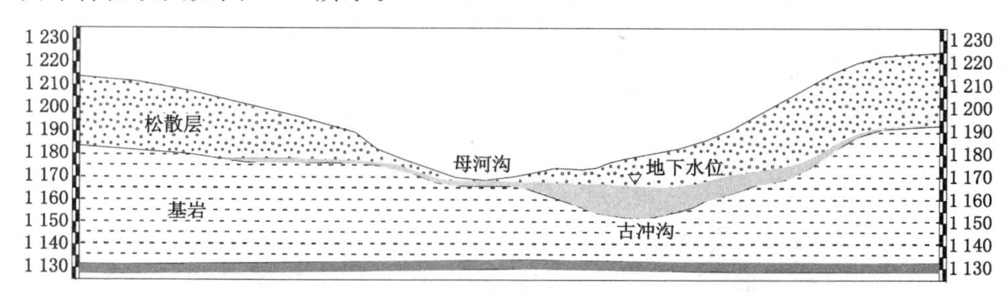

图 8-17 A—A 剖面及古冲沟发育情况

② 保水开采设计

地层单位	累深	层厚/m 最小~最大 平均	柱状 1:200	岩石名称及岩性描述
Q_{3+4}	17.23	0~35 / 17.23	含水层平均厚8.11 m	风积沙：淡黄色，由各粒级沙子、砂土、亚砂土组成，上部以风成为主，下部以冲洪积砂砾石为主，成分以石英岩、花岗岩、片麻岩为主，砾径2~50 mm，厚度0~0.25 m，与下伏呈不整合接触
$J_{1-2}y$	21.20	0~74 / 3.97		砂质泥岩：据钻探判层及泥浆岩屑确定，偶见少量煤屑，松软，属强风化底层
	25.62	4.42		砂质泥岩：深灰色，具水平纹理，碎块状，偶见滑面及裂隙，夹薄层粉砂岩，含大量植物茎部化石及炭屑，与下伏地层过渡接触，属正常基岩
	30.13	4.51		粉砂岩：浅灰色，具水平纹理及缓波状纹理，夹薄层砂质泥岩或呈互层状出现，层状构造，底部粒度渐粗，与下伏过渡接触
	31.10	0.97		细砂岩：浅灰色，成分以石英、长石为主，含少量暗矿物碎屑及云母碎片，厚层状结构，层理均一，泥质胶结
	38.98	7.88		中砂岩：上部浅灰白色，钙质胶结，较坚硬，下部泥质胶结，半坚硬，成分以石英、长石为主，厚层状构造，偶见水平纹理及缓波状纹理
	42.17	3.19		细砂岩：浅灰色，成分以石英、长石为主，含少量暗矿物碎屑及云母碎片，具水平纹理，含大量植物茎部化石及炭屑，较松软
	45.91	3.74		砂质泥岩：深灰色，具水平纹理及缓波状纹理，含大量植物茎、叶部化石及炭屑，断口呈阶梯状，砂质含量较大，半坚硬
	49.91	4.0		

图 8-18　地质综合柱状

对于冲沟右边坡下开采时为向沟开采，冲沟平均坡角为 14.2°，冲沟切割深度为 40.4 m；对于左边坡下开采时为背沟开采，冲沟平均坡角为 11.6°，冲沟切割深度为 23.2 m。

对于向沟开采坡体，切割系数为：

$$k = \frac{h_0}{H} = \frac{40.4}{60} = 0.67$$

因此，向沟开采坡体为采动缓和型坡体。

对于背沟开采坡体，切割系数为：

$$k = \frac{h_0}{H} = \frac{21.9}{45.2} = 0.48$$

因此，背沟开采坡体为采动不敏感型坡体。

根据以上分析，选择右边坡下保水开采进行工业性试验，即向沟开采。

按照表 6-7 采动坡体敏感性分类，该冲沟为采动缓和型坡体。再根据表 6-8 冲沟下浅埋煤层保水开采适用性分类，在该区应采用的措施为：加快工作面推进速度，合理控制顶板；降低工作面采高，配合局部注浆加固。

a. 工作面开采设计

工作面设计长度为 220 m，走向推进长度为 5 241.68 m；工作面采用正规循环作业方式，设计采高 4.0 m；工作面支架额定工作阻力为 8 638 kN。

b. 冲沟下开采支护阻力验证

基本顶厚度为 7.88 m，根据式(5-4)，取岩层抗拉强度为 6 MPa，则可得出周期来压步距为 11.27 m，块度为 0.70。

直接顶厚度为 6.93 m，取碎胀系数为 1.25，则基本顶的最大回转角为 6.46°。

基本顶岩层密度为 2 610 kg/m^3，根据式(5-27)，取 g=10 m/s^2，C=2 MPa，则可计算出滑移块的长度为 15.2 m。

将上述参数代入式(5-42)，可计算出最小支护强度为 314 kPa，工作面最大控顶距为 5.6 m，支架宽度为 1.75 m，则支架提供的最小支撑力应为 3 077 kN。若取支护效率为 0.95，则支架的支撑力应达到 3 239 kN。因此，设计采用的支架可以满足向沟开采时顶板控制的需要。

c. 保水开采方案设计

在工业性试验中，工作面推进平均速度保持大于 15 m/d，以满足快速推进的需要；工作面液压支架的额定工作阻力为 8 638 kN，可以满足顶板控制的需要；在过此冲沟时，采高由 4 m 逐步降至 3 m；由于越接近沟底，顺层滑移现象越明显，在冲沟底部进行注浆加固，注浆区域如图 8-19 所示。

在加固范围内布置 21 个地面注浆孔，间距 10～20 m 不等，每个注浆孔承担的加固面积为 153 m^2。注浆材料选用水泥-水玻璃浆，使用三乙醇胺作外掺剂。浆液配比主要根据砂层的颗粒级配、孔隙率和含水量来确定。地面注浆孔采用 DPP-100 型工程钻机按 ϕ146 mm 成孔，终孔深度为遇见风化泥岩，成孔后，下入

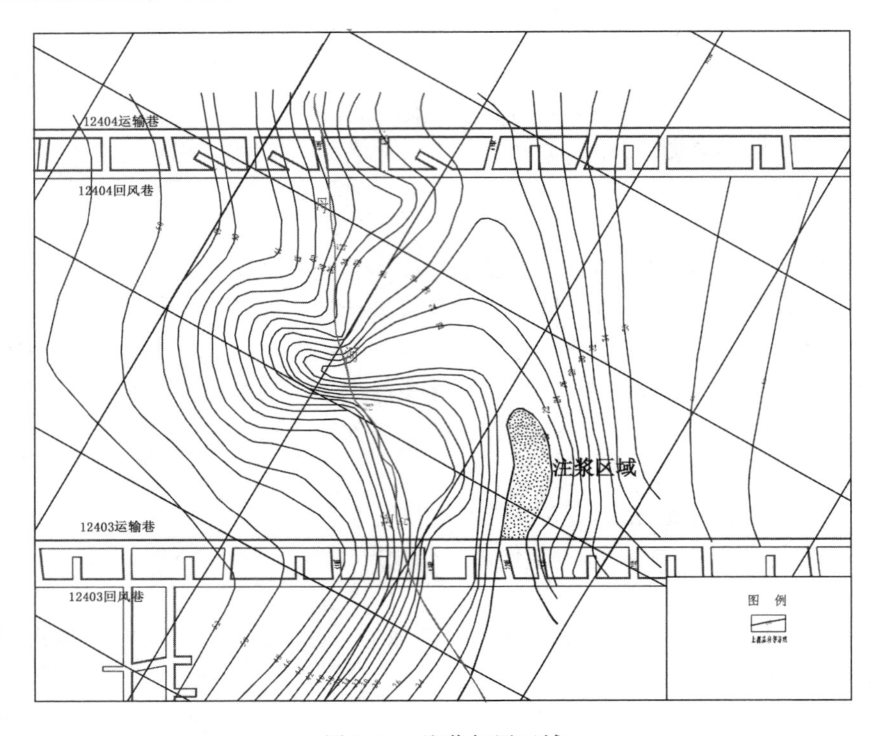

图 8-19　注浆加固区域

ϕ60.3 mm 无缝钢管(壁厚 2.5 mm)作注浆管,封填管与钻孔间隙,进行压力注浆。

③ 水位观测

为了分析研究大柳塔矿 12404 工作面在采动缓和型冲沟及附近区域的开采过程及开采以后井上、下水位的变化情况,在地面分别布置了 15 个水位观测井(观 1、观 2、水井 #1～#13),见图 8-20。

沿工作面走向方向水井(#8、#3、观 2、#12、#10、#11、#9)水位变化情况见图 8-21。从图中可以看出:观测井水位一般超前于工作面 20 d 左右开始受影响,水位受采动影响下降 5～10 m,最大下降幅度 4 m/d 左右。工作面推过之后水位迅速回升,50 d 后渐趋稳定。观测井稳定后的水位比原水位略低。

沿工作面方向水井可分为三个区域:a. #4、#5、#8、#6、#13、#7;b. 观 1、观 2;c. #1、#2、#10。水位变化情况如图 8-22 所示。工作面中部水位比靠近平巷的观测井水位下降幅度略小,且提前趋于稳定。回风平巷一侧,因受相邻工作面回采的影响,比未受采动影响的运输平巷一侧的观测水井水位下降幅度

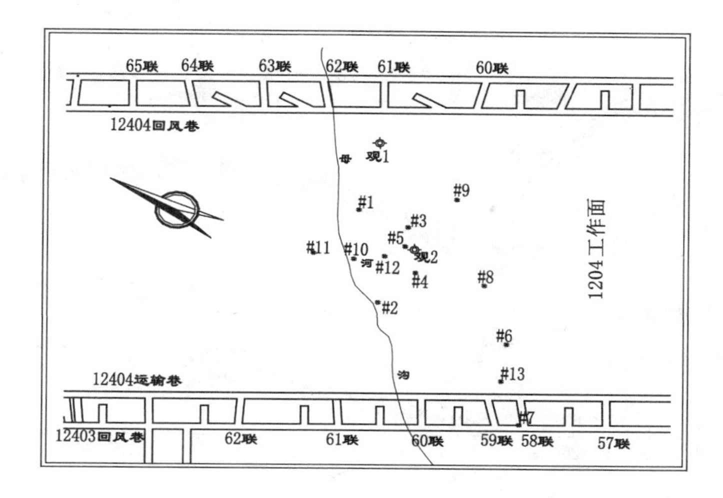

图 8-20　水位观测孔布置

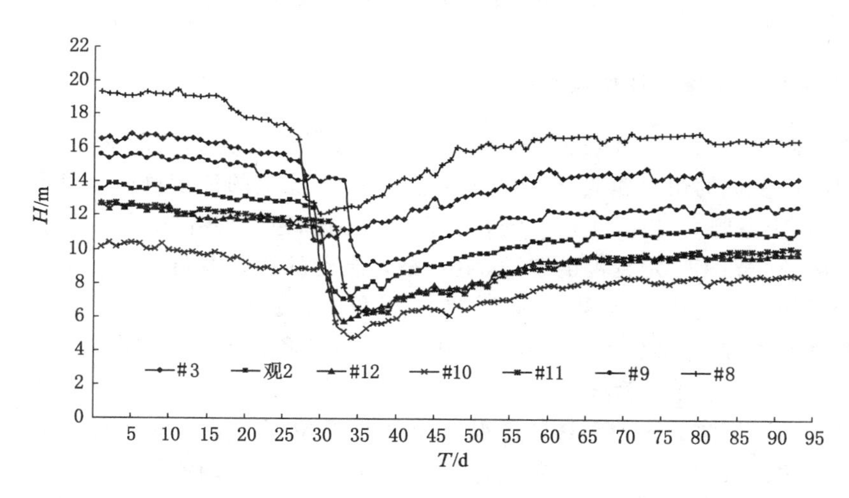

图 8-21　沿工作面走向方向观测井水位变化

稍大。注浆区观测井(＃6、＃13)水位与等厚区域观测井(＃4、＃5)水位基本一致。

④ 工业性试验结论

对水位观测结果的分析表明,水资源在采动之后能够很快恢复,且流失量较少,证明在此条件下,采用加快工作面推进速度、调整采高配合局部注浆的方法,可以保证冲沟下浅埋煤层保水开采试验成功。

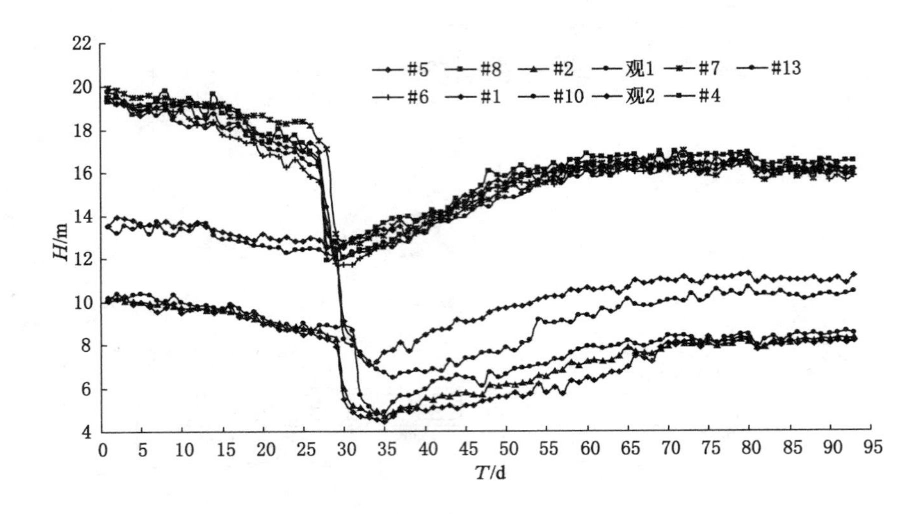

图 8-22　沿工作面方向观测井水位变化

8.3.3　采后生态修复及功能优化

神东矿区井工开采沉陷区全部位于先期构建的矿区生态功能圈之内，外围防护圈经过植被的快速建成，已由流动沙区演替至稳定的油蒿群落。开采后植被生产力、土壤肥力，以及生态系统自我调节能力和稳定性并未受到显著影响，但局部区域受到了一定程度的扰动，主要是表层土的松动有可能造成固定或半固定沙丘的重新活化，需要进一步进行生态功能加强。为此，在井工开采沉陷区详细调查的基础上，实施了大面积的人工补播、造林和农田复垦技术。

（1）农田复垦作物筛选优化

神东矿区沉陷区土地复垦任务艰巨。为此，建立了农业复垦试验示范区，为将来大面积的农田复垦提供技术支持。农业复垦区可供选择的作物不多，作物种植试验显示，采煤沉陷对当地的旱作农业有一定的负面影响，但马铃薯、谷子、黍子配合以适当的田间措施，可在黄土硬梁地的沉陷区种植[6,211]。

（2）非农田沉陷区植被恢复技术

研究表明：沉陷对地表植被生长没有明显影响，因此在原有植被较好的沉陷区实行封育，使其自然恢复。在植被较差的沉陷区采取补设沙障、补播草籽，以稳定沙面，保持植被覆盖度。在沉陷区稳定后，种植沙棘和沙柳，恢复并提高沉陷区土地生产力，促进当地经济发展[6,211]。

8.4　中心美化圈构建

矿井工业区生态功能的建设与景观重建，是神东矿区生态建设工程的一个重要组成部分，与矿区风沙治理、小流域治理、水源保护等相辅相成。一是对各矿井工业区采取水土保持措施，二是对之进行绿化美化，而形成矿井生态景观格局。神东矿区大规模的开发建设必然形成大量的地面建筑，主要是矿井工业场区与生活住宅区，合称工矿建设区，是矿区生产生活的中心区域。由于这类区域建设对地表的扰动强度大，甚至要完全破坏地表生态或造成严重的水土流失，因此，必须对这类区域进行生态功能构建。同时，由于这类区域是人们从事生产和生活的主要场所，在建设中还需体现以人为本的思想，构建其景观，创造优美的生产生活空间。

中心美化圈对矿区中心区进行最优化的生态功能与景观建设，生态功能与景观构建技术集水土保持技术、植被建设技术、园林建造技术、景观建造技术、市政建设技术等为一体，配合外围防护圈与周边生态圈，形成三圈整体生态功能。

对各工业场区、厂矿庭院进行园林化建设，生产小区总绿化面积 466.17 m^2，绿地覆盖率为 38%。各矿区水土保持植物措施及绿化工程如表 8-1 所示，绿化结果如图 8-23 所示。

表 8-1　　神东矿区各矿井水土保持及绿化措施情况

序号	矿名	主要工程量				
		小计/ha	草皮/m^2	乔木/株	灌木/穴	种草/ha
1	大柳塔	13.5	25 689	2 454	201 434	0.27
2	哈拉沟	15.76	16 900	8 760		
3	乌兰木伦	5.32	3 996	27 822	3 668.5	0.56
4	补连塔	123.5	74 128	163 600	1 479 406	5.8
5	榆家梁	6.46		70 244	163 517	
6	上湾	23.96	980	600		
7	马家塔	277.67	36	38 628		17.3
合计		466.17	121 729.00	312 108.00	1 848 025.50	23.93

同时，对生活小区实行园林化建设。生活小区总绿化面积 982.35 亩，绿化率为 33%，高于全国城市绿化覆盖率平均水平 5.56%。人均占有绿地 10 m^2，高于全国人均公共绿地 3.48 m^2。

(a)

(b)

图 8-23　工业产区美化圈构建

(a) 大柳塔矿；(b) 补连塔矿

8.5　工程实践效果

为对比分析工程实践前后地表生态的变化情况，以 Landsat5 卫星 TM 影像为信息源，采用基于遥感技术计算的归一化植被指数(Normalized Difference Vegetation Index，NDVI)来评价地表植被覆盖度及植被生长状态。为了计算方便，由 Landsat5 卫星 TM 影像的第 3(红色)、4(近红外)波段的灰度值 DN 计算出归一化植被指数 NDVI。最后将计算得到的图像，按 NDVI 值进行分段，并加以颜色区别。图 8-24 为 1995 年和 2005 年的矿区植被指数 TM 影像对比[217]。从影像图中可以明显地看出，2005 年的矿区植被指数已经有了明显的提高。

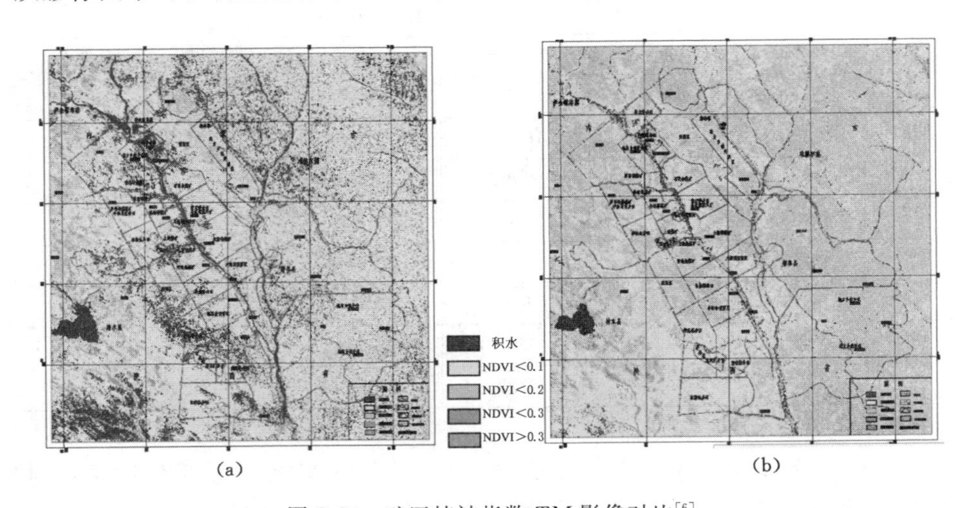

图 8-24　矿区植被指数 TM 影像对比[6]

(a) 1995 年 7 月 26 日；(b) 2005 年 7 月 5 日

植被覆盖度(Fraction of Green Vegetation,Fg)为单位面积内植被的垂直投影面积,它是衡量地表植被状况的一个最重要的指标,也是许多学科的重要参数之一[218]。随着遥感技术的发展,从多时相、多波段遥感信息可以提取出地表植被覆盖状况,为大面积地提取植被覆盖度提供了强有力的手段。常用的方法有:经验模型法和植被指数法等。经验模型法依赖于地面观测数据,在大面积推广时受到诸多限制;植被指数法是通过建立植被指数和植被覆盖度的关系来估算植被覆盖度,目前使用比较广泛的是 Gutman 等提出的一种根据归一化植被指数来估算植被覆盖度的方法,其转换模型为[219]:

$$Fg=\frac{NDVI-NDVI_{min}}{NDVI_{max}-NDVI_{min}} \tag{8-1}$$

式中,$NDVI_{max}$ 和 $NDVI_{min}$ 分别为植被整个生长季 NDVI 的最大值和最小值,通过对 NDVI 图像统计得到。

利用得到的 NDVI 图像,采用植被指数转换模型进行植被覆盖度计算得出的不同时段的矿区植被覆盖度分布情况如图 8-25 所示[217,220]。神东矿区开发初期,在粗放式开采模式的影响下,矿区生态受到很大破坏,至 2001 年矿区平均植被覆盖度低于 30%,荒漠化严重[见图 8-25(b)]。自 2001 年开始对井下保护性开采和地表生态环境防治相互响应机理进行探索并进行工业性试验后,2002 年矿区地表生态即得到较大改观,平均植被覆盖度达到 44.80%[见图 8-25(c)]。随着井下保护性开采和地表生态环境防治相互响应的逐步推广,至 2005 年矿区平均植被覆盖度达到 47.17%[见图 8-25(d)]。2006 年平均植被覆盖度提高到了 59.37%,而 2009 年则达到 67%。

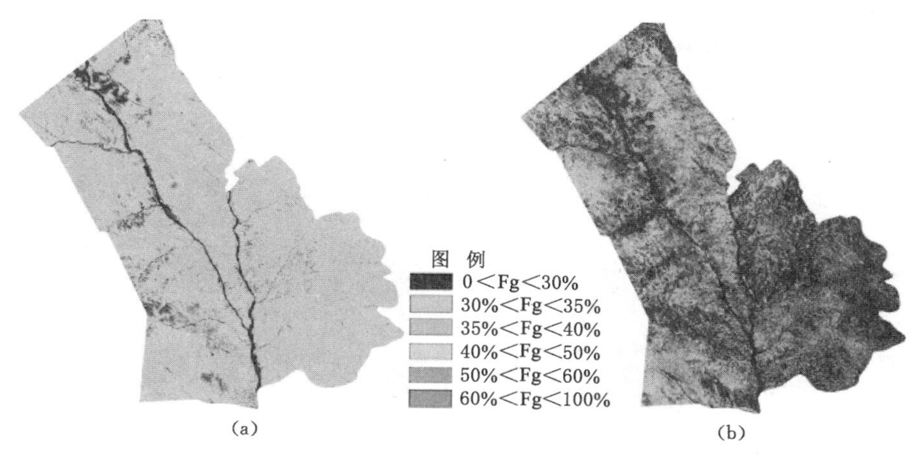

图 8-25　矿区植被覆盖度演变[6]

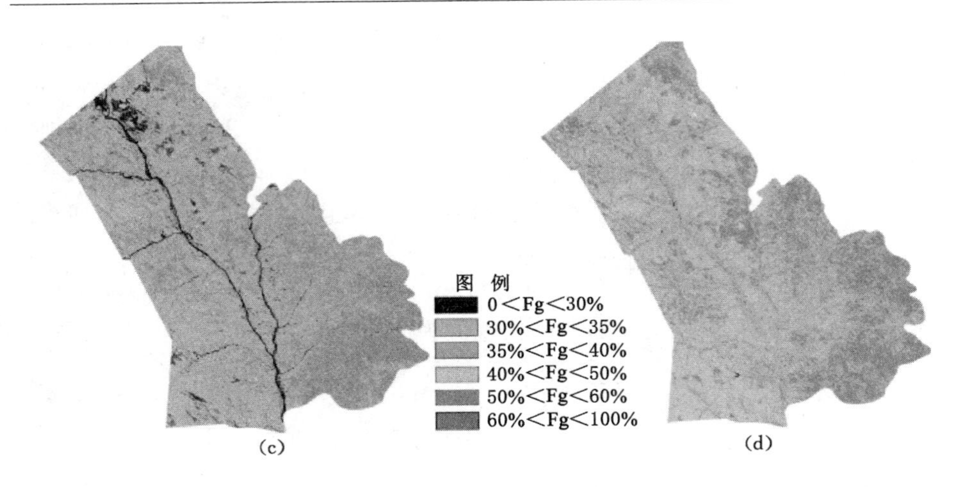

续图 8-25　矿区植被覆盖度演变[6]

(a) 1995 年 7 月 26 日；(b) 2001 年 5 月 31 日；(c) 2002 年 8 月 6 日；(d) 2005 年 7 月 5 日

9 主要结论

本书基于西部煤田浅埋深且冲沟发育、地表生态极其脆弱的特点，提出了井下保护性开采与地表生态环境防治相互响应的机理并进行了工程实践，得出的主要结论如下：

(1) 分析了浅埋煤层开采覆岩移动特征和裂隙发育规律，构建了基于关键层理论的覆岩移动方式判别体系。

神东矿区典型地质条件的模拟研究表明，覆岩与关键层同步下沉，裂隙发育受控于关键层的破断下沉；将完整裂缝带在垂直方向划分为上位裂缝带、中位裂缝带和下位裂缝带，水平方向划分为端部裂隙发育区和中间裂隙压实区；基于四边固支矩形板的极限载荷问题的弹塑性解和上下限原理，得出了适合浅埋煤层开采关键层初次来压步距和周期破断来压步距的计算公式；建立了关键层初次破断和周期破断时的结构力学模型，提出了用于判别关键层结构稳定性的四种模式：触矸前沿煤壁切落、触矸后沿煤壁切落、触矸前架后切落和触矸后架后切落，并构建出覆岩移动下沉方式判别体系。

(2) 研究了隔水层采动渗漏机理和隔水层采动保水性能演化规律，揭示了常规浅埋煤层保水开采机理，并提出了保水开采技术设计体系。

基于控制地下水位的目的，将矿区分为生态水位区、警戒水位区和衰惫水位区。现场钻孔窥视结果表明，神东矿区广泛赋存的风化带岩层具有较好的采动保水性。分析了隔水层发生台阶下沉时采动渗漏的机理，确定了含隔比是判别隔水层在采动裂隙愈合后是否发生采动渗漏的主要指标。分析了端部裂隙发育区和中部裂隙压实区保水性能演化规律，据此提出常规浅埋煤层保水开采机理为：隔水层采动裂隙的快速愈合；减小隔水层的采动损伤程度；增加隔水层的采动保水能力。将保水开采技术分为两大层次：① 基础条件。包括合理确定开采方法及开采工艺、高可靠性设备配套和工作面有效支护。② 支撑技术。包括加大工作面尺寸、加快工作面推进速度、合理调整采高、局部充填采空区和局部注浆加固。提出了保水开采设计体系的五大模块：矿井开采设计模块、覆岩移动型式预测模块、保水开采设计模块、保水开采可行性反馈模块和工业性应用模块。

(3) 基于冲沟下浅埋煤层覆岩移动的典型特征，建立了向沟开采和背沟开采时坡体结构力学模型，提出了向沟开采和背沟开采保水开采技术及机理。

通过对坡体结构力学模型的分析计算，给出了向沟开采和背沟开采时的周期来压步距，得出了坡体结构滑落失稳、回转失稳及顺层滑移的条件及判别公式；分析了向沟开采时水资源的下向流失和顺层流动机理及背沟开采时的逆倾导水机理，依此提出了冲沟下浅埋煤层保水开采技术及机理为：留取适当冲沟保安煤（岩）柱、合理调整采高、注浆加固和调整开采方法为部分开采或充填开采。

（4）选取隔裂位态系数和冲沟采动敏感性为指标，构建了常规浅埋煤层保水开采和冲沟下浅埋煤层保水开采技术适应性分类体系。

根据隔裂位态系数，将常规浅埋煤层保水开采分为保水开采自然区、保水开采容易区、保水开采中等区、保水开采困难区及保水开采极难区，并针对不同分区，提出了相应的适用技术；根据冲沟的采动敏感性，将冲沟坡体分为三类：采动敏感型坡体、采动缓和型坡体和采动不敏感型坡体，并针对不同的冲沟类型，提出了冲沟下浅埋煤层保水开采技术的适用性。

（5）分析出地表环境采动适应性规律，选取出抗采动干扰能力强的物种。

根据对开采沉陷矿区的调研，实施井下保护性开采后井下采动对土壤质量的影响并不大；提出水平根系发达的植物抗开采干扰能力强；根据对矿区地表典型植被根系的调查，油蒿可作为矿区生态环境保护的顶级群落，而以沙柳、虫实、沙米为代表性的植被，可作为先锋植物之用。

（6）引入了矿区生态功能构建理论与技术，并通过工程实践证明，采前生态功能圈构建、采中保水开采和采后生态修复，使浅埋煤层开采与地表生态保护相互响应，可达到保护地表生态的目的。

提出了基于植被人工调控与导向演替、植物种选择优化技术、林分结构优化配置及抗逆生态系统综合建设为核心的生态功能圈构建理论和技术。外围防护圈是基础，起防风固沙的作用。工程实践中，以植物措施为主，机械措施为辅，构筑沙障，适时适地造林；周边常绿圈是关键，起生态调控作用。工程实践中，通过采前功能圈构建、采中井下保护性开采及采后生态修复，来保障周边常绿圈的稳定性；中心美化圈是矿区生产生活的中心区域，核心是优化生态功能与景观建设。通过工程实践，神东矿区植被覆盖度从开发初期的3%～11%提高到了67%（2009年），形成了系统稳定、功能完善的地表生态功能圈，地表抗采动干扰能力大大增强，生态环境得以明显改善。

（7）在后续研究中，应进一步研究风化岩层的隔水机理，并完善、细化冲沟下浅埋煤层保水开采机理及其技术适用性分类；另外，可深化研究成果，开发出浅埋煤层覆岩移动型式智能预测软件及保水开采技术设计软件，以利于成果的推广应用。

参考文献

[1] 崔民选. 中国能源发展报告[M]. 北京:社会科学文献出版社,2008.

[2] 魏秉亮. 神府矿区突水溃沙地质灾害研究[J]. 中国煤田地质,1996,8(2):28-30.

[3] 范立民. 神府矿区矿井溃砂灾害防治技术研究[J]. 中国地质灾害与防治学报,1996,7(4):35-38.

[4] 傅耀军,李曦滨,孙占起,等. 晋陕蒙能源基地榆神府矿区水土流失综合评价[J]. 水土保持通报,2003,23(1):32-35.

[5] 邢大韦,张卫,王百群. 神府-东胜矿区采煤对水资源影响的初步评价[J]. 水土保持研究,1994,1(4):92-99.

[6] 中国神华能源股份有限公司神东煤炭分公司,中国矿业大学,内蒙古农业大学. 神东亿吨级矿区生态环境综合治理技术[R]. 神木,2006.

[7] 中国神华能源股份有限公司神东煤炭分公司,中国矿业大学. 特大井田浅埋藏易自燃煤层防灭火关键技术研究[R]. 神木,2006.

[8] ЦИМБАРЕВИЧ П М. 矿井支护[M]. 北京:煤炭工业出版社,1957.

[9] 黄庆享. 浅埋煤层长壁开采顶板结构及岩层控制研究[M]. 徐州:中国矿业大学出版社,2000.

[10] HOLLA L, BUIZEN M. The ground movement, strata fracturing and changes in permeability due to deep longwall mining[J]. International journal of rock mechanics, mining science, and geomechanics abstracts, 1991,28(2-3):207-217.

[11] HOLLA L. Some aspects of strata movement related to mining under water bodies in New South Wales, Australia[C]//Proceedings of the Fourth I. M. W. A. Congress. Lubljana, Australia, 1991.

[12] 姜福兴,蒋国安,谭云亮. 印度浅埋坚硬顶板厚煤层开采方法探讨[J]. 矿山压力与顶板管理,2002(1):57-59.

[13] 赵宏珠. 印度综采长壁工作面浅部开采实践[J]. 中国煤炭,1998(12):49-51.

[14] SINGH R P,YADAV R N. Subsidence due to coal mining in India[C]//Proceedings of the Fifth International Symposium on Land Subsidence. Hague,1995.

[15] 石平五,侯忠杰.神府浅埋煤层顶板破断运动规律[J].西安矿业学院学报,1996,16(3):204-207.

[16] 张世凯,王永申,李钢.厚松散层薄基岩煤层矿压显现规律[J].矿山压力与顶板管理,1998(1):5-8.

[17] 侯忠杰.厚砂下煤层覆岩破坏机理探讨[J].矿山压力与顶板管理,1995(1):37-40.

[18] 侯忠杰.松散层下浅埋薄基岩煤层开采的模拟[J].陕西煤炭技术,1994(2):38-41.

[19] 封金权,张东升,王旭锋,等.土基型浅埋煤层矿压显现规律实测与分析[J].煤矿安全,2008(1):90-91.

[20] 卢鑫,张东升,范钢伟,等.厚砂层薄基岩浅埋煤层矿压显现规律研究[J].煤矿安全,2008(9):10-12.

[21] 侯忠杰.断裂带老顶的判别准则及在浅埋煤层中的应用[J].煤炭学报,2003,28(1):8-12.

[22] 侯忠杰,张杰.厚松散层浅埋煤层覆岩破断判据及跨距计算[J].辽宁工程技术大学学报,2004,23(5):577-580.

[23] 侯忠杰,吕军.浅埋煤层中的关键层组探讨[J].西安科技学院学报,2000,21(1):5-8.

[24] 黄庆享,李树刚.浅埋薄基岩煤层顶板破断及控制[J].矿山压力与顶板管理,1995(3):55-57.

[25] 黄庆享,祈万涛,杨春林.采场老顶初次破断机理与破断形式分析[J].西安矿业学院学报,1999(19):3.

[26] 黄庆享,钱鸣高,石平五.浅埋煤层采场老顶周期来压的结构分析[J].煤炭学报,1999,24(6):581-585.

[27] 许延春,杨峰,李旭东.西部煤矿开采地表冲沟水害的预计评价[J].华北科技学院学报,2009,6(4):34-38.

[28] 葛民荣.牛头嘴滑坡群特征及稳定性分析[D].太原:太原理工大学,2005.

[29] 姜德义,朱合华,杜云贵.边坡稳定性分析与滑坡防治[M].重庆:重庆大学出版社,2005.

[30] 何万龙.山区开采沉陷与采动损害[M].北京:中国科学技术出版社,2003.

[31] 徐邦栋.滑坡分析与防治[M].北京:中国铁道出版社,2001.

[32] ITIOGEN P S. Mine access road slope failure：A case study from the Ok Tedi Mine[J]. Symposia Series-Australasian Institute of Mining and Metallurgy，1997(10)：127-132.

[33] KWIAKEK J. Ochrona obiektow budowlanych na terenach gorniczych [J]. Katowice GIG，1997(6)：56-69.

[34] SPECK R C. Large-scale slope movements and their affect on spoil-pile stability in Interior Alaska[J]. International journal of surface mining & reclamation，1993，7(4)：161-166.

[35] PENG S S. Slope stability under the influence of ground subsidence due to longwall mining[J]. Mining science & technology，1989，8(2)：89-95.

[36] KHAIR A W，QUINN M K，CHAFFINS R D. Effect of topography on ground movement due to longwall mining [J]. Mining engineering，1988，40(8)：820-822.

[37] SINGH T N，SINGH D P. Slope behaviour in an opencast mine over old underground voids[J]. International journal of surface mining & reclamation，1991，5(4)：195-201.

[38] BUCHAN I F，BAARS L F. Opencast coal mining at Kriel Colliery[J]. Journal of the South African Institute of Mining and Metallurgy，1980，80(1)：46-55.

[39] ROSS-BROWN D M. Design considerations for excavated mine slopes in hard rock[J]. International journal of rock mechanics and mining science & geomechanics，1975，12(7)：99.

[40] KOSTAK B，CHAN B，RYBAR J. Deformation trends in the Jezeri Castle massif，Krusne Hory Mts [J]. Acta geodynamica et geomaterialia，2006，3(2)：39-49.

[41] FRANKS C A M，GEDDES J D. Comparative study by numerical modelling of movements on sloping ground due to longwall mining[C]// Ground Movements and Structures，Proceedings of the 3rd International Conference，1985.

[42] DRUCKER H，LE CUN Y. Improving generalization performance using double backpropagation[J]. IEEE transactions on neural networks，1992，3(6)：991-997.

[43] CUNDARI T R. Modeling lanthanide coordination complexes. Comparison of semiempirical and classical methods[J]. Journal of chemical informa-

tion and computer sciences,1998,38(3):523-528.

[44] MARTYNYUK A A. A new trend in the analysis of nonlinear systems [J]. Sverkhtverdye materialy,1994(5-6):3-17.

[45] DONNELLY L J,NORTHMORE K J,SIDDLE H J. Block movements in the Pennines and South Wales and their association with landslides[J]. Quarterly journal of engineering geology and hydrogeology,2002(35):33-39.

[46] BEUTNER E C,GERBI G P. Catastrophic emplacement of the Heart Mountain block slide[J]. Geological society of America bulletin,2005(117):724-735.

[47] KIM K,LEE S,OH H,et al. Assessment of ground subsidence hazard near an abandoned underground coal mine using GIS[J]. Environmental geology,2006,50(8):1183-1191.

[48] SINGH R,MANDAL P,SINGH A,et al. Upshot of strata movement during underground mining of a thick coal seam below hilly terrain[J]. International journal of rock mechanics and mining sciences,2008,45(1):29-46.

[49] WATSON B P. A rock mass rating system for evaluating slope stability on the Bushveld platinum mines[J]. Journal of the South African Institute of Mining and Metallurgy,2004,104(4):229-238.

[50] DOMANSKA D,WICHUR A. The researches on slope stability evaluation with inclinometric measurements[J]. Archives of mining sciences,2006,51(4):503-528.

[51] 白占平,郭增涛.井工开采对边坡稳定性影响的有限元分析[J].中国矿业大学学报,1991,20(4):81-86.

[52] 白占平.地质构造与井采对边坡岩移影响的试验研究[J].阜新矿业学院学报(自然科学版),1993,12(2):46-49.

[53] 白占平,曹兰柱,骆中洲.矿山层状反倾边坡岩体移动规律的试验研究[J].工程地质学报,1997,5(1):80-85.

[54] 韩放,谢芳,王金安.露天转地下开采岩体稳定性三维数值模拟[J].北京科技大学学报,2006,28(6):509-514.

[55] 孙世国,蔡美峰,程五一.地下采动对边坡岩体稳定性的影响规律[J].勘察科学技术,1994(4):22-25.

[56] 孙世国,王思敬.抚顺西露天矿北帮地面长期剧烈变形原因的分析[J].勘察科学技术,1998(5):6-11.

[57] 孙世国,林国棋,白会人.地下工程开挖对斜坡体影响的研究[J].市政技术,2004,22(6):357-370.

[58] 蔡美峰,冯锦艳,王金安.露天高陡边坡三维固流耦合稳定性[J].北京科技大学学报,2006,28(1):6-11.

[59] 徐成斌.露天转地下开采的边坡三维数值模拟研究[D].武汉:武汉科技大学,2007.

[60] 康建荣,何万龙,胡海峰.山区采动地表变形及坡体稳定性分析[M].北京:中国科学技术出版社,2002.

[61] 马超,康建荣,何万龙.山区典型地貌表土层采动滑移规律的数值模拟分析[J].太原理工大学学报,2001,32(3):222-226.

[62] 马超,何万龙,康建荣.山区采动滑移向量模型中参数的多元线性回归分析[J].矿山测量,2000(4):32-35.

[63] 张倬元,刘汉超.地下采掘环境效应的一个特殊实例[J].地学前缘,2001,8(2):285-295.

[64] 庆祖荫.韩城发电厂坡体蠕滑变形机制及工程应急治理[J].西北水电,1998(1):1-7.

[65] 汤伏全,梁明.地下采矿诱发山体滑坡机制的研究[J].煤矿开采,1995(3):34-37.

[66] 杨忠民,黄国明.地下采动诱发斜坡变形机理[J].西安矿业学院学报,1999,19(2):105-109.

[67] 古迅.地下采煤引起斜坡滑动的一个实例:韩城电厂滑坡成因分析[J].地质科学,1998(1):81-91.

[68] 潘宏宇.采动滑坡机理与控制开采方法研究[D].西安:西安科技大学,2005.

[69] 余学义,赵兵朝,党天虎,等.滑坡区下煤层控制开采与综合治理[J].长安大学学报,2006,26(1):67-70.

[70] FAN G W, ZHANG D S, ZHAI D Y, et al. Laws and mechanisms of slope movement due to shallowly buried coal seam mining under ground gully[J]. Journal of coal science and engineering(China),2009,15(4):346-350.

[71] 王旭锋.冲沟发育矿区浅埋煤层采动坡体活动机理及其控制研究[D].徐州:中国矿业大学,2009.

[72] 张东升,翟德元,王旭锋.冲沟发育矿区浅埋煤层采动坡体活动机理及其控制研究[M].徐州:中国矿业大学出版社,2010.

[73] 范立民.神木矿区的主要环境地质问题[J].水文地质工程地质,1992,

19(6):37-40.

[74] 范立民.论西北大型煤炭基地地下水监测工程问题[J].中国煤炭地质,2018,30(6):87-91.

[75] 韩树清,范立民,杨保国.开发陕北侏罗纪煤田几个水文地质工程地质问题分析[J].中国煤田地质,1992,4(1):49-52.

[76] 范立民.保水采煤是神东煤田开发可持续发展的关键[J].地质科技管理,1998(5):28-29.

[77] BOOTH C J. The effects of longwall coal mining on overlying aquifers [C]//YOUNGER P L, ROBINS N S. Mine water hydrogeology and geochemistry:geological society. [S. l.]:London Special Publications,2002:17-45.

[78] SINGH M M,KENDORSKI F S. Strata disturbance prediction for mining beneath surface water and waste impoundments[C]//Ground Control in Mining. Morgantown,1981.

[79] COE C J,STOWE S M. Evaluating the impact of longwall coal mining on the hydrologic balance[C]//The Impact of Mining on Ground Water. Denver,1984.

[80] BOOTH C J. Strata-movement concepts and the hydrogeological impact of underground coal mining[J]. Ground water,1986,24(4):507-515.

[81] TIEMAN G E,RAUCH H W. Study of dewatering effects at an underground longwall mine site in the Pittsburgh Seam of the Northern Appalachian Coalfield[C]//Proceedings of the Bureau of Mines Technology Transfer Seminar. Pittsburgh,1987.

[82] BOOTH C J, BERTSCH L. Groundwater geochemistry in shallow aquifers above longwall mines in Illinois,USA[J]. Hydrogeology journal,1999,7(6):561-575.

[83] BOOTH C J,CURTISS A,DEMARIS P,et al. Site-specific variation in the potentiometric response to subsidence above active longwall mining [J]. Environmental and engineering geoscience,2000,6(4):383-394.

[84] BOOTH C J,SPANDE E. Potentiometric and aquifer property changes above subsiding longwall mine panels,Illinois basin coalfield[J]. Ground water,1992,30(2):362-368.

[85] BOOTH C J,SPANDE E D,PATTEE C T,et al. Positive and negative impacts of longwall mine subsidence on a sandstone aquifer[J]. Environ-

mental geology,1998,34(2):223-233.

[86] BOOTH C J. Interpretation of well and field data in a heterogeneous layered aquifer setting, Appalachian Plateau[J]. Ground water, 1988, 26(5):596-606.

[87] US DEPT OF THE INTERIOR, OFFICE OF SURFACE MINING. Aquifer response to longwall mining, Illinois[R]. [S. l.], 1997.

[88] BOOTH C J, CURTISS A M, DEMARIS P J, et al. Anomalous increases in piezometric levels in advance of longwall mining subsidence[J]. Environmental and engineering geoscience, 1999, 5(4):407-418.

[89] BOOTH C J, CURTISS A M, MILLER J D. Groundwater response to longwall mining, Saline County, Illinois, USA[C]//Proceedings of the Fifth International Mine Water Congress. Nottingham, 1994.

[90] BOOTH C J, SARIC J A. The effects of abandoned underground mines on ground water, Saline County, Illinois[C]//Proceedings of the National Symposium on Mining, Hydrology, Sedimentology and Reclamation. Springfield, 1987.

[91] BOOTH C J. Groundwater as an environmental constraint of longwall coal mining[J]. Environmental geology, 2006, 49(6):796-803.

[92] ASTON T R C, SINGH R N. A reappraisal of investigations into strata permeability changes associated with longwall mining[J]. Mine water and the environment, 1983, 2(1):1-14.

[93] ASTON T R C, SINGH R N, WHITTAKER B N. The effect of test cavity geology on the in situ permeability of coal measures strata associated with longwall mining[J]. Mine water and the environment, 1983, 2(4):19-34.

[94] LIU J, ELSWORTH D. Three-dimensional effects of hydraulic conductivity enhancement and desaturation around mined panels[J]. International journal of rock mechanics and mining science, 1997, 34(8):1139-1152.

[95] WHITTAKER B N, SINGH R N. Design aspects of barrier pillars against water-logged workings in coal mining operations[J]. Water in mining and underground works, 1984(1):675-692.

[96] MATETIC R, TREVITS M. Hydrologic variations due to longwall mining[C]//Ground Control in Mining. Morgantown, 1992.

[97] ELSWORTH D, LIU J. Topographic influence of longwall mining on ground-water supplies[J]. Ground water, 1995, 33(5):786-793.

[98] VAN ROOSENDAAL D J,KENDORSKI F S,DES PLAINES I L,et al. Application of mechanical and groundwater-flow models to predict the hydrogeologic effects of longwall subsidence-a case study[C]//International Conference of Ground Control in Mining(14th). Morgantown,1995.

[99] BOOTH C J. A numerical model of groundwater flow associated with an underground coal mine in the Appalachian Plateau, Pennsylvania[D]. Central County,PA:Pennsylvania State University,1984.

[100] INDUSTRIAL ENVIRONMENTAL RESEARCH LABORATORY,US ENVIRONMENTAL PROTECTION AGENCY. Dewatering active underground coal mines: technical aspects and cost effectiveness[R]. Cincinati,OH,1979.

[101] HILL J G, PRICE D R. The impact of deep mining on an overlying aquifer in western Pennsylvania[J]. Ground water monitoring review, 1983,3(1):138-143.

[102] MOEBS N N,BARTON T M. Short-term effects of longwall mining on shallow water sources[C]//Mine subsidence control US Dept of the Interior,Bureau of Mines,1985.

[103] BUREAU OF MINES, PITTSBURGH, PA(USA). Case study of the effects of longwall mining induced subsidence on shallow ground water sources in the Northern Appalachian Coalfield[R]. [S. l.],1988.

[104] STONER J D. Probable hydrologic effects of subsurface mining[J]. Ground water monitoring review,1983,3(1):128-137.

[105] KENTUCKY GEOLOGICAL SURVEY. Effects of longwall mining on hydrology,Leslie County,Kentucky[R]. Lexington,KY,2000.

[106] LEAVITT B R,GIBBENS J F. Effects of longwall coal mining on rural water supplies and stress relief fracture flow systems[C]//Third Workshop on Surface Subsidence due to Underground Mining. Morgantown,1992.

[107] WERNER E,HEMPEL J C. Effects of coal mine subsidence on shallow ridge-top aquifers in northern west Virginia[C]//Third Workshop on Surface Subsidence due to Underground Mining. Morgantown,1992.

[108] BOOTH C J. Recovery of groundwater levels after longwall mining [C]//Mine, Water and Environment: Proceedings of the I. M. W. A. International Congress. Sevilla,Spain,1999.

[109] 侯忠杰,肖民,张杰,等. 陕北沙土基型覆盖层保水开采合理采高的确定

[J].辽宁工程技术大学学报,2007,26(2):164.
[110] 师本强,侯忠杰.陕北榆神府矿区保水采煤方法研究[J].煤炭工程,2006(1):63-65.
[111] 张杰,侯忠杰.榆树湾浅埋煤层保水开采三带发展规律研究[J].湖南科技大学学报(自然科学版),2006,21(4):10-13.
[112] 赵兵朝,余学义.浅埋煤层保水开采识别系统研究[J].西安科技大学学报,2008,28(4):623-628.
[113] 何兴巧.浅埋煤层开采对潜水的损害与控制方法研究[D].西安:西安科技大学,2008.
[114] 范立民,蒋泽泉,牛建国,等.榆神府矿松散含水层下采煤隔水岩层组特性的研究[J].中国煤田地质,2003,15(4):52-53.
[115] 范立民,蒋泽泉.榆神矿区资源赋存特征及保水采煤问题探讨[J].西部探矿工程,2003(1):72-73.
[116] 范立民,蒋泽泉.榆神矿区保水采煤的工程地质背景[J].煤田地质与勘探,2004,32(5):32-35.
[117] 范立民,蒋泽泉,许开仓.榆神矿区强松散含水层下采煤隔水岩组特性的研究[J].中国煤田地质,2003,15(3):25-30.
[118] 王双明,黄庆享,范立民,等.生态脆弱矿区含(隔)水层特征及保水开采分区研究[J].煤炭学报,2010(1):7-14.
[119] 黄庆享.浅埋煤层保水开采隔水层稳定性的模拟研究[J].岩石力学与工程学报,2009,28(5):987-992.
[120] 黄庆享.浅埋煤层开采隔水层位移规律相似模拟研究[J].煤田地质与勘探,2006,34(5):35-37.
[121] 胡火明.近浅埋煤层保水开采覆岩移动模拟研究与实测[D].西安:西安科技大学,2009.
[122] 刘腾飞.浅埋煤层长壁开采隔水层破坏规律研究[D].西安:西安科技大学,2006.
[123] 蔚保宁.浅埋煤层粘土隔水层的采动隔水性研究[D].西安:西安科技大学,2009.
[124] 缪协兴,陈荣华,白海波.保水开采隔水关键层的基本概念及力学分析[J].煤炭学报,2007,32(6):561-564.
[125] 缪协兴,浦海,白海波.隔水关键层原理及其在保水采煤中的应用研究[J].中国矿业大学学报,2008,37(1):1-4.
[126] 浦海.保水采煤的隔水关键层模型及力学分析与应用[D].徐州:中国矿业

大学，2007.

[127] 马立强，张东升，刘玉德. 薄基岩浅埋煤层保水开采技术研究[J]. 湖南科技大学学报：自然科学版，2008，23(1)：1-5.

[128] 马立强，张东升，乔京利. 浅埋煤层采动覆岩导水通道分布特征试验研究[J]. 辽宁工程技术大学学报：自然科学版，2008，27(5)：649-652.

[129] 张东升，范钢伟，刘玉德，等. 浅埋煤层工作面顶板裂隙扩展特征数值分析[J]. 煤矿安全，2008(7)：91-93.

[130] 张东升，马立强. 特厚坚硬岩层组下保水采煤技术[J]. 采矿与安全工程学报，2006，23(1)：62-65.

[131] 马立强. 沙基型浅埋煤层采动覆岩导水通道分布特征及其控制研究[D]. 徐州：中国矿业大学，2007.

[132] 范立民. 陕北地区采煤造成的地下水渗漏及其防治对策分析[J]. 矿业安全与环保，2007，34(5)：62-64.

[133] 范立民. 论保水采煤问题[J]. 煤田地质与勘探，2005，33(5)：50-53.

[134] 李文平，叶贵钧，张莱，等. 陕北榆神府矿区保水采煤工程地质条件研究[J]. 煤炭学报，2000，25(5)：449-454.

[135] 叶贵钧. 西北五省(区)的煤炭资源水资源及生态环境[J]. 煤田地质与勘探，2000，28(6)：39-42.

[136] 叶贵钧，张莱，李文平. 陕北榆神府矿区煤炭资源开发主要水工环问题及防治对策[J]. 工程地质学报，2000，8(4)：446-455.

[137] 师本强，侯忠杰. 榆神府矿区保水采煤的实验与数值模拟研究[J]. 矿业安全与环保，2005，32(4)：11-13.

[138] 缪协兴，王安，孙亚军，等. 干旱半干旱矿区水资源保护性采煤基础与应用研究[J]. 岩石力学与工程学报，2009，28(2)：217-226.

[139] 刘玉德. 沙基型浅埋煤层保水开采技术及其适用条件分类[D]. 徐州：中国矿业大学，2008.

[140] 宋亚新. 神府-东胜采煤塌陷区包气带水分运移及生态环境效应研究[D]. 北京：中国地质科学院，2007.

[141] SWANSON D A，SAVCI G，DANZIGER G. Predicting the soil-water characteristics of mine soils[C]//Tailings and Mine Waste Colorado，USA. Rotterdam：A. A. Balkema，1999.

[142] BUCZKO U，GERKE H H. Estimating spatial distributions of hydraulic parameters for a two-scale structured heterogeneous lignitic mine soil [J]. Journal of hydrology，2005，312(1-4)：109-204.

[143] 聂振龙,张光辉,李金河.采煤塌陷作用对地表生态环境的影响:以神木大柳塔矿区为研究区[J].勘察科学技术,1998(4):15-20.
[144] 纪万斌.我国采煤塌陷生态环境的恢复及开发利用[J].中国地质灾害与防治学报,1998,9(增刊):47-51.
[145] 李惠娣,杨琦,聂振龙,等.土壤结构变化对包气带土壤水分参数的影响及环境效应[J].水土保持学报,2002,16(6):100-102,106.
[146] 陈龙乾.矿区土地复垦与使用制度改革探讨[J].中国煤炭,1998,24(6):12-15.
[147] 杜培军,张书毕.矿区土地合理开发与利用研究[J].煤矿环境保护,1998,12(3):11-13.
[148] 李富平,夏冬.采矿迹地生态重建模式研究[J].化工矿物与加工,2010(5):25-28.
[149] 胡振琪.中国土地复垦与生态重建 20 年:回顾与展望[J].科技导报,2009,27(17):25-29.
[150] 胡振琪,卞正富,成枢,等.土地复垦与生态重建[M].徐州:中国矿业大学出版社,2008.
[151] 周锦华,胡振琪,高荣久.矿山土地复垦与生态重建技术研究现状与展望[J].金属矿山,2007(10):11-13.
[152] 夏斐.榆神府矿区基岩风化带工程地质特征[J].陕西煤炭技术,1999(2):44-46.
[153] 徐永圻.采矿学[M].徐州:中国矿业大学出版社,2003.
[154] 钱鸣高,石平五.矿山压力与岩层控制[M].徐州:中国矿业大学出版社,2003.
[155] 张东升,刘玉德,王旭锋.沙基型浅埋煤层保水开采技术及适用条件分类[M].徐州:中国矿业大学,2009.
[156] TASANE Y W,WITHERSPOON P A. The dependence of fracture mechanical and fluid flow properties on fracture roughness and sample size[J]. Journal of geophysical research,1983,88(B3):2359-2366.
[157] ELSWORTH D,GOODMAN R E. Characterization of rock fissure hydraulic conductivity using idealized wall roughness profiles[J]. International journal of rock mechanics and mining sciences & geomechanics abstracts,1986,23(3):233-243.
[158] 钟阳,李锐,刘月梅.四边固支矩形弹性薄板的精确解析解[J].力学季刊,2009,30(2):297-303.

[159] 钟阳,胡波.四边固支矩形厚板分析的有限积分变换法[J].土木建筑与环境工程,2009,31(3):1-5.
[160] 吴洪洋.均布荷载作用下四边固支板的一种逼近解法[J].贵州工业大学学报,2000,29(1):32-35.
[161] 赵祖武.塑性理论基础[M].北京:人民教育出版社,1963.
[162] 余腾海.四边固支矩形板的精确解[J].内江师专学报,1997,12(2):8-13.
[163] 余腾海.四边固支矩形板的极限荷载下限解[J].内江师专学报,1990,17(4):62-64.
[164] 黄庆享.采场老顶初次来压的结构分析[J].岩石力学与工程学报,1998,17(5):521-526.
[165] 钱鸣高,缪协兴,何富连,等.采场"砌体梁"结构的关键块分析[J].煤炭学报,1994,19(6):557-562.
[166] 钱鸣高,缪协兴,许家林,等.岩层控制的关键层理论[M].徐州:中国矿业大学出版社,2000.
[167] 钱鸣高,缪协兴.采场上覆岩层结构的形态与受力分析[J].岩石力学与工程学报,1995,14(6):97-106.
[168] 万力,曹文炳,胡伏生,等.生态水文地质学[M].北京:地质出版社,2005.
[169] 郑丹,李卫红,陈亚鹏,等.干旱区地下水与天然植被关系研究综述[J].资源科学,2005,27(4):160-167.
[170] 荣丽杉,束龙仓,王茂枚,等.合理地下水生态水位的估算方法研究[J].地下水,2009,30(1):12-15,43.
[171] 杨泽元,王文科,黄金廷,等.陕北风沙滩地区生态安全地下水位埋深研究[J].西北农林科技大学学报,2006,34(8):67-74.
[172] 王双明,范立民,黄庆享,等.生态脆弱矿区大型煤炭基地建设的新思路[J].科学中国人,2009(11):122-123.
[173] 肖长来,梁秀娟,王彪.水文地质学[M].北京:清华大学出版社,2010.
[174] ZHANG D S,FAN G W,LIU Y D,et al. Field trials of aquifer protection in longwall mining of shallow coal seams in China[J]. International journal of rock mechanics & mining sciences,2010,47(6):908-914.
[175] 夏斐.榆神府矿区基岩风化带对提高开采上限的作用[J].中国煤田地质,1999,11(4):70-71.
[176] 涂敏,桂和荣,李明好,等.厚松散层及超薄覆岩厚煤层防水煤柱开采试验研究[J].岩石力学与工程学报,2004,23(20):3494-3497.
[177] 宣以琼,武强,杨本水,等.岩石的风化损伤特征与缩小防护煤柱机理[J].

中国矿业大学学报,2004,33(6):678-682.

[178] 杨伟峰.薄基岩采动破断及其诱发水砂混合流运移特性研究[D].徐州:中国矿业大学,2009.

[179] 王飞,仇文革,高新强.黏土不透水层确定及水压力分布规律试验研究[J].岩土力学,2006,27(supp):189-192.

[180] 周健,姚志雄,张刚.管涌发生发展过程的细观试验研究[J].地下空间与工程学报,2007,3(5):842-848.

[181] 吴吉春,薛禹群.地下水动力学[M].北京:中国水利水电出版社,2009.

[182] ARULANANDAN K,LOGANATHAN P,KRONE R B. Pore and eroding fluid influences on surface erosion of soil [J]. Journal of geotechnical engineering division,1975,100(1):51-66.

[183] KHILAR K C,FOLGER H S,GRAY D H. Model for piping plugging in earthen structure[J]. Geotechnology engineering,1985,111(7):833-846.

[184] LÉONARD J,RICHARD G. Estimation of runoff critical shear stress for soil erosion from soil shear strength[J]. Catena,2004,57(3):233-249.

[185] 康永华.采煤方法变革对导水裂缝带发育规律的影响[J].煤炭学报,1998,23(3):262-266.

[186] 缪协兴,王安,孙亚军,等.干旱半干旱矿区水资源保护性采煤基础与应用研究[J].岩石力学与工程学报,2009,28(2):217-226.

[187] 王旭锋,张东升,卢鑫,等.浅埋煤层沙土质冲沟坡体下开采矿压显现特征[J].煤炭科学技术,2010(6):24-28.

[188] SALAMON M D G. Mechanism of caving in longwall coal mining[C]//Rock Mechanics Contributions and Challenges. Golden, Colorado, USA,1990.

[189] PENG S S. Coal mine ground control[M]. 3rd Edition. Morgantown:[s. n.],2008.

[190] 臧荫桐,汪季,丁国栋,等.采煤沉陷后风沙土理化性质变化及其评价研究[J].土壤学报,2010,47(2):262-269.

[191] 何金军,魏江生,贺晓,等.采煤塌陷对黄土丘陵区土壤物理特性的影响[J].煤炭科学技术,2007,35(12):92-96.

[192] 王健,武飞,高永,等.风沙土机械组成、容重和孔隙度对采煤塌陷的响应[J].内蒙古农业大学学报,2006,27(4):37-41.

[193] 齐智鑫.神东矿区草地植物根系生长动态及其影响因子的研究[D].呼和浩特:内蒙古农业大学,2007.

[194] 吕晶洁,胡春元,贺晓.采煤塌陷对固定沙丘土壤水分动态的影响研究[J].干旱区资源与环境,2005,19(7):152-156.
[195] 魏江生,何金军,高永,等.黄土丘陵区土壤水分时空变化特征对采煤沉陷的响应[J].水土保持通报,2008,28(5):66-69,103.
[196] 魏江生,贺晓,胡春元,等.干旱半干旱地区采煤塌陷对沙质土壤水分特性的影响[J].干旱区资源与环境,2006,20(5):84-88.
[197] 臧荫桐,汪季,白彤,等.采煤塌陷后风沙区土壤水分的环境变异性研究[J].干旱区资源与环境,2009,23(6):151-156.
[198] 张发旺,候新伟,韩占涛,等.采煤塌陷对土壤质量的影响效应及保护技术[J].地理与地理信息科学,2003,19(3):67-70.
[199] 赵红梅.采煤塌陷条件下包气带土壤水分与动态变化特征研究[D].北京:中国地质科学院,2006.
[200] 迟琳琳.神东采煤塌陷区造林技术研究[D].呼和浩特:内蒙古农业大学,2009.
[201] 周瑞平.鄂尔多斯地区采煤塌陷对风沙土壤性质的影响[D].呼和浩特:内蒙古农业大学,2008.
[202] 周莹,贺晓,徐军,等.半干旱区采煤沉陷对地表植被组成及多样性的影响[J].生态学报,2009,29(8):4517-4525.
[203] 周莹.半干旱区采煤沉陷对地表植被组成及多样性的影响[D].呼和浩特:内蒙古农业大学,2005.
[204] 张喜武.神东矿区可持续发展战略及其保障系统研究[D].阜新:辽宁工程技术大学,2003.
[205] 张利权,陈小华,王海珍.厦门市生态城市建设的空间形态战略规划[J].复旦学报(自然科学版),2004,43(6):995-1000,1009.
[206] 魏晓东.宁夏六盘山区域经济生态圈布局构想[J].中共银川市委党校学报,2005,7(5):46,47.
[207] 杨鹏辉,李让乐,贾宝全,等.基于多样性生态圈建设的宝鸡城市森林规划[J].中国城市林业,2009,7(2):33-35,45.
[208] 梁曾飞.柳州城市林业生态圈总体布局研究[J].四川林勘设计,2009(1):5-9.
[209] 王辉 彭郭.浅谈城市生态圈建设[J].山东林业科技,2005(1):69-70.
[210] 孟江红.神东煤炭开采生态环境问题及综合防治措施[J].煤田地质与勘探,2008,36(3):45-51.
[211] 王安.神东矿区生态环境综合防治体系构建及其效果[J].中国水土保持

科学,2007,5(5):83-87.

[212] 王子玲,霍晓梅,符亚儒,等.神府东胜沙地矿区植被建设技术研究[J].西北林学院学报,2007,22(6):1-6.

[213] 刘慧辉,胡春元,杨茂,等.神东矿区人工林施肥试验效果研究[J].内蒙古农业大学学报,2008,29(4):102-109.

[214] 戴力彬.神东矿区土壤特性调查与绿化土壤培肥效果试验研究[D].呼和浩特:内蒙古农业大学,2009.

[215] 任余艳,胡春元,贺晓,等.毛乌素沙地巴图塔沙柳沙障对植被恢复作用的研究[J].水土保持研究,2007,14(2):13-15.

[216] 中国神华能源股份有限公司神东煤炭分公司,内蒙古农业大学,中国矿业大学.神东矿区采煤塌陷区生态恢复技术试验与示范研究[R].神木,2006.

[217] 雷少刚.荒漠矿区关键环境要素的监测与采动影响规律研究[D].徐州:中国矿业大学,2009.

[218] 陈朝晖,朱江,徐兴奎.利用归一化植被指数研究植被分类、面积估算和不确定性分析的进展[J].气候与环境研究,2004,9(4):687-696.

[219] GUTMAN G, IGNATOV A. The derivation of the green vegetation fraction from NOAA/AVHRR data for use in numerical weather prediction models[J]. International journal of remote sensing, 1998, 19(8): 1533-1543.

[220] 吴立新,马保东,刘善军.基于SPOT卫星NDVI数据的神东矿区植被覆盖动态变化分析[J].煤炭学报,2009,34(9):1217-1222.